AF396943

Auteurs : Amand VALEUR

Référence : Chimie et toxicologie de l'arsenic et de

ses composés Editeur :Joanin Paris (1904)
Titre :

3° R. 19198

p. 225

p. 73
p. 103 - 104.

(Conserver la couverture)

17

Amand VALEUR

DOCTEUR ÈS SCIENCES PHYSIQUES

PHARMACIEN EN CHEF DES ASILES DE LA SEINE

CHIMIE ET TOXICOLOGIE

DE

L'ARSENIC

et de ses composés

MAISON D'ÉDITIONS

A. JOANIN ET Cie, ÉDITEURS

PARIS, 24, RUE DE CONDÉ

1904

CHIMIE ET TOXICOLOGIE

DE L'ARSENIC

ET DE SES COMPOSÉS

8° R
19198

Amand VALEUR

DOCTEUR ÈS SCIENCES PHYSIQUES

PHARMACIEN EN CHEF DES ASILES DE LA SEINE

CHIMIE ET TOXICOLOGIE

DE

L'ARSENIC

et de ses composés

MAISON D'ÉDITIONS

A. JOANIN ET Cie, ÉDITEURS

PARIS, 24, RUE DE CONDÉ

1904

ERRATA

Page 24, 5e ligne en remontant, au lieu de « $2AsH^4Cl$ » lire « $2AzH^4Cl$ ».

Page 33, 2e ligne en remontant, au lieu de « au pôle négatif de l'oxygène et au pôle positif » lire « au pôle positif de l'oxygène et au pôle négatif ».

Page 33, dernière indication bibliographique, au lieu de « 20 p. 168 » lire **19 p. 385.**

Page 40, 1re ligne au lieu de « $As^2O^5, 2As^2O^2$ » lire « $As^2O^5, 2As^2O^3$ ».

Page 43, 16e ligne en descendant, au lieu de « Longuinine » lire Louguinin ».

Page 50, 9e ligne en descendant, au lieu de :

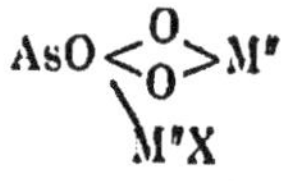

$$AsO <^O_O> M'' \quad \text{lire} \quad AsO <^O_O> M''$$
$$\backslash M''X \qquad\qquad \backslash OM''X$$

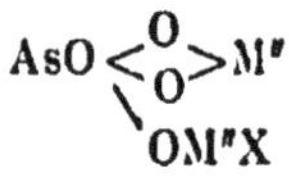

Page 50, 10e ligne en descendant, au lieu de :

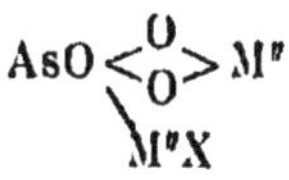

$$AsO <^O_O> M'' \quad \text{lire} \quad AsO <^O_O> M''$$
$$\backslash M''X \qquad\qquad \backslash OM''X$$

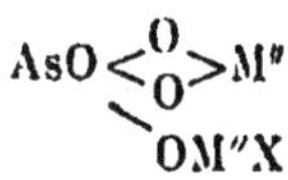

Page 74, 6e ligne en descendant, au lieu de « R^2AsHS » lire « $R^2AsH.$ »

Page 75, 5e ligne en remontant, au lieu de « $(CH^3) As^2 — As (CH^3)^2$ » lire « $(CH^3)^2As — As(CH^3)^2$ ».

Page 85, 4e ligne de la note, au lieu de « sous sa forme automérique » lire « sous sa forme tautomérique ».

Page 89, 7e ligne en remontant, au lieu de « le sulfarsénite » lire « o méthylsulfarsinate ».

Page 89, dernière indication bibliographique, au lieu de « 33 p. 578 » lire « **23 p. 578** ».

Page 152, 7e ligne en remontant, au lieu de « $RAsCl^4$ » lire « $RAsCl^4$ ».

Page 156, 7° ligne en remontant, au lieu de « $C^6 = H^5As (ONa)^2$ » lire
« $C^6H^5As (ONa)^2$ ».

Page 162, 9° ligne en remontant, au lieu de « acide péhnylarsinique »
lire « acide phénylarsinique ».

Page 164, 2° ligne en remontant, au lieu de « acides naphytlarsiniques »
lire « acides naphtylarsiniques ».

Page 181, 13° ligne en remontant, au lieu de « $(C^6H^5 — CH^2)$ » lire
$(C^6H^5 — CH^2)^2$.

Page 193, 10° ligne en descendant, au lieu de « dérivé déchloré » lire
« dérivé dichloré ».

Page 224, dans le tableau, au lieu de « Points de fusion » lire
« Points d'ébullition ».

Page 258, 6° ligne en remontant, la phrase doit être ainsi complétée :
la localisation de l'arsenic chez ces animaux *peut n'être pas* la même
que chez l'homme.

Page 312, 11° ligne en remontant, ajouter « il est relié au vase A par
la partie évasée B ».

INTRODUCTION

Le nombre des travaux dont l'arsenic et ses composés ont fait l'objet, est si considérable, qu'il eût été téméraire, dans le court espace de temps dont nous disposions, d'en tenter une étude complète. D'ailleurs, en approfondissant le sujet, il nous apparut bientôt, que les excellentes monographies que nous possédons sur l'arsenic et ses composés minéraux, demandaient plus à être complétées qu'à être entièrement refondues. Adoptant donc le cadre de ces monographies, nous avons esquissé rapidement cette partie du sujet, en nous bornant à énoncer les faits les plus saillants.

L'étude des combinaisons organiques de l'arsenic se présentait, au contraire, sous un jour tout différent. C'est qu'en effet, au cours des vingt dernières années, un nombre considérable de composés organiques arsenicaux ont été préparés ; de nouvelles fonctions ont été découvertes, de nouvelles séries, créées et d'anciennes, complétées. Il n'était donc plus possible d'adopter, pour cette partie de la chimie organique, la méthode de description successive des espèces chimiques rangées par séries homologues, méthode qu'avait imposée le nombre restreint de composés connus. Nous y avons substitué la méthode d'exposition par fonctions chimiques, et nous avons pris soin de faire suivre l'étude générale de chaque fonction, par l'énumération de tous ses représentants connus, en retraçant même parfois l'histoire sommaire de ses premiers termes. Le lecteur pourra ainsi juger du caractère de généralité que possède l'étude de chaque fonction.

Nous avons réservé, dans notre travail, une place importante à cette partie du sujet, dont la connaissance apparaîtra comme particulièrement utile, si l'on considère qu'elle a fourni récemment à la thérapeutique deux produits importants, le cacodylate et le méthylarsinate de soude.

Enfin, la toxicologie de l'arsenic, après un long sommeil, est de nouveau un sujet d'actualité scientifique. Grâce aux importants travaux de MM. Armand Gautier et Gabriel Bertrand, la présence de l'arsenic dans l'organisme animal, insoupçonnée hier, est aujourd'hui une vérité établie. En dehors de l'intérêt considérable que présente le fait en lui-même, au point de vue toxicologique, cette démonstration a été l'occasion d'un tel perfectionnement des méthodes de recherche de l'arsenic, qu'il était désirable de procéder à un inventaire raisonné des moyens dont dispose actuellement l'expertise toxicologique, dans l'empoisonnement arsenical.

Cette considération nous a incité à reprendre avec quelque détail l'étude toxicologique de l'arsenic, de manière à la mettre en harmonie avec les faits récemment acquis à la science.

Ce travail comprend quatre parties distinctes :

Première Partie : *L'arsenic et ses combinaisons minérales.*
Deuxième Partie : *Composés organiques de l'arsenic.*
Troisième Partie : *Toxicologie de l'arsenic.*
Quatrième Partie : *Recherche analytique de l'arsenic.*

L'ARSENIC

PREMIÈRE PARTIE

ARSENIC ET SES COMBINAISONS MINÉRALES

ARSENIC

Historique. — Les sulfures d'arsenic naturels étaient connus des anciens et désignés respectivement sous les noms de *Sandaraque* (réalgar) et d'*Arsenic* (orpiment). Berthelot (1) cite un passage d'Olympiodore, auteur du cinquième siècle, qui démontre qu'à cette époque, on savait préparer l'arsenic et l'anhydride arsénieux. Schroeder, en 1694, indiqua son mode de préparation par l'action du charbon sur l'anhydride arsénieux ; mais c'est à Brandt (1733) que l'on doit les premières recherches exactes sur la nature de l'arsenic. En 1775, Scheele découvrit l'hydrogène arsénié gazeux et l'acide arsénique.

État naturel. — L'arsenic est extrêmement répandu dans la nature; on le trouve soit *libre*, soit combiné à l'état d'*oxyde, de sulfures,* d'*arséniures,* de *sulfoarséniures,* de *sulfarséniates,* d'*arséniates.* On le rencontre sous cette dernière forme, en petite quantité, dans un grand nombre d'eaux minérales (Vichy, Plombières, etc.). Bon-

---

(1) Berthelot, *Bull. Soc. chlm.*, **49**, p. 961.

JEAN (1) en a signalé récemment la présence dans la source du Parc, à Evaux-les-Bains (Creuse), et dans la source Brault, à Saïl-sous-Couzan (Loire), et PARMENTIER (2) dans la source du Croizat.

D'après ARMAND GAUTIER (3), l'eau de mer renferme 0gr.00001 d'arsenic par litre, et cet élément s'y trouve à la fois sous les deux formes, minérale et organique.

L'arsenic existe incontestablement à l'état de traces dans l'organisme animal (4).

Préparation. — L'arsenic se prépare dans l'industrie par la calcination du mispickel ou sulfoarséniure de fer. Ce minerai, chauffé au rouge dans des cylindres de terre, placés horizontalement, se décompose en sulfure de fer et arsenic qui se volatilise et vient se condenser dans des récipients spéciaux

$$FeAsS = FeS + As$$

L'arsenic ainsi obtenu renferme de petites quantités d'anhydride arsénieux ; on le purifie en le broyant avec du charbon et le soumettant de nouveau à la sublimation.

Propriétés physiques. — *États allotropiques.* — L'arsenic se présente sous plusieurs états allotropiques étudiés principalement par BERZELIUS (5), HITTORF (6), ENGEL (7), BETTENDORF (8), GEUTHER (9), SCHULLER (10), PETERSEN (11), LEOD (12), LINCK (13), RETGERS (14) et ERDMANN et UNRUH (15).

Par sublimation, sans précautions spéciales, on l'obtient *cristallisé* en rhomboèdres isomorphes avec ceux de l'antimoine. Cette variété

(1) E. BONJEAN, *Ibid.*, 1900, **23**, p. 405 et 408.
(2) PARMENTIER, *C. R.*, **128**, p. 1406.
(3) A. GAUTIER, *C. R.*, **187**, p. 232.
(4) Voyez page 233.
(5) BERZELIUS, *Liebig's Annal.*, **49**, p. 233.
(6) HITTORF, *Poggend. Ann.*, **126**, p. 218.
(7) ENGEL, *C. R.*, **96**, p. 498 et 1314.
(8) BETTENDORF, *Liebig's Annal.*, **144**, p. 112.
(9) GEUTHER, *Lieb. Ann.*, **240**, p. 208, et **33**, p. 2284.
(10) SCHULLER, *Math. w. naturw. Ber.*, 1889, **6**, p. 94.
(11) PETERSEN, *Zeitsch. phys. Chem.*, **8**, p. 601.
(12) LEOD, *Chem. News*, **70**, p. 139.
(13) LINCK, *D. Chem. Gesell.*, **32**, p. 881.
(14) RETGERS, *Zeit. anorg. Ch.*, **32**, p. 403.
(15) ERDMANN et UNRUH, *Zeit. anorg. Ch.*, **32**, p. 457.

possède l'éclat métallique. Sa densité est de 5,7 ; elle correspond vraisemblablement au phosphore rouge.

Si l'on sublime de l'arsenic dans un courant d'anhydride carbonique, en condensant les vapeurs sur une paroi refroidie à $0°$, et placée dans l'obscurité, on obtient une *poudre jaune* qui se convertit en arsenic miroitant, par action de la chaleur ou exposition à la lumière. Cette poudre possède une odeur d'ail, se dissout dans le sulfure de carbone et s'en dépose par évaporation en dodécaèdres rhomboïdaux isomorphes avec le phosphore blanc. L'arsenic jaune correspond à As^4 ; il se transforme rapidement en arsenic miroitant, état physique de l'arsenic dans les taches et anneaux de l'appareil de MARSH.

Cette transformation s'effectue avec dégagement de chaleur (PETERSEN) :

$$\text{As jaune} = \text{As amorphe} \ldots \ldots + 4\,\text{Cal,9}$$

L'arsenic *amorphe* a une densité égale à $4,7$; il se convertit à $360°$ en arsenic cristallisé, avec dégagement de chaleur. L'arsenic pulvérulent, obtenu par réduction de l'acide arsénieux, au moyen de l'acide hypophosphoreux, appartient également, d'après ENGEL, à cette variété.

La transformation de ces deux variétés l'une dans l'autre, rapportée à la température ordinaire, se produit avec une variation thermique très faible (BERTHELOT et ENGEL) (1).

$$\text{As amorphe} = \text{As cristallisé} \ldots \ldots + 1\,\text{Cal. environ.}$$

Chauffé à la pression ordinaire, l'arsenic se volatilise à $446\text{-}447°$ sans fondre ; au contraire, en tube scellé, il fond vers $480°$.

Sa vapeur est phosphorescente au-dessus de $200°$ dans une atmosphère d'oxygène dilué d'un gaz inerte (JOUBERT) (2).

Densité de vapeur. — La densité de vapeur rapportée à l'hydrogène est voisine de 150, entre $564°$ et la température du rouge ; elle correspond à As^4 ; elle s'abaisse dès $1300°$ pour atteindre à $1736°$ la valeur $77,5$ (3), voisine du nombre (75) exigé pour As^2.

(1) BERTHELOT et ENGEL, *C. R.*, **110**, p. 498.
(2) JOUBERT, *C. R.*, **78**, p. 1853.
(3) J. MENSCHING et V. MEYER, *Lieb. Ann.*, **240**, p. 317, et H. BILTZ et V. MEYER, *D. chem. Gesell.*, **22**, p. 726.

La densité de vapeur de l'arsenic est donc anormale comme celle du phosphore.

Propriétés chimiques. — L'arsenic se combine au fluor à la température ordinaire avec incandescence; réduit en poudre ténue et projeté dans le chlore gazeux ou la vapeur de brome, il y brûle en se transformant en trichlorure et tribromure d'arsenic, $AsCl^3$ et $AsBr^3$; quelles que soient les conditions, on n'obtient point de pentachlorure ni de pentabromure, comme dans le cas du phosphore. Au contraire, l'arsenic peut s'unir à l'iode en donnant plusieurs combinaisons distinctes, As^4I^4. AsI^3 et AsI^5.

L'arsenic cristallisé est inaltérable dans l'air sec; mais, à l'air humide, il perd peu à peu sa couleur et son éclat, et sa surface devient d'un gris noirâtre, par suite d'une oxydation superficielle, avec formation d'un sous-oxyde As^2O ou simplement d'anhydride arsénieux (GEUTHER). Le même phénomène s'observe sur l'arsenic conservé sous l'eau, au contact de l'air; au contraire, si l'eau est bien privée d'air, la surface du métalloïde reste brillante.

L'arsenic brûle au rouge dans l'oxygène ou dans l'air, avec une flamme pâle en se transformant en anhydride arsénieux. Il se produit, dans cette opération, une odeur alliacée, qu'on a rapportée à tort à un sous-oxyde et qui est due en réalité à l'arsenic lui-même. Cette odeur apparaît encore, quand on projette de l'anhydride arsénieux sur du charbon porté au rouge.

En aucun cas, cette action directe de l'oxygène sur l'arsenic ne donne naissance à l'anhydride arsénique.

D'après BERZELIUS, l'arsenic semble se combiner avec le soufre presque en toutes proportions, en donnant des produits comparables aux alliages; cependant A. GÉLIS (1) a montré que, en chauffant le soufre avec un excès d'arsenic, on obtient le bisulfure As^2S^2; au contraire, quand le soufre est en excès, c'est le pentasulfure As^2S^5 qui se forme. Enfin, en faisant agir le soufre sur l'arsenic dans les proportions comprises entre As^2S^2 et As^2S^3, on obtient un mélange de bi, tri et pentasulfure d'arsenic.

L'arsenic se combine également par union directe au sélénium et au tellure.

(1) A. GÉLIS, *C..R.*, **76**, p. 1205.

Il se combine par fusion à la plupart des métaux, on donnant, soit des arséniures définis, soit des produits comparables aux alliages. De faibles quantités d'arsenic réparties dans un métal en modifient parfois notablement les propriétés ; l'arsenic rend l'or cassant et lui fait perdre toute malléabilité ; il rend le cuivre plus dur et susceptible de prendre un beau poli ; enfin, à la dose de 5 millièmes, il communique au plomb la propriété de prendre la forme de gouttes sphériques et entre, à ce titre, dans la préparation du plomb de chasse.

L'arsenic décompose l'eau à l'ébullition avec production d'hydrogène arsénié et d'acide arsénieux (Cross et Higgin) (1).

Il réduit le pentachlorure de phosphore en trichlorure, avec formation de chlorure d'arsenic ; maintenu longtemps à 250° avec de l'oxychlorure de phosphore, il fournit du trichlorure de phosphore, du chlorure d'arsenic et du chlorure de pyrophosphoryle, $P^2O^3Cl^4$ (2).

L'arsenic, chauffé à 250° avec l'acide phosphoreux, en tube scellé, et dans une atmosphère d'anhydride carbonique, déplace le phosphore et se transforme en acide arsénieux.

Il chasse de même le phosphore du sulfure P^2S^3 à 300-350° ; enfin il déplace à 350° l'antimoine de la triphénylstibine (J. Kraft et Neumann (3).

L'arsenic déplace l'antimoine de l'antimoniure de lithium, quand on le chauffe avec ce composé, dans un courant d'hydrogène (P. Lebeau) (4).

L'arsenic est un réducteur ; chauffé avec l'acide sulfurique, il le réduit en anhydride sulfureux et se transforme en anhydride arsénieux. Il réduit au rouge l'acide vanadique ou le vanadate d'ammoniaque (Ditte) (5).

Chauffé à 200°, en tube scellé, avec une solution aqueuse d'acide sulfureux, il fournit de l'acide arsénieux, de l'acide sulfurique avec séparation de soufre (Geitner) (6).

(1) Cross et Higgin, D. chem. Gesell., 16, p. 1198.
(2) Reinitzer et Goldschmidt, D. chem. Gesell., 13, p. 850.
(3) J. Kraft et B. Neumann, D. chem. Gesell., 34, p. 565.
(4) Lebeau, Bull. Soc. chim., 27, p. 259.
(5) Ditte, C. R., 101, p. 1487.
(6) Geitner, Lieblg's Annal., 129, p. 350.

L'arsenic, fondu avec la potasse, donne un mélange d'arséniure et d'arsénite de potassium, que la calcination transforme en arséniate de potassium et arsenic. Au contraire, par action de l'arsenic sur une solution bouillante de potasse, il se forme de l'arsénite de potassium, avec dégagement d'hydrogène arsénié.

L'arsenic est aisément transformé en acide arsénique AsO^4H^3 par l'action des oxydants énergiques (acide azotique, eau régale, eau bromée, acide chlorhydrique et chlorate de potassium, etc.). Il forme, avec le chlorate de potassium et l'azotate de potassium, des mélanges qui détonent par le choc ou par élévation de température.

L'arsenic réduit à l'ébullition les solutions de chlorate de potassium et d'azotate de baryum; dans le premier cas, il se forme de l'arséniate et du chlorure de potassium; dans le second, on obtient de l'acide arsénieux libre et de l'arsénite de potassium. Il réduit les solutions de sels ferriques, de ferricyanure de potassium et de permanganate de potassium. Des solutions de chlorure d'or, il précipite l'arséniure Au^3As et des sels de cuivre l'arséniure Cu^3As. Il se dissout dans l'acide azothydrique avec dégagement d'hydrogène; par évaporation de la solution, on obtient de l'anhydride arsénieux (CURTIUS et DARAPSKY) (1).

Poids atomique. — BERZELIUS déduisit le poids atomique de l'arsenic de la mesure de l'anhydride sulfureux produit par la réaction du soufre sur l'anhydride arsénieux : il trouva pour $O = 16$, $As = 75,75$. Après lui, PELOUZE (2), DUMAS (3), WALLACE (4), KESSLER (5), par d'autres réactions, ont trouvé des nombres dont la moyenne générale est de $As = 75,09$ pour $O = 16$ et $As = 74,918$ pour $H = 1$ (CLARKE) (6).

Les récentes déterminations de G. HIBBS (7) l'ont conduit au nombre de $74,918$. La commission internationale des poids ato-

(1) CURTIUS et DARAPSKY, *Journ. f. prakt.* (2), **61**, p. 406.
(2) PELOUZE, *C. R.*, **20**, p. 1047.
(3) DUMAS, *Annal. Chim. Phys.* (3), **55**, p. 174.
(4) WALLACE, *Phil. Mag.* (4), **18**, p. 279.
(5) KESSLER, *Poggend. Annal.*, **113**, p. 139.
(6) CLARKE, *Atomic Weights*, 1882, p. 188.
(7) G. HIBBS, *Journ. am. Chem. Soc.*, **18**, p. 1044.

miques adopte en 1903 As = 74,4 pour H = 1 et As = 75,0 pour O = 16.

Valence. — L'arsenic se comporte généralement comme tri ou pentavalent; on connaît néanmoins des composés organiques dans lesquels il fonctionne comme heptavalent.

Usages. — L'arsenic entre dans la préparation du plomb de chasse. Il sert également en médecine vétérinaire et pour la destruction des insectes ; dans ce dernier cas, on l'étale en grande surface et on le recouvre d'une couche d'eau.

COMPOSÉS MINÉRAUX DE L'ARSENIC

Combinaisons de l'arsenic avec l'hydrogène.

On connaît deux combinaisons de l'arsenic avec l'hydrogène : l'une solide, à laquelle ont été attribuées les formules AsH et As^4H^2, l'autre gazeuse AsH^3.

Hydrure d'arsenic solide AsH ou As⁴H².

Ce composé se forme dans diverses réactions.

L'action de l'eau sur les arséniures alcalins donne, à côté de l'hydrure gazeux, l'hydrure solide, sous la forme d'une poudre brune (GAY-LUSSAC et THÉNARD).

L'électrolyse d'une solution d'acide arsénieux (OLSZWESKI) (1) ou bien encore l'électrolyse de l'eau avec une cathode d'arsenic en fournissent également.

D'après JANOWSKI (2), la réaction de l'hydrogène arsénié gazeux sur le perchlorure de phosphore donne naissance à de l'arséniure d'hydrogène solide AsH

$$AsH^3 + PCl^5 = PCl^3 + 2\,HCl + AsH$$

L'effluve électrique décompose l'hydrogène arsénié AsH^3 avec

(1) OLSZWESKY, *Arch. der Pharm.* [3], **13**, p. 563.
(2) JANOWSKY, *D. Chem. Gesell.*, **8**, p. 1637.

production d'hydrure solide As⁴H⁸ (Ogier) (1). Blondlot (2) a également observé la formation de ce composé dans l'appareil de Marsh quand le mélange renferme de l'acide azoteux ou azotique ou quand la pression atteint une certaine valeur.

Le produit décrit par Wiederhold (3) comme arséniure d'hydrogène, n'est, d'après Engel (4), que de l'arsenic. '

Cet hydrure forme une poudre brune, insoluble dans l'eau, l'alcool et l'éther; chauffé à l'abri de l'air, il se décompose en perdant de l'hydrogène, sa composition serait représentée par AsH (Janowski) ou As²H ou As⁴H⁸ (Ogier).

Hydrogène arsénié gazeux AsH³.

Ce gaz a été découvert en 1875 par Scheele ; il a été étudié par Proust, Trommsdorf, Dumas, Stromeyer et Soubeiran.

Formation. — 1° L'hydrogène arsénié se produit dans la décomposition des arséniures alcalins ou alcalino-terreux par l'eau ou les acides étendus; si l'arséniure renferme un excès de métal, l'hydrure d'arsenic est mêlé d'hydrogène. Sérullas traitait par l'eau un alliage obtenu par fusion au rouge d'un mélange de sulfure d'antimoine, de tartrate acide de potassium et d'acide arsénieux.

2° L'introduction des acides arsénieux ou arsénique dans un appareil renfermant du zinc et de l'acide sulfurique ou chlorhydrique, fournit un mélange d'hydrogène et d'hydrure d'arsenic gazeux.

3° L'hydrogène arsénié se forme encore, mêlé à l'hydrogène, quand on détermine la formation d'hydrogène, au sein de liqueurs arsenicales, soit en solution acide par électrolyse (5), soit en milieu alcalin par action du zinc, de l'aluminium, de l'amalgame de sodium, etc. On l'obtient également, par la réduction des arséniates en solution alcaline, par l'hydrogène (Reichardt) (6).

---

(1) Ogier, *Annal. de Chimie et de Phys.* [5], **20**, p. 17.
(2) Blondlot, *Annal. de Chimie et de Phys.* [3], **68**, p. 186.
(3) Wiederhold, *Poggend. Ann.,* **117**, p. 615.
(4) Engel, *C. R.*, **77**, p. 1545.
(5) Bloxam, *Chem. soc.*, **13**, p. 12 et 338.
(6) Reichardt, *Arch. der Pharm.* [3], **21**, p. 592. ·

4° Les arséniures de zinc, d'étain et de fer sont décomposés par les acides chlorhydrique ou sulfurique, avec mise en liberté d'hydrogène arsénié (JANOWSKI) (1).

Préparation. — 1° On le prépare généralement, en attaquant par l'acide chlorhydrique concentré, ou l'acide sulfurique au quart, l'alliage obtenu en fondant parties égales de zinc et d'arsenic (SOUBEIRAN) (2).

2° On peut également décomposer par l'eau ou un acide étendu l'arséniure de sodium, obtenu lui-même en traitant le sodium par l'hydrogène arsénié impur. Le gaz ainsi préparé renferme relativement peu d'hydrogène.

Propriétés. — L'hydrogène arsénié est un gaz incolore, d'odeur forte et alliacée; sa densité est de 2,695 (3) (calculé 2,692); il se liquéfie à — 102° sous la pression ordinaire (OLSZEWSKI) ; il se solidifie à — 118°,9, fond à — 113°,5 et bout à — 55°; il se dissout dans un cinquième de son volume d'eau ; il est soluble dans l'essence de térébenthine et les huiles grasses. C'est un gaz éminemment toxique.

L'hydrogène arsénié est un composé endothermique formé à partir des éléments avec une absorption de chaleur de 36 Cal. 7 (OGIER), aussi est-il aisément décomposé en arsenic et hydrogène.

Un tube scellé rempli de ce gaz et conservé à la lumière ou à l'obscurité, laisse déposer à la longue de l'arsenic sur les parois (BERTHELOT) (4). L'étincelle électrique décompose très rapidement et complètement l'hydrogène arsénié en arsenic et hydrogène (BERTHELOT). Il suffit d'une seule étincelle pour faire apparaître sur les parois du vase un dépôt d'arsenic. L'effluve électrique, au contraire, produit un dépôt noir d'hydrure solide d'arsenic (OGIER).

Chauffé, l'hydrogène arsénié commence à se dissocier à 230°; au rouge sombre la décomposition est totale (BRUNN) (5). Cette pro-

(1) JANOWSKI, *D. chem. Gesell.*, **6**, p. 226; P. SAUNDERS (*Chem. News*), **79**, p. 66.

(2) SOUBEIRAN, *Ann. de Chimie et de Phys.*, **43**, p. 407; VOGEL, *Journ. f. prakt. Chem.*, **6**, p. 345.

(3) DUMAS, *Ann. Chim. et Phys.*, **33**, p. 355.

(4) BERTHELOT, *C. R.*, **93**, p. 615.

(5) BRUNN, *D. Chem. Gesell.* **22**, p. 3205.

priété est utilisée pour la recherche et le dosage de petites quantités d'arsenic.

Si l'on chauffe un volume déterminé d'hydrogène arsénié, en présence de potassium, sodium, zinc ou étain, l'arsenic, mis en liberté par la décomposition de l'hydrure, se combine au métal; la mesure du volume d'hydrogène mis en liberté permet de déterminer la composition en volume de l'hydrogène arsénié (Gay-Lussac et Thénard, Dumas).

Action des halogènes. — Le chlore réagit violemment sur l'hydrogène arsénié, avec production de chaleur et de lumière; si le chlore est en excès, il se forme de l'acide chlorhydrique et du chlorure d'arsenic; dans le cas contraire, de l'arsenic se dépose. L'iode sec réagit lentement à froid et rapidement à chaud, avec formation d'iodure d'arsenic et d'acide iodhydrique; cette réaction permet de priver l'hydrogène et l'hydrogène sulfuré de l'hydrure d'arsenic qu'ils renferment (Brunn) (1).

Oxydation. — L'hydrogène arsénié s'oxyde aisément et fonctionne généralement comme réducteur. Le plus souvent, l'oxydation porte à la fois sur l'hydrogène et l'arsenic, les transformant en eau et acides arsénieux ou arsénique; parfois, cependant, elle affecte un seul de ces éléments.

L'hydrogène arsénié brûle dans l'*oxygène* ou dans l'air avec une flamme bleuâtre; si l'oxygène est en quantité suffisante, l'oxydation est complète (Soubeiran) :

$$2AsH^3 + 3O^4 = 3H^2O + As^2O^3$$

dans le cas contraire, une partie de l'arsenic se sépare à l'état métalloïdique. Un mélange de 4 volumes d'hydrure gazeux d'arsenic et de 6 volumes d'oxygène, chauffé ou soumis à l'action de l'étincelle, fait explosion.

Dans l'*anhydride hypochloreux*, l'hydrogène arsénié s'enflamme, avec production d'anhydride arsénique et d'acide chlorhydrique (Balard).

L'*eau bromée* oxyde l'hydrogène arsénié avec formation des acides

(1) Brunn, *D. chem. Gesell.*, **21**, p. 2546. Voyez aussi Husson, *C. R.*, **67**, p. 56.

arsénieux, arsénique et bromhydrique; si l'on fait passer le gaz dans un grand excès d'eau bromée, on obtient exclusivement, les acides arsénique et bromhydrique ; la mesure de la chaleur dégagée dans cette réaction a permis à Ogier de déterminer la chaleur de formation de l'hydrogène arsénié.

Cette oxydation peut encore être réalisée par l'eau chlorée, l'acide hypochloreux, les hypochlorites, les acides azoteux, azotique, l'eau régale, etc.

La solution d'hydrogène arsénié dans l'eau bouillie est stable ; mais si l'eau renferme de l'air, la solution laisse bientôt déposer de l'arsenic ou de l'hydrure solide (Brunn).

L'acide sulfurique exempt d'eau est réduit par l'hydrogène arsénié, avec formation des anhydrides sulfureux et arsénieux (Aimé) (1) ; avec un acide de densité comprise entre 1,74 et 1,84, il se forme de l'hydrogène sulfuré et se précipite un mélange d'arsenic, d'hydrure solide et de trisulfure d'arsenic (Humpert) (2).

L'acide sulfureux est également réduit, avec formation d'arsenic et de sulfure d'arsenic (Parsons) (3).

La *potasse* et la *soude* absorbent à chaud l'hydrogène arsénié avec formation d'arsénite

$$2\text{AsH}^3 + 2\text{KOH} + 2\text{H}^2\text{O} = 2\text{AsO}^2\text{K} + 6\text{H}^2$$

La *baryte anhydre*, chauffée dans l'hydrogène arsénié, fournit un mélange d'arsénite et d'arséniure, avec dégagement d'hydrogène.

L'acide chromique n'est pas réduit par l'hydrogène arsénié en solution neutre ou acide ; mais en solution alcaline, il se forme de l'arsenic et du sesquioxyde de chrome.

Le permanganate de potassium au contraire l'oxyde totalement en acide arsénique (Jones) (4), Tivoli (5).

Action du soufre et du phosphore. — Le soufre et le phosphore, chauffés au contact de l'hydrogène arsénié, le décomposent avec

(1) Aimé, *Journ. Pharm. et Chim.*, **21**, p. 84.
(2) Humpert, *Journ. f. prakt. Chem.*, **94**, p. 392.
(3) Parsons, *Chem. News*, **35**, p. 235.
(4) Jones, *Chem. News*, **37**, p. 36.
(5) Tivoli, *Gazetta chim. ital.*, **19**, p. 630.

formation d'hydrogène sulfuré ou phosphoré et de sulfure ou phosphure d'arsenic.

L'hydrogène arsénié réagit sur les chlorures de phosphore et
d'arsenic : le *trichlorure de phosphore* fournit de l'acide chlorhydrique et du phosphure d'arsenic PAs ; avec le *pentachlorure*, on
obtient de l'acide chlorhydrique, de l'hydrure solide AsH et du
trichlorure de phosphore (JANOWSKI) :

$$PCl^5 + AsH^3 = PCl^3 + AsH + 2HCl$$

Le chlorure d'arsenic fournit de l'acide chlorhydrique et de
l'arsenic.

L'hydrogène sulfuré, mêlé à un volume égal d'hydrure gazeux
d'arsenic, peut être conservé sur l'eau bouillie ou sur le mercure ;
mais l'introduction d'une trace d'air dans le mélange détermine la
formation de trisulfure d'arsenic (BRUNN) (1).

Ces deux gaz secs ne réagissent l'un sur l'autre qu'à 230°. D'autre
part, si l'on dirige un mélange des deux gaz sur du trisulfure de
potassium chauffé à 350-360° il se forme du sulfarsénite de potassium (PFORDTEN) (2) :

$$2AsH^3 + 3K^2S^3 = 2K^3AsS^3 + 3H^2S$$

L'hydrogène arsénié liquide s'unit à — 80° — 100° au *bromure de
bore*, en donnant une combinaison BBr³, AsH³ cristallisée, qui se
décompose lentement à 0° et rapidement à des températures supérieures, en bromure de bore, arsenic et hydrogène (STOCK) (3).

Action des sels métalliques. — L'hydrogène arsénié décompose
un certain nombre de solutions de sels métalliques.

Le sulfate de cuivre l'absorbe complètement ; il se forme un précipité d'arséniure de cuivre (SOUBEIRAN-DUMAS)(4) :

$$3SO^4Cu + 2AsH^3 = 3SO^4H^2 + As^2Cu^3$$

Cette réaction est souvent utilisée pour reconnaître la pureté de
ce gaz.

(1) BRUNN, *D. Chem. Gesell.*, **22**, p. 3203.
(2) V. PFORDTEN, *D. Chem. Gesell.*, **17**, p. 2897.
(3) A. STOCK, *D. Chem. Gesell.*, **34**, p. 949.
(4) DUMAS, *Ann. chim. et phys.*, **33**, p. 355.

L'azotate d'argent, en solution étendue, soumis à l'action de l'hydrogène arsénié, fournit de l'acide arsénieux et un précipité d'argent métallique (Soubeiran); en solution concentrée, il se colore en jaune, en donnant vraisemblablement la combinaison $3AzO^3Ag, AsAg^3$. Cette solution jaune devient noire quand on y ajoute de l'eau et laisse déposer de l'argent métallique (Poleck et Thümmel)[1] :

$$2[AsAg^3 + 3AzO^3Ag] + 3H^2O = 12Ag + As^2O^3 + 6AzO^3H$$

Cette réaction a été souvent mise à profit, pour mettre en évidence la présence de l'hydrogène arsénié.

Les sels d'or, de platine et de rhodium sont réduits ; le métal est précipité et l'arsenic passe à l'état métallique. Avec le chlorure de platine, on obtient, si la solution n'est pas trop concentrée, un précipité de composition AsPtOH (Tivoli) [2]; en solution concentrée au contraire, le précipité est du platine métallique.

Le chlorure mercurique, en solution aqueuse, fournit un précipité brun $As^2Hg^3 + 3HgCl^2$ (Rose) [3], qui se forme plus facilement d'après Lohmann [4] en solution alcoolique, et dont la formule serait $AsHg^3Cl^3$.

D'après Mayençon et Bergeret [5], la réaction de l'hydrogène arsénié sur le chlorure mercurique en solution aqueuse serait représentée par l'équation :

$$2AsH^3 + 6HgCl^2 = 2As + 3Hg^2Cl^2 + 6HCl$$

Partheil et Amort [6] ont repris, en 1899, cette étude et montré qu'il se forme des produits intermédiaires. Dans l'action de l'hydrogène arsénié dilué dans l'hydrogène, sur une solution de sublimé dans l'alcool absolu, il se forme successivement avec mise en liberté d'acide chlorhydrique les composés

$$AsH^2(HgCl) ; AsH(HgCl)^2 \text{ et } As(HgCl)^3$$

(1) Poleck et Thummel, *Arch. der. Pharm.* [3], **22**, p. 1.
(2) Tivoli, *Gazella chim. ital.*, **14**, p. 487.
(3) Rose, *Poggend. Ann.*, **51**, p. 423.
(4) Lohmann, *Pharm. Zeit.*, 1891, n° 95.
(5) Mayençon et Bergeret, *C. R.*, **79**, p. 118.
(6) Partheil et Amort, *Arch. der Pharm.*, **237**, p. 121.

produits d'après les réactions :

$$AsH^3 + HgCl^2 = HCl + AsH^2HgCl$$
$$AsH^2HgCl + HgCl^2 = HCl + AsH(HgCl)^2$$
$$AsH(HgCl)^2 + HgCl^2 = HCl + As(HgCl)^3$$

Les corps $AsH^2(HgCl)$ et $AsH(HgCl)^2$ sont décomposés, par l'action d'une solution aqueuse de sublimé, en acide chlorhydrique, acide arsénieux et chlorure mercureux. Quant au produit $As(HgCl)^3$ il est facilement détruit par l'eau, suivant l'équation :

$$As(HgCl)^3 + 3H^2O = AsO^3H^3 + 3HCl + 3Hg$$

Le dédoublement est différent par l'action d'une solution aqueuse de chlorure mercurique ; on obtient, dans ce cas, du chlorure mercureux et de l'arsenic

$$2As(HgCl)^3 = 3Hg^2Cl^2 + 6As.$$

Enfin, par l'action d'un excès d'hydrogène arsénié sur le composé $As(HgCl)^3$, il se forme un arséniure de mercure As^2Hg^3 éminemment oxydable.

Ainsi se trouvent expliqués les résultats divergents obtenus par les différents expérimentateurs.

Si l'on fait réagir l'hydrogène arsénié sur les chlorures mercureux ou mercurique à l'état sec, il se forme de l'acide chlorhydrique et des hydrures d'arsenic gazeux et solide (DUMAS).

L'hydrogène arsénié réagit sur l'hexachlorure de tungstène sec en donnant naissance, suivant les conditions, soit au chloroarséniure $TuAsCl^9$, soit à l'arséniure $TuAs^2$ (DEFACQZ).

L'hydrogène arsénié se rapproche par sa composition de l'ammoniac, et l'analogie se poursuit dans les dérivés organiques des deux corps ; néanmoins, il s'en distingue par sa nature nettement endothermique et surtout par son caractère neutre. Il ne se combine pas aux acides ; de plus, amené à l'état liquide, à — 80° et traité par le potassium, le sodium et le lithium, il ne forme point de métaux-arsoniums comparables aux métaux-ammoniums (P. LE-BEAU) (1).

---

(1) P. LEBEAU, *Bull. Soc. chim.*, 1900, **23**, p. 253.

COMBINAISONS DE L'ARSENIC AVEC LES MÉTAUX

Arséniures.

Les arséniures résultent de l'union de l'arsenic avec les métaux. Les arséniures naturels répondent en général aux types AsM''. (ex. : nickeline AsNi) et As^2M'' (ex. : smaltine $CoAs^2$).

Les arséniures artificiels présentent souvent les caractères des alliages ; quand on les obtient à l'état défini, ils se rattachent le plus souvent aux formules AsM'^3 ou $As^2M'^3$; ils se forment dans les conditions générales suivantes :

FORMATION ET PRÉPARATION

1° *Action de l'arsenic sur un métal.* — La plupart des arséniures peuvent s'obtenir par union directe. On fond, dans un courant d'hydrogène, un mélange d'arsenic, de métal et d'anhydride borique qui joue le rôle de fondant (DESCAMPS) (1).

SPRING (2), en comprimant sous 6.500 atmosphères des mélanges pulvérisés d'arsenic et de divers métaux (Zn, Cd, Sn, Pb, Cu, Ag) a obtenu les arséniures correspondants.

Les arséniures de potassium, de sodium et de lithium AsM^3 peuvent être préparés par action directe. On chauffe au rouge, dans un creuset de fer à couvercle vissé, l'arsenic et le métal ; on laisse refroidir dans une atmosphère d'azote et l'on épuise ensuite le produit à la température de — 80° par de l'ammoniac liquide qui dissout l'excès de métal alcalin (P. LEBEAU) (3).

Par l'action de l'arsenic sur le calcium au rouge, il se forme de l'arséniure de calcium (MOISSAN) (4).

En électrolysant un mélange de chlorures de lithium et de potas-

(1) DESCAMPS, *C. R.*, **86**, p. 1022.
(2) SPRING, *D. Chem. Gesell.*, **16**, p. 326.
(3) P. LEBEAU, *C. R.*, **130**, p. 502.
(4) MOISSAN, *C. R.*, **127**, p. 584.

sium, avec une cathode d'arsenic, on obtient de l'arséniure de lithium (P. Lebeau) (1).

2° *Décomposition des arséniures ammoniés.* — Ce mode de formation est spécial aux arséniures alcalins. En faisant réagir l'arsenic sur le sodammonium, en solution dans l'ammoniac liquéfié, il se forme un composé rouge cristallisé de composition $AsNa^3.AzH^3$. Avec le potassammonium, on obtient un composé orangé $As^4K^2.AzH^3$ si l'arsenic est en excès et, dans le cas contraire, un corps rouge AsK^3,AzH^3. Ces trois composés, chauffés dans le vide à 300°, perdent de l'ammoniac et fournissent les arséniures $AsNa^3$, As^4K^2 et AsK^3 (C. Hugot) (2).

3° *Réduction des arséniates.* — Descamps (3) a obtenu des arséniures (Cu, Ni, Cd, Zn, Fe) par réduction des arséniates au moyen du cyanure de potassium.

P. Lebeau (4) s'est servi du charbon comme agent réducteur et a appliqué cette méthode à la préparation des arséniures de lithium $AsLi^3$, de baryum As^2Ba^3, de strontium As^2Sr^3 et de calcium As^2Ca^3. La réduction se fait au four électrique : l'arséniate est mélangé intimement avec une quantité déterminée de charbon (coke de pétrole pulvérisé); on y ajoute un peu d'essence de térébenthine et l'on prépare par compression des agglomérés. Ceux-ci, après avoir été calcinés au four Perot, pour éliminer les produits volatils, sont chauffés pendant 2 à 3 minutes au four électrique avec un courant de 950 à 1000 ampères sous 45 volts. Le produit est introduit, aussitôt que possible, dans des tubes scellés. Il importe de ne pas prolonger l'opération, car les arséniures seraient réduits à leur tour et perdraient la totalité de leur arsenic.

4° *Action des métaux sur le chlorure d'arsenic.* — L'arséniure de cuivre Cu^3As^2 se forme, quand on fait bouillir avec du cuivre une solution chlorhydrique d'acide arsénieux.

Granger et Didier (5) ont préparé un arséniure de nickel de

(1) P. Lebeau, *Bull. Soc. chim.*, **27**, p. 228.
(2) C. Hugot, *C. R.*, **127**, p. 553, et **129**, p. 603.
(3) *Loc. cit.*
(4) P. Lebeau, *C. R.*, **128**, p. 95, et **129**, p. 47.
(5) A. Granger et G. Didier, *C. R.*, **132**, p. 138.

composition Ni^3As^2, en faisant passer, sur du nickel réduit, des vapeurs de trichlorure d'arsenic entraînées par un courant d'anhydride carbonique.

5° *Action de l'hydrogène arsénié AsH^3 sur les métaux.* — Si l'on chauffe un métal alcalin, le cuivre ou l'étain, au contact de l'hydrogène arsénié, il se forme un arséniure, avec mise en liberté d'hydrogène.

6° *Action de l'hydrogène arsénié sur les chlorures métalliques.* — L'hydrogène arsénié réagit sur le chlorure cuivrique avec formation de l'arséniure Cu^3As^2 :

$$2AsH^3 + 3CuCl^2 = Cu^3As^2 + 6HCl$$

DEFACQZ (1), en faisant passer de l'hydrogène arsénié gazeux sur de l'hexachlorure de tungstène chauffé à 350°, a obtenu l'arséniure de tungstène $TuAs^2$.

D'autre part, l'action du même gaz en excès, sur une solution alcoolique de chlorure mercurique, fournit l'arséniure de mercure As^2Hg^3 (PARTHEIL et AMORT) (2).

L'hydrogène arsénié agit sur une solution aqueuse de chlorure de platine en donnant un composé PtAsOH qui, chauffé dans un courant d'anhydride carbonique, fournit l'arséniure de platine Pt^3As^2 (TIVOLI) (3).

$$6\,PtAsOH = As^4O^3 + 2Pt^3As^2 + 3H^2O$$

Propriétés physiques. — Les arséniures possèdent, en général, un éclat métallique et une texture cristalline. Les alcalins sont légèrement solubles dans l'ammoniaque liquide, à laquelle ils se combinent. Les arséniures alcalins et alcalino-terreux sont décomposés par l'eau, à froid, avec production d'hydrogène arsénié :

$$As^2Ca^3 + 6H^2O = 3Ca(OH)^2 + 2AsH^3$$

Les autres sont insolubles dans l'eau ; mais ceux qui dérivent des

(1) E. DEFACQZ, *C. R.*, **130**, p. 914.
(2) A. PARTHEIL et E. AMORT, *Archiv. der Pharm.*, **237**, p. 121.
(3) TIVOLI, *Gazella chimica ital.*, **14**, p. 487.

métaux solubles dans l'acide chlorhydrique sont attaqués par cet acide avec production d'hydrogène arsénié.

Chauffés à l'abri de l'oxygène, au delà de leur point de fusion, les uns perdent la totalité de leur arsenic, les autres, au contraire, n'en perdent qu'une partie et se transforment en produits moins riches en arsenic ; l'arséniure de cuivre Cu^3As^2 se convertit ainsi en arséniure cuivreux $(Cu^2)^3As$. Ils sont attaqués par les halogènes à des températures variables, avec formation de dérivés halogénés de l'arsenic et du métal. Ils s'oxydent quand on les chauffe au contact de l'air, et de l'anhydride arsénieux prend naissance.

L'arséniure de mercure As^2Hg^3 s'oxyde rapidement à froid avec dégagement de chaleur (1).

L'action des oxydants énergiques (tels que l'acide azotique, le chlorate et l'azotate de potassium) transforme les arséniures en arséniates correspondants.

COMBINAISONS DE L'ARSENIC AVEC LES HALOGÈNES

Fluorures d'arsenic.

On ne connaît d'une manière certaine que le trifluorure AsF^3 ; cependant l'existence du pentafluorure AsF^5 et de l'oxyfluorure $AsOF^3$ est probable.

Le trifluorure d'arsenic a été obtenu, en 1826, par DUMAS (2), étudié par MAC IVOR (3) et surtout par MOISSAN (4).

Trifluorure d'Arsenic AsF^3

Formation. — Le fluorure d'arsenic se forme :

1° Par union directe du fluor à l'arsenic ;

2° Par l'action de l'acide fluorhydrique anhydre sur l'anhydride arsénieux ;

(1) A. PARTHEIL et E. AMORT, *Arch. der Pharm.*, **237**, p. 127.
(2) DUMAS, *Annales de chimie et de physique*, 2ᵉ série, **31**, p. 433.
(3) MAC IVOR, *Chemical News*, **30**, p. 169, et **32**, p. 258.
(4) MOISSAN, *C. R.*, **99**, p. 874 (1884), et *le Fluor et ses composés*, Paris (1900), p. 190.

3° Par la réaction du chlorure d'arsenic sur les fluorures de plomb ou d'argent ou du tribromure d'arsenic sur le fluorure d'ammonium.

Préparation. — On le prépare par le procédé de DUMAS légèrement modifié par MOISSAN. Dans une cornue en verre épais, on place 2 p. d'acide sulfurique pur et on ajoute, par petites portions, 1 p. d'un mélange à poids égaux d'anhydride arsénieux bien sec et de fluorure de calcium bien exempt de carbonate de calcium ; on chauffe doucement et on recueille les produits volatils dans un récipient en plomb refroidi à 0°. On rectifie ensuite dans un alambic en platine à la température de 65°. Le produit peut être conservé dans une fiole en platine fermée par un bouchon de même métal et placée dans un espace sec.

Propriétés. — Le trifluorure d'arsenic est un liquide incolore fumant à l'air. Il bout à 63° sous 750^{mm} (MOISSAN) et se prend à —8°,5 en une masse de cristaux ; sa densité à l'état liquide est égale à 2.734 ; il est soluble dans le benzène. C'est un composé dont le maniement est dangereux ; mis au contact de la peau il détermine des ulcérations douloureuses et profondes.

Chauffé au rouge sombre, au contact du verre, il se décompose en formant du tétrafluorure de silicium et de l'anhydride arsénieux, aux dépens de la silice :

$$4AsF^3 + 3SiO^2 = 3SiF^4 + 2As^2O^3$$

Il est décomposé par l'eau, avec production d'acides fluorhydrique et arsénieux. Il fixe le gaz ammoniac, en donnant une poudre blanche de composition $2AsF^3.5AzH^3$ décomposable par l'eau (BESSON) (1).

Il réagit sur le trichlorure de phosphore, en donnant naissance au trifluorure de phosphore (MOISSAN) :

$$AsF^3 + PCl^3 = AsCl^3 + PF^3$$

Avec le pentachlorure de phosphore, on obtient de même le pentafluorure de phosphore (THORPE) (2).

(1) BESSON, *C. R.*, **110**, p. 1258.
(2) THORPE, *Proc. of. the Royal Soc. of. London*, **26**, p. 122.

Il décompose également le tétrachlorure de silicium, en donnant du tétrafluorure de silicium.

Le fluorure d'arsenic réagit à la température ordinaire et mieux à 100° sur le chlorure de thionyle, en donnant naissance au fluorure de thionyle d'après l'équation suivante :

$$2AsF^3 + 3SOCl^2 = 3SOF^2 + 2AsCl^3 \quad (\text{H. Moissan et P. Lebeau}) (1)$$

Analyse. — La composition a été déterminée, en décomposant par l'eau, dans un vase de platine, un poids donné de trifluorure d'arsenic et dosant l'arsenic à l'état de sulfure (Moissan).

Pentafluorure d'arsenic AsF^5

Ce composé n'a pas été obtenu jusqu'ici ; son existence est néanmoins rendue probable par ce fait que le trifluorure absorbe le fluor en dégageant de la chaleur.

D'autre part, l'électrolyse du trifluorure fournit de l'arsenic, mais le fluor n'est pas mis en liberté et se combine à l'excès de fluorure d'arsenic (Moissan) (2).

Oxyfluorure d'arsenic $AsOF^3$.

Ce composé existe probablement dans le trifluorure d'arsenic non rectifié distillant entre 60° et 65°, car l'électrolyse de ce dernier fournit de l'oxygène (Moissan) (3).

Marignac (4) a décrit des combinaisons de pentafluorure et d'oxyfluorure d'arsenic avec les fluorures de potassium et d'ammonium.

Trichlorure d'arsenic.

$$\text{As crist} + Cl^2 = AsCl^3 \text{ liq} \ldots + 71^{Cal}, 3$$

Ce chlorure a été obtenu par Glauber en 1648, dans la distillation

(1) H. Moissan et P. Lebeau, *Bull. Soc. chim.*, 1902, **27**, p. 242.
(2) Moissan, *le Fluor et ses composés*, 1900, p. 35.
(3) *Ibid.*, p. 33-34.
(4) Marignac, *Liebig's Annal.*, **145**, p. 248.

d'un mélange d'acide arsénieux, de chlorure de sodium et d'acide sulfurique.

Formation. — On peut l'obtenir dans de nombreuses réactions, en partant de l'arsenic, des anhydrides arsénieux ou arsénique, de certains arséniates ou des sulfures.

1° *A partir de l'arsenic.* — On obtient le trichlorure d'arsenic, en traitant, dans des conditions déterminées, l'arsenic par divers chlorurants : chlore, acide chlorhydrique, chlorure de soufre, chlorure de sulfuryle, chlorhydrine sulfurique (1), pentachlorure de phosphore, chlorures d'ammonium, de magnésium, chlorure mercureux.

2° *Au moyen de l'anhydride arsénieux.* — L'anhydride arsénieux fournit également du chlorure d'arsenic, par l'action des agents suivants : chlore, acide chlorhydrique, chlorure de soufre, tri, penta et oxychlorures de phosphore, tétrachlorure de silicium et chlorure d'ammonium.

3° *Au moyen de l'anhydride arsénique.* — Le chlore transforme à haute température cet anhydride en chlorure $AsCl^3$. L'acide chlorhydrique sec réduit également l'acide arsénique ou ses sels :

$$AsO^4H^3 + 5HCl = AsCl^3 + Cl^2 + 4H^2O$$

L'acide chlorhydrique en solution concentrée agit de même ; la réaction est favorisée par la présence des chlorure ou sulfate ferreux, iodure ou bromure de potassium.

Le perchlorure de phosphore fournit également du chlorure d'arsenic :

$$As^2O^5 + 5PCl^5 = 2AsCl^3 + 5POCl^3 + 2Cl^2$$

4° *Au moyen des sulfures d'arsenic.* — Les sulfures d'arsenic se transforment en chlorure par l'action du chlore, de l'acide chlorhydrique, du chlorure de soufre ou de certains chlorures métalliques (Hg, Cu.)

5° Le chlorure d'arsenic se forme encore par action de l'hydrogène arsénié sur l'acide chlorhydrique concentré.

<hr>

(1) HEUMANN et KŒCHLIN, *D. chem. Gesell.*, **15**, p. 418 et 1736.

Préparation. — Nous ne décrirons que deux procédés dus à Dumas :

1° Sur de l'arsenic légèrement chauffé dans une cornue, on fait passer un courant de chlore ; le chlorure d'arsenic distille sous forme d'un liquide jaune, que l'on rectifie sur de l'arsenic pulvérisé, pour enlever l'excès de chlore qu'il contient.

2° Dans une cornue tubulée, on introduit de l'anhydride arsénieux, avec dix fois son poids d'acide sulfurique ; on chauffe et l'on ajoute, peu à peu, par la tubulure, des fragments de chlorure de sodium fondu ; le chlorure d'arsenic distille et se condense dans le récipient refroidi.

$$As^2O^3 + 6NaCl + 3SO^4H^2 = 2AsCl^3 + 3SO^4Na^2 + 3H^2O$$

L'eau reste dans la cornue, grâce à la présence de l'acide sulfurique en excès.

Propriétés. — Le chlorure d'arsenic est un liquide incolore fumant à l'air, se solidifiant en aiguilles à — 18° (Besson) (1). Il bout à 128° sous 754^{mm} ; sa densité à 20° est de 2,1668 (2). Il est très toxique et répand à l'air des fumées dangereuses à respirer.

Il dissout en abondance le chlore à basse température, mais sans paraître s'y combiner. A — 23° sous la pression ordinaire, la quantité de chlore totale est à l'arsenic dans le rapport de 4,45 at. de chlore pour 1 at. d'As, mais si on laisse la température s'élever le chlore se dégage (Sloan) (3). D'après Besson, si l'on met en contact du chlore solide et du chlorure d'arsenic solide et qu'on laisse la température s'élever peu à peu, on ne constate aucun dégagement de chaleur anormal. Il est donc extrêmement vraisemblable que le pentachlorure d'arsenic n'existe pas (4).

Le chlorure d'arsenic dissout, à 96°, 36,89 p. 100 d'iode, qu'il abandonne par refroidissement (Sloan).

(1) Besson, *C. R.*, **109**, p. 940.
(2) Haagen, *Poggend. Ann.*, **133**, p. 295.
(3) Sloan, *Chem. News.*, **54**, p. 203, et **56**, p. 194.
(4) Voyez aussi Mayrhofer, *Liebig's Annal.*, **188**, p. 326, et Cronander, *J. f. prakt. Chem.*, **8**, p. 354.

L'oxygène le transforme à la température du rouge en chlorure et oxychlorure (BERTHELOT) (1).

Le chlorure d'arsenic est décomposé par la plupart des métaux ; le magnésium fondu brûle dans la vapeur de ce chlorure, avec formation d'arsenic et de chlorure de magnésium ; avec l'antimoine, le bismuth, le zinc, le cuivre, l'étain, le plomb, l'attaque s'arrête bientôt, par suite de la formation d'un enduit superficiel d'arséniure qui s'oppose à la réaction (FISCHER) (2).

Traité par une petite quantité d'eau, le trichlorure d'arsenic se transforme en oxychlorure AsOCl ; au contraire, un grand excès le décompose en acide chlorhydrique et acide arsénieux.

$$AsCl^3 + Aq = AsO^3H^3 + 3HCldiss.... + 17Cal6 \text{ (THOMSEN)}.$$

La solution d'anhydride arsénieux dans l'acide chlorhydrique renferme du chlorure d'arsenic non dissocié et dissocié, elle est volatile sans résidu ; c'est pour cette raison que l'acide chlorhydrique ne saurait être privé d'arsenic par distillation.

L'acide iodhydrique transforme le chlorure en triiodure d'arsenic (HAUTEFEUILLE). L'hydrogène sulfuré sec agit à froid sur le chlorure d'arsenic, en donnant naissance au *chlorosulfure* As²S³,2AsSCl (OUVRARD).

En présence du chlorure d'aluminium, la réaction se produit d'après l'équation (RUFF) (3) $2AsCl^3 + 3H^2S = 6HCl + As^2S^3$.

Le gaz ammoniac sec est absorbé par le chlorure d'arsenic avec formation de $AsCl^3 + 4AzH^3$ suivant BESSON (4), $AsCl^3 + 3AzH^3$ selon PERSOZ (5), et $2AsCl^3 + 7AzH^3$ d'après ROSE (6).

L'hydrogène arsénié se comporte de même ; il y a dégagement d'acide chlorhydrique et mise en liberté d'arsenic (JANOWSKY) (7).

Le trichlorure de phosphore et l'acide phosphoreux réduisent naturellement le chlorure d'arsenic, en présence de l'eau, et en pécipitent l'arsenic.

(1) BERTHELOT, *C. R.*, **86**, p. 805.
(2) FISCHER, *Pogg. Ann.*, **9**, p. 313.
(3) O. RUFF, *D. chem. Gesell.*, **34**, p. 1749.
(4) BESSON, *C. R.*, **110**, p. 1258.
(5) PERSOZ, *Ann. chim. et phys.*, **44**, p. 320.
(6) ROSE, *Pogg. Ann.*, **52**, p. 62.
(7) JANOWSKY, *D. chem. Gesell.*, 1873, p. 219.

Le perchlorure de phosphore se dissout dans le chlorure d'arsenic, en donnant une *combinaison* peu stable $PCl^5, AsCl^3$ (CRONANDER) (1).

L'anhydride arsénieux se dissout dans le chlorure d'arsenic, en donnant naissance à l'oxychlorure $AsOCl$.

Le trisulfure réagit en tube scellé sur le chlorure ; suivant la température et les quantités relatives des corps mis en présence, il se forme les *chlorosulfures* $AsSCl$ et $As^4S^5Cl^2$ (OUVRARD) (2).

Le bromure de bore transforme le chlorure d'arsenic en bromure d'arsenic ; au contraire, il dissout simplement le bromure et l'iodure d'arsenic (TARIBLE).

Oxychlorure (chlorure d'arsénosyle) AsOCl.

On l'obtient, en faisant agir une petite quantité d'eau sur le trichlorure ; il se forme ainsi un liquide d'où se dépose, à la longue, sous forme d'aiguilles, le composé $AsOCl + H^2O$. On peut également dissoudre l'anhydride arsénieux dans le trichlorure. On le prépare encore en faisant passer un courant de gaz chlorhydrique dans de l'eau tenant en suspension de l'anhydride arsénieux et concentrant cette solution ; on l'obtient ainsi sous forme d'une masse brunâtre fumant à l'air.

Par l'action de la chaleur, le chlorure d'arsénosyle se décompose en chlorure d'arsenic qui se volatilise et en un *oxychlorure* fixe $AsOCl, As^2O^3$.

Il forme avec le chlorure d'ammonium un sel double $AsOCl, 2AsH^4Cl$ (WALLACE) (3).

Bromure d'arsenic AsBr³.

$$As \; crist + Br \; liq. = AsBr^3 \; crist.... + 45^{Cal}8$$

On prépare ce composé, en faisant agir l'arsenic sur le brome. A du brome placé dans une cornue, on ajoute par petites quantités

(1) CRONANDER, *Bull. Soc. chim.*, **19**, p. 499.
(2) OUVRARD, *C. R.*, **116**, p. 1516.
(3) WALLACE, *Philos. Mag.* (4), **16**, p. 358.

de l'arsenic pulvérisé : la réaction s'effectue avec production de lumière et dégagement de chaleur. Quand l'addition·d'arsenic ne produit plus de réaction, on distille (SERULLAS) (1).

E. JORY (2) prépare le tribromure d'arsenic, par l'action du brome en vapeur sur l'arsenic. En maintenant toujours l'arsenic en excès et en laissant arriver lentement les vapeurs de brome, on obtient un produit blanc entièrement cristallisé.

On peut également faire réagir l'arsenic sur le brome, en solution dans le sulfure de carbone ; on agite jusqu'à décoloration, on filtre, on concentre, le bromure d'arsenic cristallise (NICKLÈS) (3).

Le bromure d'arsenic prend encore naissance par l'action du chlorure d'arsenic sur le bromure de bore (TARIBLE) (4) :

$$\mathrm{AsCl^3 + BoBr^3 = AsBr^3 + BoCl^3}$$

Le bromure d'arsenic fond entre 20° et 25° et bout à 220° ; sa densité à l'état liquide est de 3,540 à 25°. Il est soluble dans le sulfure de carbone et l'iodure de méthylène. Il dissout l'iodure d'arsenic, les iodures et le bromure d'antimoine et l'iodure stanneux.

Chauffé dans l'oxygène, il se décompose en brome et oxybromure (BERTHELOT). Une grande quantité d'eau le décompose en acides arsénieux et bromhydrique. Il se combine au gaz ammoniac en donnant le composé AsBr³,3AzH³ (BESSON) (5).

Oxybromure. — (Bromure d'arsénosyle), AsOBr.

On l'obtient : 1° En dissolvant de l'anhydride arsénieux dans du bromure d'arsenic fondu ; il se forme deux couches : une supérieure, qui constitue le composé AsOBr, une inférieure, représentant une combinaison de ce dernier avec l'anhydride arsénieux '6AsOBr + As⁴O³ ?

2° En dissolvant à froid du bromure d'arsenic dans l'acide brom-

(1) SERULLAS, *Ann. de chim. et de phys.*, **38**, p. 319.
(2) E. JORY, *Journ. pharm. et de chim.*, 5° série, **12**, p. 312.
(3) J. NICKLÈS, *Journ. pharm. et chim.*, 3° série, **41**, p. 143.
(4) TARIBLE, *C. R.*, **132**, p. 206.
(5) BESSON, *C. R.*, **110**, p. 1261.

hydrique aqueux, on obtient par évaporation des cristaux nacrés de composition $2AsOBr + 3H^2O$.

Si l'on dissout le bromure d'arsenic dans de l'acide bromhydrique faible et bouillant, on obtient par refroidissement des cristaux $2AsOBr + 3As^2O^3 + 12 H^2O$ (WALLACE) (1).

Le bromure d'arsénosyle se décompose, par action de la chaleur, en bromure d'arsenic et acide arsénieux.

Iodures d'arsenic.

Monoïodure AsI.

GÖPEL (2), en sursaturant d'hydrogène arsénié une solution alcoolique d'iode, a obtenu un corps brun répondant à la composition AsI.

Biiodure AsI² ou As² I⁴.

Ce composé se forme, quand on chauffe à 150-190°, en tube scellé, une solution de triiodure d'arsenic dans le sulfure de carbone avec de l'arsenic en poudre; mais la transformation n'est jamais complète.

Pour le préparer, on chauffe à 230°, en tubes scellés, pendant sept à huit heures 1 p. d'arsenic en poudre avec 2 p. d'iode. Après refroidissement, on porte de nouveau à 150° les tubes maintenus dans une position verticale ; l'arsenic se dépose ainsi à la partie inférieure, surmonté du biiodure (BAMBERGER et PHILIPP)(3).

Le biiodure d'arsenic cristallise dans le chloroforme en prismes d'un rouge sombre ; il est soluble dans le sulfure de carbone, l'alcool et l'éther. Ces solutions s'oxydent rapidement à l'air, avec formation de triiodure. L'eau le décompose, lentement à froid et rapidement à chaud, d'après l'équation :

$$3AsI^2 = 2AsI^3 + As$$

La présence des alcalis accélère cette décomposition.

<hr>

(1) WALLACE, *Phil. Mag.* [4], 1859, p. 261.
(2) GÖPEL, *Archiv. der Pharm.*, 1849, **60**, p. 141.
(3) E. BAMBERGER et J. PHILIPP, *D. chem. Gesell.*, **14**, p. 2643.

Triiodure AsI³.

$$\text{As crist} + \text{I}^3 \text{ sol} = \text{AsI}^3\text{crist}.... + 13\text{Cal}5$$

Formation. — Le triiodure d'arsenic se forme dans les conditions suivantes :

1° Action directe de l'iode sur l'arsenic, soit en l'absence de tout solvant, soit en milieu sulfocarbonique.

2° Action de l'iode à chaud sur l'anhydride arsénieux.

3° Action de l'acide iodhydrique sur le chlorure d'arsenic (HAU-TEFEUILLE) (1).

C'est à une réaction du même ordre qu'il faut rapporter la formation de triiodure d'arsenic, quand on fait réagir l'iodure de potassium sur une solution chlorhydrique de trichlorure d'arsenic ou d'acide arsénieux.

4° L'action de l'iode sur le bisulfure et le trisulfure d'arsenic, soit par fusion du mélange, soit par réaction en milieu sulfocarbonique, donne également naissance au triiodure (SCHNEIDER) (2) :

$$\text{As}^2\text{S}^2 + 3\text{I}^2 = 2\text{AsI}^3 + 2\text{S}$$
$$\text{As}^2\text{S}^3 + 3\text{I}^2 = 2\text{AsI}^3 + 3\text{S}$$

5° On obtient encore le triiodure d'arsenic en chauffant un mélange de trisulfure d'arsenic et d'iodure mercurique.

Préparation. — 1° On chauffe au réfrigérant ascendant une solution chloroformique d'iode additionnée de la quantité calculée d'arsenic pulvérisé ; après décoloration, on filtre et l'on concentre ; l'iodure d'arsenic cristallise (NICKLÈS) (3).

2° On dissout l'anhydride arsénieux dans l'acide iodhydrique et l'on évapore à sec (BABCOCK) (4).

3° A une solution chaude d'anhydride arsénieux dans l'acide chlorhydrique, on ajoute une solution concentrée d'iodure de potas-

(1) HAUTEFEUILLE, *C. R.*, **64**, p. 704.
(2) R. SCHNEIDER, *Journal f. prakt.* [2], **34**, p. 512 et **36**, p. 498.
(3) NICKLÈS, *C. R.*, **48**, p. 837.
(4) BABCOCK, *Arch. der Pharm.* [3], **9**, 455.

sium ; il se dépose une poudre d'un jaune rougeâtre que l'on recueille et lave à l'acide chlorhydrique (BAMBERGER et PHILIPP) (1).

Propriétés. — Le triiodure cristallise en lamelles brillantes d'un rouge brique solubles dans l'alcool, l'éther, le benzène, le chloroforme, le sulfure de carbone et l'iodure de méthylène. Il est peu soluble dans l'acide chlorhydrique. Il fond à 146°, bout à 394°-414°; sa vapeur est jaune et a pour densité 16,1 (calculé 15,79).

Chauffé à l'air, il se sublime en se décomposant partiellement en iode et arsenic qui s'oxyde. Porté à 165°, en tube scellé, dans une atmosphère d'azote, il subit une dissociation partielle (SLOAN) (2).

Conservé au contact de l'air à l'état solide ou dissous, il se décompose lentement, avec mise en liberté d'iode et formation d'anhydride arsénieux ; cette décomposition se produit rapidement et avec flamme, si l'on fait passer un courant d'oxygène dans le triiodure bouillant (BERTHELOT) (3). Le triiodure d'arsenic se dissout dans une grande quantité d'eau froide, en donnant une solution de couleur jaune et de réaction acide ; cette solution laisse déposer par distillation du triiodure d'arsenic, sans qu'on observe la formation d'iode libre ou d'acide chlorhydrique. Si on l'abandonne à l'évaporation spontanée à l'air, on obtient des lamelles nacrées de composition $2AsOI,3As^2O^3 12H^2O$?

La solution aqueuse de triiodure d'arsenic perd de l'iode par l'action des acides sulfurique et nitrique. Traitée par l'hydrogène sulfuré elle fournit du trisulfure d'arsenic (PLESSON) (4).

En chauffant à 200° le triiodure d'arsenic dans un courant d'hydrogène sulfuré, OUVRARD a obtenu un iodosulfure $As^2S, 2AsI$.

L'ammoniac réagit sur une solution éthérée du triiodure d'arsenic en donnant un précipité blanc de composition $2AsI^3,3AzH^3$ (BAMBERGER et PHILIPP).

D'après BESSON (5), le triiodure d'arsenic absorbe le gaz ammoniac, en donnant une combinaison jaune clair qui, après séjour au-dessus de l'acide sulfurique, répond à la composition AsI^3,

(1) BAMBERGER et PHILIPP, *loc. cit.*
(2) SLOAN, *Chem. News*, **46**, p. 194.
(3) BERTHELOT, *C. R.*, **86**, p. 862.
(4) *Ann. de chim. et de phys.* [2], **39**, p. 265.
(5) BESSON, *C. R.*, **110**, p. 1258.

$4AzH^3$; celle-ci peut absorber à 0° de nouvelles quantités d'ammoniac, en donnant un produit liquide de composition $AsI^3, 12AzH^3$.

En chauffant doucement un mélange d'iodure d'arsenic et d'hexaiodure de soufre SCHNEIDER (1) a obtenu l'iodure double $2AsI^3SI^6$.

L'hydrogène phosphoré gazeux réagit comme sur le bromure.

Par fusion avec le trisulfure d'arsenic, le triiodure fournit un iodo-sulfure As^2I^4S (OUVRARD).

Pentaiodure, AsI^5.

SLOAN (2) a obtenu ce composé, en chauffant en tubes scellés pendant quelques heures, à 150°, l'arsenic et l'iode en quantités calculées. On obtient ainsi une masse cristalline brune de densité $D = 3,93$, F. 70°, plus ou moins soluble dans l'eau, l'alcool, le chloroforme, le sulfure de carbone. Il y a dissociation dans ce dernier solvant en $AsI^3 + I^2$.

On peut le sublimer sans décomposition dans une atmosphère d'azote ; mais, dès que la température atteint 200°, il se dissocie en iode et triiodure.

Oxyiodure, $2AsOI, 3As^2O^3, 12H^2O$?

Ce composé s'obtient par évaporation spontanée d'une solution aqueuse de triiodure (PLESSON) ou encore par refroidissement lent d'une solution aqueuse saturée du même composé (WALLACE). Il cristallise en paillettes nacrées que la chaleur décompose avec formation de AsI^3 et As^2O^3.

Cyanure d'arsenic, $As(CAz)^3$

GUENEZ (3) a obtenu le cyanure d'arsenic, en faisant agir l'arsenic sur l'iodure de cyanogène :

$$3As + 3CAzI = AsI^3 + As(CAz)^3$$

(1) *Loc. cit.*
(2) SLOAN, *Chem. News*, **46**, p. 194.
(3) GUENEZ, *C. R.*, **114**, p. 1186.

On chauffe en tube scellé, pendant 20 à 3o heures, avec du sulfure de carbone sec, un mélange finement pulvérisé d'arsenic et d'iodure de cyanogène, ce dernier étant en léger excès. Le produit de la réaction est lavé au sulfure de carbone, qui enlève l'iodure d'arsenic. La partie insoluble est séchée dans un courant d'acide carbonique et conservée dans une atmosphère du même gaz.

Le cyanure d'arsenic est une poudre cristalline que l'eau décompose instantanément en acides arsénieux et cyanhydrique :

$$2As(CAz)^3 + 3H^2O = 6CAzH + As^2O^3$$

La chaleur le décompose en arsenic, cyanogène et paracyanogène. Par action de l'iode, il fournit de l'iodure d'arsenic et de l'iodure de cyanogène.

COMPOSÉS OXYGÉNÉS DE L'ARSENIC

Sous-oxyde As²O.

Cet oxyde constituerait la poudre grise qui se forme à la surface de l'arsenic exposé à l'air humide. La quantité d'oxygène absorbée correspondrait, d'après Bonsdorff, à As²O. D'après Geuther (1), au contraire, ce sous-oxyde ne serait qu'un mélange d'arsenic et d'anhydride arsénieux.

Ce sous-oxyde se formerait également d'après Retgers (2) dans la sublimation de l'arsenic au contact de l'air.

Anhydride arsénieux, As²O³ ou As⁴O⁶.

$$As^2 \text{ crist} + O^3 = As^2O^3 \text{ opaque}... + 156^{Cal}4$$

L'anhydride arsénieux existe dans la nature sous deux formes : *Arsénite* ou *Arsénolithe* en octaèdres réguliers et *Arsénophyllite* ou *Claudélite* en prismes.

(1) Geuther, *Liebig's Annal.*, **240**, p. 217.
(2) Retgers, *Z. anorg. Chem.*, **4**, p. 4o3.

Préparation. — L'anhydride arsénieux s'obtient industriellement en grandes quantités par le grillage du mispickel ou **sulfo-arsé-niure de fer**. Le grillage des minerais de nickel ou de cobalt en fournit également.

Ce grillage s'opère dans de grands moufles légèrement inclinés et disposés au centre d'un fourneau à reverbère ; l'anhydride arsénieux produit par l'oxydation du minerai se volatilise et vient se déposer dans une série de chambres de condensation ; les produits de combustion non condensables sont éliminés par la cheminée. L'anhydride arsénieux ainsi obtenu sous forme de poudre, fleur ou farine d'arsenic, est impur. Cette poudre est raclée de temps en temps à la main ; cette opération présente un réel danger et a souvent occasionné des intoxications chez les ouvriers qui la pratiquent. La farine ainsi obtenue est purifiée par sublima-tion dans une chaudière de fonte, surmontée de plusieurs cylindres en tôle, où vient se condenser l'anhydride arsénieux en masses compactes que l'on détache. Cette opération est également très dangereuse pour les ouvriers ; en effet, si l'anhydride arsénieux renferme de l'arsenic libre, la paroi de la chaudière peut se trouver percée, par suite de la combinaison de l'arsenic avec le métal de la chaudière ; l'anhydride arsénieux tombe alors dans le foyer et ses vapeurs se répandent dans l'atelier.

Propriétés. — L'anhydride arsénieux peut exister sous trois formes : une amorphe et deux cristallisées. La première constitue la variété vitreuse. *L'anhydride vitreux* s'obtient quand l'anhydride arsénieux sublimé se dépose sur une paroi portée à une température voisine de 400°. Il forme une masse transparente ; sa densité prise dans le pétrole est de 3,6815 (Winkler) ; 100 parties d'eau à 15° en dissolvent 3 p. 7 ; sa solubilité dans l'alcool croît avec la concentration ; ainsi à la température de 15°, 100 parties d'alcool absolu en dissol-vent 1.060. Il est soluble dans l'essence de térébenthine.

Exposé à l'air, l'anhydride vitreux perd, peu à peu, sa transpa-rence et prend l'aspect de la porcelaine ; la transformation se fait de l'extérieur à l'intérieur, elle ne se produit pas dans l'air ni dans les gaz parfaitement desséchés au moyen de l'anhydride phospho-rique. Winkler (1) en a expliqué le mécanisme : la vapeur d'eau

(1) Winkler, *J. f. prakt. Chem.*, **31**, p. 247.

atmosphérique se condense à la surface de la masse vitreuse, se sature d'anhydride arsénieux qu'elle abandonne ensuite à l'état cristallisé pour dissoudre une couche plus profonde d'anhydride vitreux ; la transformation s'accomplit ainsi de proche en proche, jusqu'au centre du fragment ; il en résulte finalement une masse blanche, opaque, connue sous le nom *d'anhydride arsénieux porcelané*.

L'examen de cette masse montre qu'elle est constituée par des cristaux octaédriques, possédant toutes les propriétés de l'anhydride octaédrique. Cette transformation peut être opérée beaucoup plus rapidement en dissolvant l'anhydride vitreux dans l'eau ou l'acide chlorhydrique bouillants ; par refroidissement, l'anhydride arsénieux cristallise sous forme d'octaèdres réguliers avec dégagement de chaleur et de lumière (ROSE). La transformation de l'anhydride vitreux en anhydride octaédrique et prismatique dégage des quantités de chaleur voisines respectivement de $2^{Cal},4$ et $1^{Cal},2$ (1).

Une solution aqueuse d'anhydride vitreux, laisse déposer peu à peu de l'anhydride octaédrique, celui-ci étant moins soluble dans l'eau. L'anhydride octaédrique (porcelané) a pour densité (prise dans le pétrole) $D = 3,6462$ (WINKLER) ; il est moins soluble dans l'eau que la variété amorphe : 100 parties d'eau en dissolvent 1 p. 7 à la température ordinaire (WINKLER).

Les nombres exprimant la solubilité varient d'ailleurs suivant qu'on opère par contact, à froid, ou par saturation à chaud, puis refroidissement (BUCHNER) (2). Contrairement à la variété vitreuse, l'anhydride octaédrique est d'autant moins soluble dans l'alcool que le titre de cet alcool est plus élevé et, de plus, il est insoluble dans l'essence de térébenthine.

L'anhydride octaédrique se produit encore, quand on condense sur une paroi froide, l'anhydride arsénieux sublimé. Au contraire, si la paroi est portée au-dessus de 250°, il se dépose de *l'anhydride prismatique*. L'expérience suivante de DEBRAY (3) précise les conditions de formation des trois variétés : un tube scellé renfermant de l'anhydride arsénieux est placé verticalement dans un bain

(1) BERTHELOT, *Thermochimie*, 1900, p. 117.
(2) BUCHNER, *N. Repert. f. Pharm.*, **22**, p. 265.
(3) DEBRAY, *C. R.*, **58**, p. 1209.

de sable, de manière à y être plongé à demi. On chauffe pendant quelque temps, de manière à porter à 400° la partie inférieure et à 200° la partie supérieure du tube. Après refroidissement, on constate que la partie supérieure renferme l'anhydride octaédrique, et la partie moyenne, de l'anhydride prismatique ; enfin, la variété vitreuse occupe la portion inférieure du tube. Pasteur (1) a obtenu l'anhydride prismatique, en étendant d'eau une solution bouillante d'anhydride amorphe dans la potasse. On l'obtient également, d'après Deville et Debray, en chauffant, en tube scellé, au bain-marie, l'anhydride arsénieux en excès, avec de l'acide sulfurique au 1/4 (2).

L'anhydride arsénieux prismatique a été considéré longtemps comme appartenant au système orthorhombique. D'après des Cloiseaux (3), il appartient en réalité au type clinorhombique. Il en résulte que l'anhydride arsénieux ne serait pas isodimorphe avec l'anhydride antimonieux comme on l'a cru longtemps. Rinne (4) a confirmé ce résultat.

Chauffé sous pression, l'anhydride arsénieux fond et se transforme par refroidissement en la variété vitreuse. Dans le cas contraire, il se sublime déjà de 100° à 125° ; sa densité de vapeur à 571° est de 199,3 et correspond à As^4O^6 (Mitscherlich) ; elle conserve la même valeur à 1.560° (V. et C. Meyer) (5) ; au-dessus de 1.800°, elle se rapproche de la valeur exigée par la formule As^2O^3 (Biltz) (6).

La vapeur d'anhydride arsénieux est inodore.

Propriétés chimiques. — La plupart des actions chimiques se traduisent par une réduction ou une oxydation de l'anhydride arsénieux ; dans le premier cas, l'arsenic réduit peut rester à l'état de liberté ou se combiner aux divers produits de la réaction.

Réduction. — L'électrolyse d'une solution aqueuse d'acide arsénieux fournit, au pôle négatif, de l'oxygène, et au pôle positif, de l'arsenic, avec dégagement d'hydrogène arsénié.

---

(1) Pasteur, *Journ. Pharm. et Chim.*, 1848, **13**, p. 395.
(2) Voyez également Scheurer-Kestner, *Bull., Soc. chim.*, **10**, p. 444, et Claudet, *Chem. Soc.*, 1868, p. 179.
(3) Des Cloiseaux, *C. R.*, **105**, p. 96.
(4) Rinne, *Zeitsch. deutsche geol. Ges.*, **42**, p. 62.
(5) V. et C. Meyer, *D. Chem. Gesell.*, **12**, p. 1116.
(6) Biltz, *Zeitschr. f. phy. Chem.*, 896, **20**, p. 168.

Certains métaux (K, Na, Zn, etc.) réduisent au rouge l'anhydride arsénieux ; il en est de même de l'hydrogène.

Le zinc, l'étain, le cadmium précipitent l'arsenic des solutions aqueuses d'acide arsénieux ; en présence d'un acide minéral (SO^4H^2, HCl), il y a formation d'hydrogène arsénié ; le palladium hydrogéné ou le platine ayant été préalablement maintenu dans l'hydrogène à 100° précipitent l'arsenic des solutions aqueuses d'acide arsénieux (GLADSTONE et TRIBE) (1).

Le chlore réagit sur l'anhydride arsénieux légèrement chauffé, en donnant du chlorure d'arsenic $AsCl^3$ et de l'anhydride arsénique ; la réduction s'accompagne ici d'une oxydation (R. WEBER) (2).

Le soufre, en excès, chauffé avec l'anhydride arsénieux, fournit de l'anhydride sulfureux et du bisulfure d'arsenic As^2S^2. Cette réaction a été utilisée par BERZÉLIUS pour établir la composition de l'anhydride arsénieux :

$$2As^2O^3 + 7S = 2As^2S^2 + 3SO^2$$

Le phosphore le réduit de même, avec formation d'arsenic et de phosphure d'arsenic.

Avec le *carbone* et *l'oxyde de carbone*, à haute température, on obtient exclusivement de l'arsenic.

Les *acides fluorhydrique et chlorhydrique* transforment l'anhydride arsénieux en trifluorure AsF^3 et en trichlorure $AsCl^3$. C'est à cette transformation qu'il faut attribuer la solubilité plus grande de l'anhydride arsénieux dans l'acide chlorhydrique que dans l'eau.

L'anhydride arsénieux réagit sur' le *protochlorure de soufre* d'après l'équation suivante :

$$2As^2O^3 + 6 S^2Cl^2 = 4AsCl^3 + 3SO^2 + 9S$$

Le chlorure d'ammonium, chauffé avec de l'anhydride arsénieux, fournit de l'ammoniac et du chlorure d'arsenic (DE LUYNES) (3).

Le trichlorure de phosphore, agissant à 110° sur l'anhydride arsé-

(1) GLADSTONE et TRIBE, *Chem. Soc.* [2], **33**, p. 306.
(2) R. WEBER, *Poggend. Annal.*, **112**, p. 619.
(3) DE LUYNES, *C. R.*, **44**, p. 1854.

nieux, fournit du chlorure d'arsenic, de l'arsenic et de l'anhydride phosphorique :

$$5As^2O^3 + 6PCl^3 = 4As + 3P^2O^5 + 6AsCl^3$$

l'oxychlorure de phosphore est sans action (MICHAELIS) (1).

L'anhydride arsénieux est réduit par *l'azoture de bore* (MOESER et ERDMANN) (2).

Chauffé avec la *chaux* ou la *baryte*, les *carbonates de potasse* ou de *soude*, l'anhydride arsénieux fournit des arséniates et de l'arsenic (GAY-LUSSAC, BRAME) (3).

Chauffé à l'ébullition avec un *sulfure alcalin*, il est réduit en arsenic, mais il se forme en même temps un mélange de divers sulfoxyarséniates, de sulfarséniate et d'arséniate alcalin (PREIS) (4).

En faisant réagir, à molécules égales, l'anhydride arsénieux et le sulfhydrate de sodium, on obtient du réalgar, de l'arséniate disodique et un sel complexe de composition $2As^2S^2O^2$. Na^2O. $7H^2O$ (NILSON) ou $3As^2S^2O$. $6As^2S^2$. $4Na^2O$. $7H^2O$ (PREIS).

Oxydation. — L'oxydation de l'anhydride arsénieux en anhydride arsénique par l'oxygène n'a lieu ni à froid, ni en chauffant les deux composants en tube scellé à 100° pendant 48 heures (BERTHELOT). En présence d'une solution aqueuse d'acide chlorhydrique à 100°, l'absorption après 20 heures est égale au 1/10 de la quantité théorique. Si l'on plonge une lame de platine dans la solution chlorhydrique d'acide arsénieux, à froid, la quantité d'oxygène fixée après 2 mois atteint 1/5 de la quantité théorique et à 100° après 20 heures, elle est égale à la moitié. Avec un arsénite, l'absorption est beaucoup plus rapide; encore après 20 heures de chauffe à 100°, en présence de la lame de platine, les 4/5 de l'arsénite sont changés en arséniate (BERTHELOT) (5).

L'anhydride arsénieux est aisément oxydé par l'acide azotique, l'eau régale ; sa solution aqueuse est oxydée par le chlore, l'iode, le brome, l'ozone, l'eau oxygénée, l'acide hypochloreux, l'acide

(1) MICHAELIS, *Zeitschr. f. Chem.*, 1871, p. 151.
(2) L. MOESER et W. ERDMANN, *D. Chem. Gesell.*, **35**, p. 535.
(3) BRAME, *C. R.*, **92**, p. 188.
(4) PREIS, *Liebig's Annal.*, **257**, p. 178.
(5) BERTHELOT, *Bull. Soc. chim.*, **28**, p. 496.

chromique, le permanganate de potasse, le chlorure d'or, le tartrate cupro-potassique, etc. C'est à ces propriétés que l'acide arsénieux doit son emploi fréquent en analyse.

Il réduit les persulfates en liqueur alcaline (B. Grützner) [1] :

$$2K^2(SO^4)^2 + As^2O^3 + 2H^2O = As^2O^5 + 2SO^4K^2 + 2SO^4H^2$$

D'après Orton et Blackmann [2], il réduit, en liqueur alcaline, les hypoiodites, à l'exclusion des iodates.

Il réduit l'iodure d'azote d'après l'équation :

$$3As^2O^3 + 2Az^2H^3I^3 + 6H^2O = 3As^2O^5 + 6HI + 4AzH^3$$

(D. Chattaway et P. Stevens) [3].

Chauffé avec l'acétate de potassium, l'anhydride arsénieux fournit l'oxyde de cacodyle (voyez page 103).

L'anhydride arsénieux se combine aux bases, en donnant naissance à des sels : les arsénites ; il peut de même se combiner à certains acides en donnant des sels que l'on peut considérer comme renfermant le radical arsénosyle AsO analogue au nitrosyle AzO, l'anhydride arsénieux étant lui-même l'oxyde d'arsénosyle $(AsO)^2O$.

Arsénites.

La solution aqueuse d'anhydride arsénieux rougit faiblement le tournesol. On peut admettre qu'elle renferme l'acide AsO^3H^3 ou $As(OH)^3$ dont on connaît les sels (Walden) [4]. La neutralisation de 1 molécule AsO^3H^3 par 1 NaOH dégage 6 Cal. 9 ; l'addition d'une deuxième molécule de NaOH produit un dégagement de 1 Cal. 3, et d'une troisième, o Cal. 5 (Thomsen). Au point de vue chimique, cet acide fonctionne comme tribasique ; on connaît, en effet, des sels mono, di et trimétalliques (ortho-arsénites) $AsOM(OH)^2$, $As(OM)^2OH$, $As(OM)^3$.

(1) B. Grützner, *Arch. der Pharm.*, **237**, p. 705.
(2) P. Orton et W.-L. Blackmann, *Chem. Soc.*, **77**, p. 830.
(3) D. Chattaway et P. Stevens, *Ann. Journ.*, **23**, p. 369.
(4) Walden, *Zeitschr. phys. Chem.*, **2**, p. 53.

D'autre part, on a préparé des métaarsénites AsO²M et des pyro-arsénites mono et dimétalliques par perte d'eau ; enfin, on connaît un certain nombre de sels basiques, parmi lesquels l'arsénite 12MgO,As²O³.

Formation et préparation. — On obtient les arsénites :

1° Par action de l'anhydride arsénieux sur les bases alcalines et alcalino-terreuses ; l'arsénite de calcium AsO³CaH, par exemple, s'obtient par l'addition d'acide arsénieux à un excès d'eau de chaux.

L'arsénite tripotassique As(OK)³ s'obtient par digestion de l'an-hydride arsénieux avec un excès de potasse alcoolique (Stavenhagen) (1).

2° On peut également faire réagir l'anhydride arsénieux sur les carbonates, soit par voie sèche, soit par voie humide. En fondant 2 molécules de carbonate de potassium avec 1 molécule d'anhydride arsénieux et reprenant par l'eau, on obtient l'arsénite AsO³K²H ; au contraire, en ajoutant, peu à peu, de l'anhydride arsénieux à une solution bouillante de carbonate de potassium, on obtient le sel acide de Pasteur 2 (As²O³), K²O, H²O. La *liqueur de Fowler* est un mélange de ces deux arsénites.

3° En faisant digérer l'antimoine métallique avec une solution concentrée d'acide arsénique, puis étendant d'eau, Berzélius a obtenu par réduction l'arsénite d'antimoine.

4° La plupart des arsénites s'obtiennent par double décomposi-tion entre un sel métallique et un arsénite alcalin ; par exemple, l'action sur le sel de Pasteur de l'acétate neutre de plomb fournit le pyroarsénite As²O⁵Pb² ou 2PbO, As²O³ ; au contraire, avec l'acé-tate tribasique de plomb, c'est *l'orthoarsénite* (AsO³)²Pb³ que l'on obtient (Reichardt) (2).

Le vert de Scheele (arsénite de cuivre) et le vert de Schweinfurth (acétoarsénite de cuivre) sont obtenus par l'action d'un arsénite alcalin sur le sulfate et l'acétate de cuivre respectivement.

Propriétés. — Les arsénites sont généralement amorphes ; quel-ques-uns cependant, comme le sel de Pasteur, l'orthoarsénite triar-

(1) Stavenhagen, *Journ. f. prakt. Chem.* [2], **51**, p. 6.
(2) Reichardt, *D. Chem. Gesell.*, **27**, p. 1019.

gentique AsO^3Ag^3 sont cristallisés (1). Les arsénites alcalins sont seuls solubles dans l'eau et possèdent une réaction alcaline ; les autres sont solubles dans les acides étendus ; l'orthoarsénite triargentique est soluble dans l'ammoniaque. La chaleur décompose les arsénites alcalins ; il y a mise en liberté d'une partie de l'arsenic et formation d'arséniate ; avec les autres arsénites, il s'élimine de l'arsenic et il reste, suivant la nature du métal, un oxyde, un métal, un arséniate, un arséniure ou un mélange de ces divers produits ; certains arsénites dimétalliques se transforment préalablement en pyroarsénites ; l'arsénite de magnésium fournit ainsi le pyroarsénite $As^2O^5Mg^2$. Les arsénites sont décomposés par les acides forts et souvent même par l'acide carbonique.

Une solution d'acide arsénieux dans une quantité de soude suffisante pour former le sel AsO^3Na^3 réagit à 100° sur l'iodoforme, en donnant avec un rendement de 90 p. 100 l'iodure de méthylène (Auger) (2).

Les solutions des arsénites alcalins absorbent lentement l'oxygène de l'air et se transforment en arséniates (Frésénius) (3).

Nous renvoyons pour les réactions de l'acide arsénieux et des arsénites à la partie analytique page 332.

Combinaisons de l'anhydride arsénieux et des arsénites avec les sels haloïdes alcalins. — Les chlorures, bromures et iodures alcalins s'unissent aux arsénites des mêmes métaux, en donnant des combinaisons bien définies, répondant aux formules : As^2O^3MX, $As^3O^5M^2X$, $As^3O^6M^4X$ et As^4O^4MX ou $2As^2O^3MX$ dans lesquelles M représente K, Rb, Cs, Na, AzH^4, et X = Cl, Br, I.

Ces combinaisons s'obtiennent généralement, en faisant passer à chaud un courant d'anhydride carbonique dans une solution renfermant l'arsénite et le sel haloïde alcalin, en proportions convenables.

Elles sont décomposées par l'eau chaude. Signalées en 1830

(1) Wanklyn, *Chem. News*, **85**, p. 181.
(2) Auger, *Bull. Soc. chim.*, 1900, **23**, p. 577.
(3) Fresenius, *Liebig's Annal.*, **93**, p. 384.

par Emmet (1), elles ont été étudiées par Schiff et Sestini (2), Wheeler (3), Harins (4) et Rüdorff (5).

Combinaisons de l'anhydride arsénieux avec les acides. — Il convient de ranger dans ce groupe l'émétique d'arsenic auquel on peut
attribuer la formule $CO^2K\text{-}CHO(AsO)\text{-}CHOH\text{-}CO^2H$; dans la préparation de ce composé, As^2O^3 fonctionne comme Sb^2O^3.

L'anhydride arsénieux se dissout dans les solutions d'acide lac-
tique et de lactate de potassium, en modifiant le pouvoir rotatoire
de ces solutions ; le maximum de variation a lieu quand la quantité de As^2O^3 ajoutée correspond à la formation d'un arsénio-lactate
$(AsO)C^3H^4O^3K$ (G. Henderson et Prentice (6).

D'autre part, on a décrit diverses combinaisons résultant de
l'union de 1 molécule de As^2O^3 avec un nombre variable de molécules de SO^3. Reich (7) a signalé en 1863 *la combinaison* As^2O^3, SO^3
ou $SO^4(AsO)^2$ trouvée dans une cheminée de four à pyrites.
Weber (8) a obtenu, par combinaison directe des anhydrides sulfurique et arsénieux, les composés $As^2O^3,3SO^3$ ou $As^2(SO^4)^3$ et
$As^2O^3 6SO^3$. Schultz-Sellack (9) et Addie (10) ont décrit des composés renfermant pour 1 As^2O^3, 2, 4 et 8SO^3. Laurent (11) a également
préparé la combinaison $3(As^2O^3, SO^3) + SO^4H^2$; tous ces corps sont
aisément décomposés par l'eau.

L'anhydride arsénieux peut également s'unir à l'anhydride arsénique. Joly (12), en attaquant l'anhydride arsénieux par un acide nitrique de densité 1,44, a obtenu un mélange dans lequel il a pu
caractériser la présence des combinaisons suivantes :

$$2As^2O^3,3As^2O^3 + 3H^2O \,;\, As^2O^5,2As^2O^3 + xH^2O \text{ et } As^2O^5,As^2O^3 + xH^2O$$

(1) Emmet, *Sill.*, *Am. Journ.* **18**, p. 58.
(2) H. Schiff et R. Sestini, *Liebig's Annal.*, **218**, p. 72.
(3) Wheeler, *Zeit. anorg. Chem.*, **4**, p. 457.
(4) Harins, *Liebig's Annal.*, **91**, 171.
(5) F. Rüdorff, *D. Chem. Gesell.*, **19**, p. 2668.
(6) G. Henderson et O. Prentice, *Chem. Soc.*, **81**, p. 658.
(7) Reich, *Journ. f. prakt. Chem.*, **90**, p. 176.
(8) Weber, *D. Chem. Gesell.*, **19**, p. 3186.
(9) Schultz-Sellak, *D. chem. Gesell*, **4**, p. 109.
(10) Addie, *Chem. Soc.*, **55**, p. 157.
(11) Laurent, *Journ. Pharm. et Chim.*, **45**, p. 185.
(12) Joly, *C. R.*, **100**, p. 1221.

D'autre part, BLOXAM (1) a obtenu la combinaison $As^3O^5,2As^2O^2$ soit par union directe, soit par action du chlore sur l'anhydride arsénieux :

$$11As^2O^3 + 6Cl^2 = 4AsCl^3 + 3(As^2O^5,2As^2O^3)$$

Anhydride arsénique As^2O^5.

$$As^2 + O^5 = As^2O^5 \text{ solide} \ldots + 219^{Cal} \text{ (dissous } 225^{Cal})$$

L'anhydride arsénique ne peut être obtenu par union directe de l'arsenic ou de l'anhydride arsénieux et de l'oxygène.

Il se forme dans l'action du chlore sur l'anhydride arsénieux. On le prépare, en décomposant par la chaleur les hydrates de l'acide arsénique. Il importe, dans cette opération, de ne pas atteindre le rouge sombre ; car, à cette température, l'anhydride arsénique se décompose déjà en oxygène et anhydride arsénieux.

L'anhydride arsénique se présente sous forme d'une masse amorphe, blanche, très avide d'eau. Il est parfaitement stable à 400°, mais ne peut être fondu sans décomposition. V. AUGER (2) a établi, en effet, que le produit fondu peut renfermer jusqu'à 50 p. 100 d'anhydride arsénieux.

La densité de l'anhydride arsénique est de 4,25 (FILHOL) (3), 4,3 (AUGER). BERGMANN, HERAPATH et KARST, en opérant sur un produit fondu, ont trouvé des nombres compris entre 3,4 et 3,7.

L'anhydride arsénique est facilement réduit à haute température par l'hydrogène, le charbon, le cyanure de potassium et la plupart des métaux. Il se dissout lentement dans l'eau, en se transformant en acide arsénique. Il réagit sur l'hydrogène sulfuré avec formation d'eau et de pentasulfure d'arsenic.

Le perchlorure de phosphore réagit sur l'anhydride arsénique, avec production de trichlorure d'arsenic et dégagement de chlore

$$As^2O^5 + 5PCl^5 = 2AsCl^3 + 5POCl^3 + 2Cl^2$$

(1) BLOXAM, *Chem. Soc.* [2], **3**, p. 62.
(2) V. AUGER, *C. R.*, **134**, p. 1059, 1902.
(3) FILHOL, *Ann. de Chim. et Phys.* [3], **21**, p. 415.

Chauffé avec de l'iodure de potassium, il se décompose d'après l'équation :

$$3As^2O^5 + 4KI = 4AsO^3K + As^2O^3 + 2 I^2$$

Le bromure fournit une réaction analogue. (Schönbein) (1). En faisant réagir sur l'anhydride arsénique fortement chauffé des vapeurs d'anhydride arsénieux, Bloxam (2) a obtenu sous la forme d'une masse vitreuse une combinaison $2As^2O^3,As^2O^5$.

Acide arsénique AsO^4H^3.

$$AsO^4H^3 \text{ ou } AsO{-}\begin{matrix}OH\\OH\\OH\end{matrix}$$

L'acide arsénique se forme par oxydation de l'arsenic et de l'anhydride arsénieux, dans toutes les circonstances que nous avons mentionnées en étudiant ces corps.

Il se forme encore par oxydation des sulfures d'arsenic, par divers oxydants (acide azotique, eau bromée, etc.).

Préparation.— Dans les laboratoires, on emploie souvent le procédé qui a permis à Scheele en 1776 d'obtenir l'acide arsénique, et qui consiste dans l'action de l'eau régale sur l'anhydride arsénieux. On attaque 4 parties d'anhydride arsénieux par un mélange de 1 partie d'acide chlorhydrique et 12 parties d'acide azotique, et l'on concentre jusqu'à consistance sirupeuse.

Pour la préparation en grand Kopp (3) indique le procédé suivant :

Dans une citerne de 1.500 litres de capacité on introduit 400 kilogrammes d'anhydride arsénieux, sur lesquels on fait couler 300 kilogrammes d'acide azotique de densité 1,35. Une réaction très vive commence immédiatement, avec production d'abondantes vapeurs nitreuses ; on fait passer celles-ci, à l'aide d'un bon tirage, dans des tuyaux en grès remplis de fragments de coke, sur lesquels coule de l'acide azotique étendu ; on assure ainsi la condensation de ces va-

(1) Schönbein, *Poggend. Annal.*, **158**, p. 330.
(2) Bloxam, *Annal. de Chim. et de Phys.* [3], **48**, p. 106.
(3) E. Kopp, *Ann. de Chim. et de Phys.* [3], **48**, p. 106.

pours et la récupération des deux tiers environ de l'acide azotique employé. Après trente-six heures, on soutire l'acide arsénique, au moyen d'un siphon de plomb et l'on ajoute au produit encore tiède une petite quantité d'acide azotique, pour oxyder les traces d'anhydride arsénieux qu'il contient encore. On obtient ainsi un liquide sirupeux qui laisse déposer à 15° des cristaux renfermant 24 p. 100 d'eau et répondant à la composition $As^2O^5 + 4H^2O$ ou $2(AsO^4H^2)H^2O$.

D'après GIRARDIN [1] on peut également utiliser le procédé suivant pour la production de grandes quantités d'acide arsénique : On fait passer un courant de chlore dans une solution concentrée d'anhydride arsénieux dans l'acide chlorhydrique et l'on évapore jusqu'à cristallisation.

Hydrates de l'acide arsénique. — Une solution aqueuse concentrée d'acide arsénique laisse déposer, à la température ordinaire, la combinaison $As^2O^5, 4H^2O$ ou $2 AsO^4H^3 + H^2O$. Cet hydrate cristallise en longs prismes transparents, fondant et se solidifiant entre 35°,5 et 36°. Il est isomorphe avec l'hydrate phosphorique correspondant, $2PO^4H^3 + H^2O$. Dans le vide sec ou à l'étuve, ce composé se transforme en un autre hydrate $2As^2O^5, 3H^2O$ ou $As^4O^{13}H^6$ (JOLY) [2].

D'après KOPP [3] l'hydrate $As^2O^5 + 4H^2O$ ou $2 AsO^4H^3 + H^2O$ subit les transformations suivantes sous l'influence de la chaleur. Chauffé au bain-marie, il perd de l'eau, en donnant un orthohydrate $As^2O^5, 3H^2O$ ou AsO^4H^3 ; celui-ci, porté à 140°-180°, fournit un pyrohydrate $As^2O^5, 2H^2O$ ou $As^2O^7H^4$ qui, à 206°, se transforme en métahydrate As^2O^5, H^2O ou AsO^3H ; enfin, ce dernier perd encore de l'eau vers le rouge, en donnant naissance à l'anhydride arsénique As^2O^5. Il existerait donc trois hydrates distincts de l'anhydride arsénique analogues aux acides ortho, méta et pyro-phosphoriques ; mais, tandis que ces derniers sont stables en solution et peuvent, par suite, avoir des réactions qui leur soient propres, les acides méta et pyroarséniques seraient immédiatement transformés par l'eau en acide orthoarsénique seul stable en solution.

Ces résultats ont été contredits par V. AUGER [4]. D'après ce

[1] GIRARDIN, *Journ. Ph. et Chim.* [3], **48**, p. 269.
[2] JOLY, *C. R.*, **100**, p. 450, et **101**, p. 1262, 1885.
[3] KOPP, *Ann. de Chim. et de Phys.*, 3ᵉ série, **48**, p. 106.
[4] V. AUGER, *C. R.*, **134**, p. 1059, 1902.

savant, en maintenant à 63°, pendant trois jours, une solution d'acide arsénique, on obtient l'hydrate $2As^2O^5, 3H^2O$ ou $As^4O^{13}H^2$ déjà décrit par JOLY (1) ; quand on maintient l'hydrate $2AsO^4H^3 + H^2O$ à l'état de surfusion, il se dépose la combinaison $As^4O^{13}H^6$ et non AsO^4H^3 comme le pensait JOLY. En somme, seuls, les deux hydrates $2AsO^4H^3 + H^2O$ et $As^4O^{13}H^6$ ont une existence bien établie (V. AUGER). Ces deux hydrates se transforment en anhydride arsénique dès 186°.

L'acide arsénique se comporte, au point de vue thermochimique comme l'acide phosphorique, c'est-à-dire comme un acide tribasique à fonctions d'intensités inégales. Une molécule d'acide arsénique AsO^4H^3 dissous dégage, par addition successive de soude, pour une première molécule NaOH, 15 Cal.; 12 Cal. 6 pour une deuxième, et 8 Cal. 3 pour une troisième (THOMSEN).

Ces nombres sont voisins de ceux que l'on observe dans la neutralisation de l'acide orthophosphorique (BERTHELOT et LONGUININE) (2).

Les solutions d'acide arsénique sont très acides ; elles possèdent une saveur métallique et exercent sur la peau une action corrosive, quand elles sont concentrées. SCHIFF (3) en a déterminé les densités à divers états de concentration à 15° :

Concentration en AsO^4H^3 %	67.4	45.0	30.0	22.5	15.0	7.5
Densité à 15°.	1,7346	1,3973	1,2350	1,1606	1,1052	1,0495

L'électrolyse décompose l'acide arsénique avec dégagement d'oxygène au pôle positif et formation d'arsenic et d'hydrogène arsénié solide au pôle négatif.

L'acide sulfureux en solution le transforme, lentement à froid et rapidement à chaud, en acide arsénieux (WÖHLER) (4) :

$$AsO^4H^3 + SO^2 + H^2O = SO^4H^2 + AsO^3H^3$$

L'acide chlorhydrique concentré et bouillant exerce la même

(1) JOLY, *loc. cit.*

(2) BERTHELOT et LONGUININE, *Ann. Chim. Phys.* [5], **9**, p. 26.

(3) SCHIFF, *Liebig's Annal.*, **113**, p. 189.

(4) WÖHLER, *Liebig's Annal.*, **30**, p. 224.

action ; mais, l'acide arsénieux produit passe à l'état de chlorure d'arsenic, en même temps que se dégage du chlore, sans former de pentachlorure (MAYHOFER) (1) :

$$AsO^4H^3 + 5HCl = AsCl^3 + 4H^2O + Cl^2$$

Parfois, la réduction va plus loin ; c'est ainsi qu'introduit dans un appareil à hydrogène en activité, l'acide arsénique est transformé en hydrogène arsénié.

D'autre part, l'acide hypophosphoreux, en liqueur fortement chlorhydrique, réduit complètement l'acide arsénique, avec précipitation d'arsenic (MAC CAY) (2).

De même le chlorure stanneux réduit à chaud l'acide arsénique en donnant de l'arsenic et de l'hydrogène arsénié.

L'hydrogène sulfuré ne précipite la solution d'acide arsénique qu'à chaud et lentement, avec formation d'un mélange de soufre, de trisulfure et de pentasulfure d'arsenic. D'après MAC CAY, l'hydrogène sulfuré gazeux, en grand excès, agit sur une solution d'acide arsénique, additionnée d'acide chlorhydrique ou sulfurique, en donnant successivement les acides mono, di, trisulfoxyarséniques et enfin l'acide sulfarsénique.

On a successivement :

$$AsO^4H^3 + H^2S = AsO^3SH^2 + H^2O$$
$$AsO^3SH^3 + H^2S = AsO^2S^2H^3 + H^2O$$
$$AsO^2S^2H^3 + H^2S = AsOS^3H^3 + H^2O$$
$$AsO^3H^3 + H^2S = AsS^4H^3 + H^2O$$

L'acide sulfarsénique étant instable se dédouble instantanément en pentasulfure d'arsenic et hydrogène sulfuré.

La formation de soufre et de trisulfure peut s'expliquer par la décomposition des acides sulfoxyarséniques intermédiaires. En effet, en traitant l'acide arsénique par une quantité insuffisante d'hydrogène sulfuré, il se dépose du soufre et on peut constater la présence de l'acide arsénieux dans la liqueur ; c'est ce dernier qui produit ultérieurement le trisulfure d'arsenic (MAC CAY). Au con-

(1) MAYHOFER, *Lieblg's Annal.*, **158**, p. 326.
(2) MAC CAY, *Zeit. anorg. Ch.*, **29**, p. 3651.

traire, si le courant d'hydrogène sulfuré est lent, les réactions sont plus complexes, il se forme notamment du soufre, du trisulfure, du pentasulfure d'arsenic et de l'acide arsénieux ; les quantités de ces divers corps dépendant de la température, de la concentration et de l'acidité.

L'acide arsénique est décomposé lentement à froid par l'hyposulfite de sodium avec formation de pentasulfure qui se dépose, de l'acide chlorhydrique, donnent d'après Himly (1) :

$$2AsO^4H^3 + 5S^2O^3Na^2 = As^2S^5 + 5SO^4Na^2 + 3H^2O$$

L'acide arsénique dissout le zinc et le fer avec dégagement d'hydrogène : mais, en présence des acides chlorhydrique ou sulfurique, il se produit de l'hydrogène arsénié ; si la solution est étendue ou neutralisée, le zinc en précipite l'arsenic.

Chauffé en tube scellé avec le cuivre ou le mercure l'acide arsénique fournit les arséniates correspondants à l'état cristallisé.

Usages. — L'acide arsénique est employé surtout pour la fabrication du rouge d'aniline.

Arséniates.

Bien que les acides méta et pyroarséniques ne semblent pas existér, les sels qui leur correspondent ont été préparés. On connaît donc trois séries de sels, les méta, pyro et ortho-arséniates se rattachant respectivement aux acides AsO^3H, $As^2O^7H^4$ et AsO^4H^3.

Les métaarséniates et les pyroarséniates ne sont connus qu'à l'état solide ; ils se transforment, en solution, en orthoarséniates, seuls stables à l'état dissous.

L'acide arsénique étant tribasique, les orthoarséniates, comme les orthophosphates, peuvent être mono, di ou trimétalliques :

$$AsO^4MH^2 \quad AsO^4M^2H \quad et \quad AsO^4M^3$$

(M représentant un métal monovalent).

(1) Himly, *Liebig's Annal.*, **30**, p. 224.

Outre ces formes simples, on a préparé des sels basiques, des sels doubles et des sels complexes.

Les métaarséniates dérivent, par perte d'eau, des orthoarséniates monométalliques :

$$\text{AsO}^4\text{MH} = \text{H}^2\text{O} + \text{AsO}^3\text{M}$$

On les obtient par l'action de la chaleur sur ces derniers. Aux orthoarséniates dimétalliques, se rattachent de même les pyroarséniates $\text{As}^2\text{O}^7\text{M}^4$; ceux-ci peuvent également être obtenus à partir de certains sels neutres ; ainsi, le pyroarséniate de magnésium $\text{As}^2\text{O}^7\text{Mg}^2$ est obtenu par calcination de l'orthoarséniate ammoniaco-magnésien $\text{AsO}^4\text{MgAzH}^4$.

Le mode de formation des méta et pyroarséniates est donc tout à fait analogue à celui des méta et pyrophosphates, avec cette restriction cependant, que les premiers ne peuvent être obtenus que par voie sèche. Les divers arséniates sont d'ailleurs généralement isomorphes des phosphates correspondants.

État naturel. — On connaît de nombreux arséniates naturels ; citons : l'haïdingérite $\text{AsO}^4\text{CaH} + 3/2\text{H}^2\text{O}$; la pharmacolite $\text{AsO}^4\text{CaH} + 5\text{H}^2\text{O}$; la scorodite $\text{Fe}^2(\text{AsO}^4)^2 + 4\text{H}^2\text{O}$; l'euchroïte $(\text{AsO}^4)^2\text{Cu}^3 + \text{Cu}(\text{OH})^2 + 6\text{H}^2\text{O}$; l'olivénite $\text{AsO}^4\text{Cu},\text{CuOH}$; l'aphanèse $\text{AsO}^4(\text{CuOH})^3$; l'érythrine $(\text{AsO}^4)^2\text{Co}^3 + 8\text{H}^2\text{O}$; l'annabergite $(\text{AsO}^4)^2\text{Ni}^3 + 8\text{H}^2\text{O}$, et la mimétèse $(\text{AsO}^4)^2\text{Pb}^3 + \text{AsO}^4\text{Pb}^2\text{Cl}$.

Préparation. — 1° *Action de l'acide arsénique sur un métal.* — En laissant digérer du zinc avec de l'acide arsénique, on obtient l'arséniate AsO^4ZnH, en même temps qu'il se dégage de l'hydrogène arsénié, et que se précipite de l'hydrure d'arsenic solide.

En chauffant à 230°, en tube scellé, du mercure avec une solution concentrée d'acide arsénique, Coloriaxo [1] a obtenu l'arséniate mercureux $(\text{AsO}^4)^2(\text{Hg}^2)^3$.

2° *Action de l'acide arsénique sur les bases ou leurs carbonates.* — La saturation de l'acide par 3 mol. de soude, potasse ou ammoniaque, fournit les sels trimétalliques AsO^4M^3 ; au contraire, si à de l'acide arsénique on ajoute de la soude jusqu'à neutralité au tournesol, on obtient un *arséniate sesquisodique* $(\text{AsO}^4)^2\text{Na}^3\text{H}^3 + 3\text{H}^2\text{O}$.

---

[1] Coloriaxo, *C. R.*, **103**, p. 273.

(Fittiol et Senderens) (1) ; enfin, si on traite l'acide arsénique par un léger excès de carbonate de soude, on obtient l'arséniate disodique $AsO^4Na^2H + 7H^2O$ (Lescœur) (2).

Par l'action prolongée de l'hydrate uraneux sur une solution d'acide arsénique, Aloy (3) a obtenu l'arséniate uraneux $(AsO^4)^2 UH^2,2H^2O$.

3° *Double décomposition.* — On mélange un sel métallique avec une solution d'arséniate dimétallique ou trimétallique. Ainsi, en ajoutant goutte à goutte une solution d'arséniate disodique à une solution des chlorures de calcium, de baryum ou de strontium, on obtient les arséniates $AsO^4M''H$ correspondants ; les sels trimétalliques des mêmes bases $(AsO^4)^2M''^3$ s'obtiennent à partir de l'arséniate triammonique en solution ammoniacale.

Citons encore comme exemple la formation des arséniates tricobaltiques $(AsO^4)^2Co^3$ et trinickeleux $(AsO^4)^2Ni^3$, par action de l'arséniate triammonique sur les chlorures correspondants (O. Ducru) (4) et la formation de l'arséniate d'hydroxylamine $AsO^4H^3 (AzH^2OH)^3$ par action de l'arséniate trisodique sur le chlorhydrate d'hydroxylamine (Kohlschutter et Hofmann) (5).

Cependant, avec les sels de certains métaux, on obtient toujours les arséniates trimétalliques, quel que soit l'arséniate alcalin employé. Ainsi, l'action des arséniates mono, di et trisodiques sur les azotates d'argent de plomb et le nitrate mercurique (Haack) (6) fournit les sels trimétalliques AsO^4Ag^3, $(AsO^4)^2Pb^3$, $(AsO^4)^2Hg^3$ avec mise en liberté d'acide azotique.

4° *Oxydation de l'acide arsénieux.* — Si l'on fond l'anhydride arsénieux avec de la potasse et que l'on reprenne par l'eau, on obtient l'arséniate bipotassique AsO^4K^2H.

D'autre part, en fondant parties égales de nitrate de potassium et d'acide arsénieux, il se forme le sel monopotassique AsO^4KH^2.

(1) Fittiol et Senderens, *Journ. Pharm. et Chim.* [5], **6**, p. 257.
(2) Lescœur, *C. R.*, **104**, p. 1171.
(3) Aloy, *Bull. Soc. chim.*, 1899, **21**, p. 615.
(4) O. Ducru, *C. R.*, **131**, p. 702.
(5) V. Kohlschutter et A. Hofmann, *Lieb. Ann.*, **307**, p. 314.
(6) Haack, *Lieb. Ann.*, **262**, p. 181.

Par action du peroxyde de thallium sur l'acide arsénieux, WILLM (1) a obtenu l'arséniate AsO^4TlH^2.

5° *L'action de l'acide arsénique* sur les arséniates di et trimétalliques donne naissance aux sels monométalliques. L'arséniate triargentique se transforme ainsi en arséniate monoargentique AsO^4AgH^2 en cristaux blancs (JOLY) (2).

6° *Par l'action des oxydes alcalino-terreux et des oxydes de la série magnésienne, sur les ortho, pyro et méta-arséniates de potassium et de sodium en fusion,* C. LEFÈVRE (3) a obtenu des ortho et pyro-arséniates simples ou doubles. La baryte, la strontiane et la chaux réagissant sur l'ortho ou pyroarséniate de sodium, fournissent, suivant les conditions, les orthoarséniates alcalino-terreux $(AsO^4)^2M^3$ ou les sels doubles $AsO^4M''K$; avec les méta-arséniates de potassium ou de sodium, au contraire, on obtient les pyroarséniates alcalino-terreux $As^2O^7M''^2$. Les oxydes de magnésium, de zinc, de cadmium, de nickel, de cobalt, de chrome, de fer et d'aluminium fournissent des résultats analogues, avec formation le plus souvent de pyro-arséniates doubles (C. LEFEBVRE).

Les arséniates obtenus par double décomposition sont amorphes ; mais il est possible de les obtenir à l'état cristallisé. COLOMANO a préparé un certain nombre d'arséniates cristallisés, en employant les procédés suivants, mis en œuvre, pour la reproduction des arséniates naturels.

1° *Procédé Debray* (4). — On fait digérer avec de l'eau, à froid ou à chaud, un arséniate amorphe précipité. Par digestion, à froid, de l'acide arsénique sur le carbonate de calcium, DEBRAY a obtenu l'*haïdingérite* $AsO^4CaH + 1,5H^2O$.

A chaud, avec les arséniates amorphes de manganèse et de zinc, il a obtenu des arséniates de la forme $AsO^4M''H + H^2O$.

En chauffant en vase clos l'arséniate tricuivrique avec de l'eau, il reproduisit l'*olivénite* $AsO^4Cu,CuOH$.

2° *Procédé Friedel et Sarrasin* (5). — On chauffe à 140°, en tube

(1) WILLM, *Ann. de Chim. et de Phys.* (4), **5**, p. 58.
(2) JOLY, *C. R.*, **103**, p. 1073.
(3) LEFÈVRE, *C. R.*, **108**, p. 1058, **109**, p. 405, et **110**, p. 407.
(4) DEBRAY, *C. R.*, **52**, p. 44.
(5) FRIEDEL et SARRASIN, *Bull. Soc. Min.*, 1879, **2**, p. 153.

scellé, un carbonate avec une solution d'acide arsénique. Avec le carbonate de cuivre, FRIEDEL et SARRASIN ont obtenu l'olivénite et, avec le carbonate de zinc, *l'adamine* AsO^4Zn, $ZnOH$.

3° *Procédé Verneuil et Bourgeois* (1). — En chauffant à 140°, en tube scellé, pendant 48 heures, le fer avec une solution d'acide arsénique, ces savants ont reproduit la *scorodite* $(AsO^4)^3Fe^2 + 4H^2O$.

Propriétés. — *Les arséniates monométalliques* sont très solubles dans l'eau ; l'arséniate monoargentique est décomposé par l'eau en acide libre et arséniate triargentique (JOLY) ; leur réaction est acide. La chaleur les transforme en métaarséniates.

Parmi *les arséniates dimétalliques*, les sels alcalins sont solubles, les autres sont peu solubles dans l'eau, solubles dans les acides.

L'eau bouillante les décompose généralement ; l'arséniate bibarytique AsO^4BaH fournit ainsi de l'arséniate tribarytique insoluble et de l'arséniate monobarytique soluble ; l'arséniate de zinc $AsO^4ZnH + H^2O$ se transforme en sel basique, identique à *l'adamine* $AsO^4Zn,ZnOH$ (COLORIANO).

Les arséniates trimétalliques alcalins sont seuls solubles dans l'eau et possèdent une réaction alcaline ; les autres arséniates sont généralement solubles dans les acides arsénique, sulfurique, azotique, aussi bien que dans les sels ammoniacaux, et, en particulier, le chlorure d'ammonium.

Certains arséniates peuvent se combiner à l'ammoniac ; l'évaporation d'une solution d'arséniate triargentique dans l'ammoniaque fournit des cristaux de composition $AsO^4Ag^2 + 2AzH^3$ (O. WIDMANN) (2).

L'arséniate neutre de zinc fournit également le sel $(AsO^4)^2$ $Zn^3 + AzH^3$. D'autre part, DUCRU (3) a décrit des sels dérivant des arséniates tricobalteux et trinickeleux $(AsO^4)^2M^3 + 8H^2O$ dans lesquels 1, 2 ou 3 H^2O sont remplacés par 1, 2 ou 3 AzH^3.

Ces arséniates s'obtiennent en précipitant les chlorures de nickel et de cobalt par l'arséniate triammonique dans une liqueur ren-

(1) VERNEUIL et BOURGEOIS, *C. R.*, **90**, p. 223.
(2) O. WIDMANN, *Bull. Soc. chim.*, **20**, p. 65.
(3) DUCRU, *loc. cit.*

fermant des sels amoniacaux et de l'ammoniaque libre. On obtient, suivant la teneur en ammoniaque, les composés :

$$(AsO^4)^3Co^3(Ni^3) + 7H^2O + AzH^3$$
$$\text{»} \qquad + 6H^2O + 2AzH^3$$
$$\text{»} \qquad + 5H^2O + 3AzH^3$$

Parmi les *arséniates doubles*, il convient de citer l'arséniate ammoniaco-magnésien $AsO^4MgAzH^4 + 6H^2O$, à cause de son importance en analyse, et les halogéno-arséniates des types :

$$(AsO^4)^3M''^5X \text{ ou } (AsO^4)^2M''^3 + AsO<^O_O>M''\text{(arsénapatites)}$$
$$\diagdown M''X$$

et $AsO<^O_O>M''$ (arséno-wagnérites), M'' représentant Ca, Ba, Sr, Mg et
$\diagdown M''X$
$X = Fl, Cl, Br, I$ [Lechartien (1) et Ditte (2)].

COMBINAISONS DE L'ARSENIC AVEC LE SOUFRE

On connaît cinq combinaisons bien définies de soufre et d'arsenic ; ce sont le triarsénosulfure As^3S, le sulfure As^4S^3, le bisulfure As^2S^2, le trisulfure As^2S^3 et le pentasulfure As^2S^5 (3).

Ces deux derniers correspondent aux oxydes As^2O^3 et As^2O^5. L'analogie va plus loin ; de même que les anhydrides arsénieux et arsénique donnent naissance à des sels dérivés des acides $As(OH)^3$ et $AsO(OH)^3$, de même, aux sulfures de l'arsenic As^2S^3 et As^2S^5 correspondent les sels suivants (4) :

$$As(SM)^3 \text{ ou } As^2S^3(M^2S)^3 : \text{sulfarsénites dérivés de } As^2S^3$$
$$AsS(SM)^3 \text{ ou } As^2S^5(M^2S)^3 : \text{sulfarséniates dérivés de } As^2S^5$$

(1) Lechartier, *C. R.*, **65**, p. 172.
(2) Ditte, *Annal. de chim. et de phys.* [6], **8**, p. 502.
(3) Schuller a également décrit un sulfure de composition As⁶S ; mais l'existence de ce composé n'est pas certaine (*Z. Kryst.*, **27**, p. 97).
(4) Berzélius admettait que les produits obtenus par dissolution du réalgar dans les sulfures alcalins étaient des hyposulfarsénites As^2S^2 (M'S); d'après Nilson, il se forme dans cette action des sulfarsénites et divers autres produits.

Ces deux classes de sels représentent des arsénites et des arséniates dont l'oxygène aurait été remplacé en totalité par du soufre.
On connaît d'ailleurs des composés dans lesquels cette substitution n'est que partielle, ce sont les sulfoxyarséniates.

Triarsénosulfure As^3S.

SCOTT [1] a obtenu ce sulfure dans les conditions suivantes : à
une solution d'arséniate de sodium, on ajoute du trichlorure de
phosphore. On laisse reposer, on filtre, on traite la solution par
l'acide sulfureux et on abandonne le mélange à lui-même pendant
plusieurs jours. On décante alors le liquide et on lave le précipité à
l'eau, puis à l'ammoniaque étendue ; on le chauffe ensuite avec de
l'ammoniaque concentrée, dans laquelle on fait passer, pendant
deux heures, un courant d'hydrogène sulfuré. Le précipité est
ensuite lavé à l'eau, puis à l'alcool et enfin séché.

Ce sulfure est insoluble dans l'ammoniaque et le sulfhydrate
d'ammoniaque incolore ; il se dissout dans le sulfure jaune d'ammonium et l'acide chlorhydrique, ajouté à cette solution, en précipite le trisulfure As^2S^3.

Sulfure As^4S^3.

Ce composé a été obtenu par SCHULLER [2], en chauffant le réalgar avec de l'arsenic en poudre. Il cristallise en prismes ortho-
rhombiques jaunes, de densité $D = 3,60$ à 19°. Il se dissocie vers
800° (SZARVASI et C. MESSINGER) [3].

Bisulfure ou Réalgar As^2S^2.

Le bisulfure d'arsenic existe, à l'état naturel, au voisinage de
certains volcans. On l'obtient par les méthodes suivantes :

1° On fond ensemble le soufre et l'arsenic, dans les proportions
exigées pour la formule As^2S^2 (BERZÉLIUS);

[1] SCOTT, *Chem. Soc.*, **77**, p. 651.
[2] SCHULLER, *Z. Kryst.*, **27**, p. 97.
[3] E. SZARVASI et C. MESSINGER, *D. chem. Gesell.*, **30**, p. 1343.

2° Par l'action du soufre sur l'anhydride arsénieux (Berzélius) :

$$2As^2O^3 + 7S = 2As^2S^2 + 3SO^2$$

Nilson recommande de chauffer le mélange dans un tube de verre peu fusible, traversé par un courant d'anhydride carbonique ;

3° On ajoute du trisulfure d'arsenic, par petites quantités, à une solution bouillante de carbonate de sodium ; on obtient ainsi le réalgar cristallisé (Nilson) (1). De Sénarmont (2) avait déjà reproduit le réalgar en chauffant à 150°, en tube scellé, le trisulfure avec du bicarbonate de sodium ;

4° On peut également chauffer le trisulfure avec de l'arsenic (Berzélius).

Le réalgar cristallise en beaux prismes clinorhombiques rouges, translucides, de densité 3,544. Il brunit quand on le chauffe, mais reprend sa couleur par refroidissement.

Chauffé dans un courant d'hydrogène, il fournit de l'hydrogène sulfuré et de l'arsenic.

Traité par un courant rapide de chlore, il s'enflamme et fournit du chlorure d'arsenic et du soufre (Nilson).

Chauffé avec une molécule d'iode, il fournit l'iodosulfure AsSI ; au contraire, par l'action d'un excès d'iode, il y a production de soufre et d'iodure d'arsenic (Schneider) (3).

$$As^2S^2 + 3I^2 = 2AsI^3 + 2S$$

Le réalgar s'oxyde, par exposition à l'air, avec formation d'anhydride arsénieux et de trisulfure d'arsenic (Nilson). Il brûle dans l'air avec une flamme bleuâtre et se transforme en anhydrides, sulfureux et arsénieux.

Les *oxydants énergiques* (acide nitrique, eau bromée, etc.), le convertissent en un mélange d'acides sulfurique et arsénique. Il fuse avec le nitrate de potassium, en donnant un mélange de sulfate et d'arséniate de potassium.

Il réduit à chaud l'*acide sulfurique*, avec formation des anhydrides sulfureux et arsénieux.

(1) E. Nilson, *Journ. f. prakt. Chem.* (2), **12**, 295.
(2) De Sénarmont, *Ann. chim. phys.* (3), **32**, p. 158.
(3) Schneider, *Journ. f. prakt.* (2), **34**, p. 565.

La *vapeur d'eau* le décompose au rouge, avec formation d'hydrogène sulfuré, d'anhydride arsénieux et de trisulfure d'arsenic (Regnault) (1).

Les *alcalis* dédoublent le réalgar en arsenic et trisulfure, sans formation d'un sulfure $As^{12}S$, comme l'avait indiqué Berzélius (Kühn) (2).

$$3As^2S^2 = 2As^2S^3 + As^2$$

Chauffé avec l'anhydride arsénieux, il réagit d'après l'équation :

$$3As^2S^2 + 4As^2O^3 = 6SO^2 + 14As \text{ (Nilson)}$$

Chauffé à 100°, en tube scellé, avec *du sulfure de sodium* en solution aqueuse, il fournit du sulfarséniate de sodium, du soufre et de l'arsenic (Geuther) (3) :

$$5As^2S^2 + 6Na^2S = 6As + 4AsS^4Na^3$$

Usages. — Le réalgar est employé en peinture et aussi en pyrotechnie ; il entre dans la préparation du feu indien, qui brûle avec une lumière blanche très brillante.

Trisulfure d'arsenic ou orpiment As^2S^3.

Ce composé est souvent désigné simplement sous le nom de sulfure d'arsenic. Il existe dans la nature, où il forme des masses jaunes composées de lamelles appartenant au système clinorhombique.

Formation et préparation. — On l'obtient :

1° Par fusion d'un mélange en proportions déterminées de soufre et d'arsenic ou de réalgar et de soufre ;

2° Par l'action de l'hydrogène sulfuré sur une solution chlorhydrique d'anhydride arsénieux ;

3° En ajoutant de l'hyposulfite de sodium à une solution chlorhydrique des acides arsénieux ou arsénique (Wohl) (4).

(1) Regnault, *Ann. chim. phys.*, **62**, p. 384.
(2) Kühn, *Arch. der Pharm.* (2), **71**, p. 2.
(3) Geuther, *Liebig's Annal.*, **240**, p. 221.
(4) Wohl, *Lieb. Annal.*, **96**, p. 238.

Propriétés. — Le trisulfure d'arsenic est solide, d'un beau jaune ; sa densité est de 3,459 (KARSTEN).

Chauffé en tube scellé, il fond, puis se sublime vers 700°. Il est peu soluble dans l'eau froide, mais se dissout à la longue dans l'eau chaude, en se transformant en hydrogène sulfuré et acide arsénieux. DE CLERMONT et FROMMEL (1), et SPRING (2), ont utilisé cette propriété en analyse pour la séparation de l'arsenic.

Le sulfure précipité paraît se combiner à l'eau ; en effet, séché dans l'air sec, à la température ordinaire, il retient encore $6H^2O$ (SPRING).

En traitant une solution étendue d'acide arsénieux par l'hydrogène sulfuré, on obtient une solution jaune qui renferme du sulfure d'arsenic à l'état colloïdal ; en ajoutant de nouvelles quantités d'acide arsénieux et répétant l'action de l'hydrogène sulfuré, on peut obtenir, après plusieurs traitements analogues, des liqueurs renfermant plus de 30 p. 100 de sulfure d'arsenic. De ces pseudo-solutions, le sulfure est précipité par l'addition de petites quantités d'un acide fort ou de certains sels (H. SCHULZE) (3).

Oxydation. — Le trisulfure d'arsenic, chauffé dans *l'air*, y brûle avec une flamme pâle, en donnant naissance aux anhydrides arsénieux et sulfureux.

Le sulfure précipité, traité par une solution aqueuse de chlorure mercurique, fournit du chlorosulfure de mercure et les acides arsénieux et chlorhydrique (KESSLER) (4).

Il se dissout dans une solution de bisulfite de potassium ; par ébullition, cette solution perd de l'anhydride sulfureux et laisse précipiter du soufre ; on obtient finalement un hyposulfite et un arséniate (BUNSEN) (5):

$$2As^2S^3 + 16SO^3KH = 6S^2O^3K^2 + 4AsO^3KH^2 + 4H^2O + 7SO^2 + 3S$$

(1) DE CLERMONT et FROMMEL, *C. R.*, **86**, p. 828.

(2) SPRING, *Bull. Acad. roy. de Belgique*, **30**, p. 199.

(3) H. SCHULZE, *Journ. f. prakt. Chem.* [2], **25**, p. 431. Voyez sur l'état du sulfure dans ces liqueurs: BOUTIGNY, *Journ. chim. méd.*, **8**, p. 449 ; PICTON, *Chem. Soc.*, **61**, p. 137 ; LINDER et PICTON, *Chem. Soc.*, **67**, p. 63 ; R. WITNEY et E. OBER, *Zeit. physik. Chem.*, **29**, p. 630. ; KUSTER et G. DAHMEN, *Zeit. anorg. Ch.*, **33**, p. 115.

(4) KESSLER, *Poggend. Annal.*, **95**, p. 214.

(5) BUNSEN, *Lieb. Annal.*, **106**, p. 8.

Les *oxydants* énergiques (eau bromée, acide azotique, acide chlorhydrique et chlorate de potassium, etc.) le transforment aisément en un mélange des acides arsénique et sulfurique.

L'acide sulfurique est réduit par le trisulfure d'arsenic, avec formation des anhydrides sulfureux et arsénieux.

Aux températures supérieures à 300°, l'*hydrogène* agit sur le trisulfure d'arsenic, en donnant de l'hydrogène sulfuré; inversement celui-ci attaque l'arsenic dans les mêmes limites de température; il se forme des équilibres qui ont été étudiés par H. PELABON (1).

Le trisulfure d'arsenic, mêlé au carbonate de sodium et chauffé dans un courant d'hydrogène, est réduit en arsenic. On obtient le même résultat, en chauffant ce sulfure avec un mélange de carbonate de sodium et de charbon, avec la chaux, les oxalates de calcium et de potassium, l'argent, le fer et le cyanure de potassium additionné de carbonate de sodium.

Transformation en dérivés halogénés de l'arsenic. Le sulfure d'arsenic est attaqué par *le chlore* gazeux avec formation de trichlorure d'arsenic et de soufre.

L'iode en solution sulfocarbonique réagit sur le sulfure d'arsenic précipité et le transforme en triiodure

$$As^2S^3 + 3I^2 = 2AsI^3 + 3S$$

l'orpiment naturel n'est pas attaqué dans ces conditions; mais, chauffé à sec, à température peu élevée, avec de l'iode, il fournit également de l'iodure d'arsenic; à haute température, au contraire, la réaction inverse tend à se produire.

La fusion du trisulfure d'arsenic avec les *iodures de soufre* S^2I^2 et SI^2 fournit également du triiodure d'arsenic et du soufre (SCHNEIDER) (2)

$$As^2S^3 + 3SI^2 = 2AsI^3 + 6S$$
$$As^2S^3 + 3S^2I^2 = 2AsI^3 + 9S$$

L'acide *chlorhydrique* concentré et bouillant attaque le trisulfure d'arsenic et le volatilise, peu à peu, à l'état de trichlorure d'arsenic

(1) H. PELABON, *C. R.*, **131**, p. 410, et **132**, p. 774.
(2) SCHNEIDER, *Journ. f. prakt. Chem.*, **36**, p. 408.

et d'hydrogène sulfuré (Piloty et Stock) (1). La réaction est plus facile, en présence d'un excès de chlorure ferrique ou de chlorure cuivrique. La distillation sèche d'un mélange de sulfure d'arsenic et *de chlorure mercurique* fournit de même du trichlorure d'arsenic (Ludwig) (2).

$$As^2S^3 + 3HgCl^2 = 3HgS + 2AsCl^3$$

On obtient également du trichlorure, en chauffant le sulfure d'arsenic avec un mélange de chlorure (3 à 5 p.) et d'azotate d'ammonium (1 p.) (Fresenius) (3).

Action des bases des carbonates et des sulfures alcalins. — Le trisulfure d'arsenic est soluble dans les alcalis, l'ammoniaque, les carbonates et les sulfures alcalins. L'acide chlorhydrique le reprécipite de ces solutions. Chauffé à 80° avec une solution de carbonate de sodium, le sulfure d'arsenic s'y dissout et s'en dépose par refroidissement à l'état cristallisé ; au contraire, une solution bouillante de carbonate de sodium le décompose ; il se dégage de l'hydrogène sulfuré et de l'anhydride carbonique et il se forme du bisulfure d'arsenic As^2S^2 et un mélange de sulfarsénite $3As^2S^3$, Na^2S, sulfarséniate AsS^4Na^3, oxysulfarséniate $(As^2S^3O^2)^2Na^4O$, arséniate disodique AsO^4Na^2 et bicarbonate de sodium CO^3NaH. Les résultats sont identiques avec le carbonate de potassium, à cela près que l'oxysulfarséniate répond à la composition : $As^2O^3S^4,K^4O + 2H^2O$ ou AsO^3SKH^2.

La magnésie réagit à froid en présence de l'eau sur le trisulfure d'arsenic, en donnant de l'arsénite de magnésie et du sulfarsénite $(AsS^3)^2Mg^3$ ou $3MgS, As^2S^3$:

$$6MgO + 2As^2S^3 = 3MgS, As^2S^3 + 3MgO, As^2O^3$$

Ce sulfarsénite se décompose à l'ébullition en hydrogène sulfuré et arsénite de magnésium (De Clermont et Frommel) (4).

Usages. — L'orpiment est surtout employé dans le travail des peaux, en mégisserie.

---

(1) Piloty et Stock, *D. chem. Gesell.*, **30**, p. 1649.
(2) Ludwig, *Arch. der Pharm.*, **97**, p. 35.
(3) Fresenius, *Zeitschr. anal. Chem.*, **25**, p. 200.
(4) De Clermont et Frommel, *C. R.*, **87**, p. 532.

Sulfarsénites.

L'anhydride arsénieux As^2O^3 se combinant aux oxydes M^2O ou MO fournit des arsénites, par exemple, des arsénites trimétalliques :

$$As^2O^3 + 3M^2O = As^2O^3, 3M^2O \text{ ou } 2AsO^3M^3$$

de même, le trisulfure d'arsenic s'unissant aux sulfures peut donner des sulfarsénites :

$$As^2S^3 + 3M^2S = As^2S^3, 3M^2S \text{ ou } 2AsS^3M^3$$

Ces sels dérivent donc de l'acide sulfarsénieux AsS^3H^3. Cet acide est inconnu; néanmoins, d'après LINDER et PICTON (1), le trisulfure d'arsenic est capable de se combiner à l'hydrogène sulfuré, en donnant un produit de composition variable le plus souvent voisine de $8As^2S^3, H^2S$. Mais les sulfarsénites connus ne dérivent pas seulement de l'acide hypothétique AsS^3H^3, car NILSON (2) a préparé des sels dans lesquels les rapports du sulfure d'arsenic au sulfure métallique sont extrêmement variés. En effet, outre les méta, pyro et ortho-sulfarsénites répondant respectivement aux formules :

$$AsS^2M \quad \text{ou} \quad As^2S^3 + M^2S \quad \text{sel méta}$$
$$As^2S^5M^4 \quad \text{ou} \quad As^2S^3 + 2M^2S \quad \text{sel pyro}$$
$$AsS^3M^3 \quad \text{ou} \quad As^2S^3 + 3M^2S \quad \text{sel ortho}$$

NILSON a obtenu des sels acides, renfermant pour une molécule de sulfure M^2S ou $M''S$, 2, 3, 4, 6 et jusqu'à 9 molécules de trisulfure d'arsenic As^2S^3. Il a également préparé des sels basiques contenant pour 1 molécule de As^2S^3, 1,5-2,5 et même 7 molécules de sulfure basique M^2S.

Aux sulfarsénites se rattachent quelques produits naturels, tels que la *Proustite*, $As^2S^3, 3Ag^2S$ ou AsS^3Ag^3 ; la *Tennantite*, As^2S^3, $4CuS$, la *Dufrénoisite*, As^2S^3, $2PbS$ et la *Jordanite* As^2S^3, $4PbS$.

Préparation. — Les métasulfarsénites se forment : 1° par action

(1) LINDER et PICTON, *Chem. Soc.*, **61**, p. 114.
(2) NILSON, *Journ. f. prakt. Chem.* [2], **14**, p. 28.

des alcalis ou des hydrates alcalino-terreux sur le trisulfure d'arsenic :

$$2As^2S^3 + 4KOH = 3AsS^2K + AsO^2K + 2H^2O$$

la solution ainsi obtenue ne dégage pas d'hydrogène sulfuré, par l'action de l'acide chlorydrique, mais régénère simplement le trisulfure :

$$3AsS^2K + AsO^2K + 4HCl = 2As^2S^3 + 4KCl + 2H^2O$$

2° En saturant de trisulfure d'arsenic les solutions des sulfhydrates alcalins ou alcalino-terreux (Nilson) (1) :

$$As^2S^3 + 2KSH = H^2S + As^2S^3, K^2S$$

L'action du sulfure d'arsenic sur le sulfhydrate d'ammoniaque fournit, au contraire, un sel plus condensé, le métatrisulfarsénite d'ammonium, $As^2S^5AzH^4$ ou $3As^2S^3$, $(AzH^4)^2S$; et, si le sulfhydrate renferme des polysulfures, on obtient en même temps du sulfarséniate d'ammonium.

L'action du trisulfure d'arsenic sur un excès de sulfure alcalinoterreux fournit les *pyrosulfarsénites* $As^2S^5M^2$.

3° L'anhydride arsénieux réagit également sur les sulfhydrates alcalins, en donnant naissance aux métasulfarsénites (Berzélius) :

$$As^2O^3 + 2KSH = AsS^2K + AsO^2K + H^2O$$

4° Le réalgar, soumis à l'action de la potasse bouillante, se décompose avec production de métasulfarsénite de potassium [Nilson (1), Kühn],

$$3As^2S^2 + 4KOH = 3AsS^2K + AsO^2K + 2As + 2H^2O$$

5° Les *orthosulfarsénites* AsS^3M^3 ($As^2S^3,3M^2S$) se forment, quand on traite par l'alcool les pyroarsénites ou un mélange de trisulfure d'arsenic et de sulfure alcalin, dans les proportions exigées pour la formation d'un pyrosel.

Si on ajoute à un métasulfarsénite alcalino-terreux une quantité de sulfhydrate nécessaire pour l'obtention d'un orthosulfarsénite et qu'on évapore dans le vide, on obtient un orthosulfarsénite alcalino-

(1) Nilson, *Journ. f. prakt. Chem.* [2], **14**, p. 28.

terreux $(AsS^3)^2M^{r3}$. Au contraire, si l'on effectue la même opération sur un métasulfarsénite alcalin, l'orthosel, d'abord produit, se décompose par évaporation dans le vide, avec séparation d'arsenic et formation de sulfarséniate (Nilson):

$$5AsS^3K^3 = 3AsS^4K^3 + 2As + 3K^2S$$

L'action de l'hydrogène arsénié sur le trisulfure de potassium, à 300-350°, fournit de l'orthosulfarsénite de potassium, $2AsH^3 + 3K^2S^3 = 2AsS^3K^3 + 3H^2S$ (Pforndten) (1).

6° Les divers sulfarsénites alcalins permettent de préparer les autres sulfarsénites par double décomposition.

7° Les sels plus condensés s'obtiennent généralement par action de l'eau sur les métasulfarsénites; ainsi, le métasulfarsénite de potassium AsS^2K, traité par l'eau, donne naissance au métatétrasulfarsénite $As^4S^7K^2$ ou $(As^2S^3)^4K^2S$ qui, par une ébullition prolongée, fournit le métatrisulfarsénite As^3S^5K. De même le métasulfarsénite de calcium $(AsS^4)^2Ca$, traité par l'eau froide, fournit le sel $As^8S^{13}Ca$ ou $4As^2S^3.CaS$ et, par l'eau bouillante, le sulfarsénite $As^{18}S^{28}Ca$ ou $9As^2S^3 + CaS$.

Propriétés. — Les sulfarsénites sont amorphes ou cristallisés et presque toujours colorés, soit en jaune, en rouge, bleu ou vert; cependant le sel $As^2S^3,7CaS$ est incolore.

Ils sont généralement très stables à l'état solide; chauffés au rouge à l'abri de l'air, beaucoup d'entre eux éliminent tout leur arsenic à l'état de sulfure; d'autres, au contraire, n'en perdent qu'une partie et se transforment en orthosulfarsénites stables (Berzélius).

Seuls, les sels alcalins et alcalino-terreux peuvent être obtenus à l'état dissous; ces solutions sont de couleur jaune et de saveur amère. Les solutions de métasulfarsénites peuvent être évaporées sous la pression ordinaire sans décomposition; au contraire, les solutions des orthosulfarsénites se décomposent, dans ces conditions, avec formation de sulfarséniates et d'arsenic (Nilson). Cette

(1) Pforndten, *D. chem. Gesell.*, **17**, p. 2807.

décomposition se produit même dans le vide pour les sels alcalins.

Les acides forts décomposent les ortho, méta et pyrosels, en mettant en liberté les acides sulfarsénieux correspondants, qui se détruisent immédiatement, avec formation d'hydrogène sulfuré et de trisulfure d'arsenic. Certains sulfarsénites condensés ne sont pas complètement décomposés par l'acide chlorhydrique.

Les sulfarsénites sont aisément oxydés dans les mêmes conditions que les sulfures. Les sulfarsénites alcalins sont désulfurés, soit par l'action de l'oxyde cuivrique sur leur solution bouillante, soit par l'action d'un excès de nitrate d'argent.

Pentasulfure d'arsenic As^{2}S^5

Le pentasulfure d'arsenic s'obtient en fondant un mélange d'arsenic ou de trisulfure d'arsenic avec un excès de soufre ; on sépare l'excès de soufre par distillation, ou bien encore, on épuise la masse par l'ammoniaque, on filtre et on précipite par un acide.

On peut encore faire agir l'hydrogène sulfuré sur l'acide arsénique. Pour éviter la précipitation de soufre et de trisulfure, il est nécessaire de faire passer un courant rapide d'hydrogène sulfuré dans une solution faiblement chlorhydrique et chaude d'acide arsénique (Piloty et Stock) (1) (Mac Cay) (2), Brauner et Tomitschek (3).

Il se forme également, par décomposition d'une solution bouillante d'un sulfarséniate par l'acide chlorhydrique. Le pentasulfure d'arsenic ainsi obtenu, retient énergiquement une molécule d'eau, qu'il ne perd ni dans le vide, ni par exposition au-dessus de l'acide sulfurique, mais seulement quand on le porte à 90-95°. Peut-être, doit-on regarder cet hydrate comme un acide de formule AsS^{5}H, AsS^{2}OH (Nilson).

Le pentasulfure d'arsenic est une poudre d'un jaune citron, insoluble dans l'eau, l'alcool et le sulfure de carbone. Il est soluble dans l'ammoniaque, les alcalis et les sulfures alcalins, en donnant

(1) Piloty et Stock, *D. chem. Gesell.*, **30**, p. 1649.
(2) Mac-Cay, *Ann. chem. Journ.*, **9**, p. 174.
(3) B. Brauner et Tomitschek, *J. phys. chem. Gesell.*, 1881, p. 1.

soit des sulfarséniates, soit un mélange de sulfoxyarséniates et de sulfarséniates.

Il peut être séché à 110° sans décomposition ; mais, maintenu longtemps à 100°, au contact de l'air, il se transforme partiellement en anhydride arsénieux ; chauffé, il fond en une masse sombre, puis se décompose en soufre et trisulfure. Il est réduit et oxydé dans les mêmes conditions que le trisulfure.

Au pentasulfure correspondent des sels que l'on peut considérer comme des arséniates dont l'oxygène aurait été, en totalité ou seulement en partie, remplacé par du soufre ; les premiers sont les sulfarséniates, les seconds sont appelés sulfoxyarséniates.

Sulfarséniates.

Les sulfarséniates ont été étudiés par BERZÉLIUS. Aux meta, pyro, et ortho-arséniates, correspondent les *métasulfarséniates* AsS^3M' (ou As^2S^5, M^2S), les *pyrosulfarséniates* $As^2S^7M^4$ (ou $As^2S^5.2M^2S$) et les *orthosulfarséniates* AsS^4M^3 (ou $As^2S^5.3M^2S$). On connaît en outre des sulfarséniates plus condensés : *les trisulfarséniates* $AsS^{10}M^5$ ou $(3As^2S^5, 5M^2S)$ et les *tétrasulfarséniates* $As^4S^{15}M^{10}$ (ou $2As^2S^5, 5M^2S$).

Les acides correspondants sont inconnus, à l'exception toutefois de l'*acide orthosulfarsénique* AsS^4H^3 (ou $As^2S^5, 3H^2S$), que l'on obtient en précipitant un sulfarséniate par l'acide chlorhydrique.

Il forme une poudre jaune qui ne cède pas de soufre au sulfure de carbone et ne perd son hydrogène sulfuré que par ébullition avec l'acide chlorhydrique.

On rencontre dans la nature des sulfarséniates métalliques : nous citerons l'*énargite* $As^2S^5, 3Cu^2S$ et le *xanthocone*, qui est considéré comme une combinaison de sulfarséniate et de sulfarsénite d'argent $AsS^4Ag^3 + 2AsS^3Ag^3$.

Préparation. — On obtient les sulfarséniates :

1° En dissolvant le pentasulfure dans un sulfhydrate et évaporant dans le vide. Tous les sulfhydrates ne donnent pas des sels de même composition. Avec les sulfhydrates de potassium et de sodium, on obtient les ortho et pyrosulfarséniates. Au contraire, le sulfhydrate d'ammonium fournit un sel de l'acide trisulfarsénique, ceux de calcium et de magnésium produisent des tétrasulfarséniates ; enfin, avec les sulfhydrates de baryum et de strontium, on obtient un sel double, résultant de l'union d'un orthosulfarséniate et d'un pyrosulfarséniate, par exemple : $(AsS^4)^2Ba^3 + As^2S^5Ba^2$ (Nilson) (1).

2° Le réalgar, chauffé à 100° en tube scellé, avec un excès de sulfure de sodium, fournit le sulfarséniate trisodique, avec séparation d'arsenic (Geuther) (2).

$$5As^2S^2 + 6Na^2S = 6As + 4AsS^4Na^3$$

3° Par dissolution du pentasulfure d'arsenic dans les alcalis, il se forme, d'après Berzélius, un arséniate et un pyrosulfarséniate :

$$7As^2S^5 + 28KOH = 5As^2S^7K^4 + 4AsO^4K^2H + 12H^2O$$

La solution rendue acide laisse précipiter du pentasulfure As^2S^5 sans dégagement d'hydrogène sulfuré.

Au contraire, d'après Mac Cay (3) et Weinland et Lehman (4), il y a production d'un sulfarséniate, d'un sulfoxyarséniate et d'un disulfoxarséniate :

$$4As^2S^5 + 24KOH = 3AsS^4K^3 + 3AsS^2O^2K^3 + 2AsSO^3K + 12H^2O$$

La réaction est la même avec l'ammoniaque et les bases alcalino-terreuses.

3° On fait digérer le trisulfure d'arsenic avec les polysulfures alcalins.

4° Dans une solution aqueuse *diluée* et chaude d'un arséniate alcalin dimétallique, on fait passer longtemps un courant d'hydro-

(1) Nilson, *Journ. f. prakt. Chem.* [2], **14**, p. 159.
(2) Geuther, *Liebig's Annal.*, **240**, p. 208.
(3) Mac Cay, *D. chem. Gesell.*, **32**, p. 2471.
(4) Weinland et Lehmann, *Zeit. anorg. Chem.*, **26**, p. 322.

gène sulfuré ; la transformation en sulfarséniate est complète. On obtient ainsi un pyrosulfarséniate que l'alcool décompose d'abord en ortho, puis en métasulfarséniate. En solution concentrée, on obtiendrait un monosulfoxyarséniate.

On peut encore ajouter du sulfhydrate d'ammoniaque à une solution d'arséniate alcalin et concentrer, pour chasser l'excès de sulfhydrate.

6° Les sulfarséniates métalliques s'obtiennent par double décomposition entre les sels métalliques et les sulfarséniates alcalins. Il faut avoir soin d'opérer en présence d'un excès de ces derniers, pour éviter la formation de sulfures métalliques.

Propriétés. — Les sulfarséniates sont des sels colorés, généraralement jaunes, rouges bruns et même noirs. Les méta et pyrosels sont généralement amorphes ; au contraire, les ortho, tri et tétrasulfarséniates ont tendance à cristalliser. Ils sont stables à l'air. Les sels alcalins et alcalino-terreux sont solubles et de saveur amère ; ces solutions sont incolores ou d'un jaune pâle et se décomposent lentement à l'air, avec séparation d'arsenic, de soufre et de pentasulfure d'arsenic et formation d'arsénite, de sulfate et d'hyposulfite (BERZÉLIUS).

Certains orthosulfarséniates (K, Na, Li, Ba) peuvent être chauffés au rouge blanc sans décomposition; au contraire, les sels méta et pyro des mêmes métaux perdent du soufre au rouge et se transforment en sulfarsénites. Les autres sulfarséniates se comportent de même, mais le sulfarsénite d'abord formé est décomposé à son tour, avec perte de soufre et d'arsenic et formation d'un sulfure métallique. Le pyrosulfarséniate de mercure $As^2S^7Hg^2$ $(As^2S^3.2HgS)$ se sublime sans décomposition. Chauffés au rouge au contact de l'air, les divers sulfarséniates se décomposent. Les sels alcalins et alcalino-terreux perdent leur arsenic et une partie de leur soufre et laissent un résidu de sulfate; au contraire, les sels des métaux lourds se transforment en oxydes.

Les sulfarséniates sont réduits au rouge, dans un courant d'hydrogène, avec formation d'arsenic (NILSON).

Sulfoxyarséniates.

Ces sels résultent de la substitution incomplète du soufre à l'oxygène dans les arséniates et sont les termes de passage entre les arséniates et les sulfarséniates. Ils sont dits mono, di ou trisulfoxyarséniates, suivant qu'ils contiennent 1, 2 ou 3 atomes de soufre.

On désigne parfois les sulfoxyarséniates par les termes mono, di, trisulfarséniates ; les sulfarséniates proprement dits deviennent alors des tétrasulfarséniates :

AsO^4M^3 arséniates
AsO^3SM^3 monosulfoxyarséniates ou monosulfarséniates
$AsO^2S^2M^3$ di   —   di   —
$AsOS^3M^3$ tri   —   tri   —
AsS^4M^3 sulfarséniates   tétra   —

On a également préparé des sulfoxyarséniates plus complexes. On n'a guère étudié que les sels alcalins et alcalino-terreux.

Plusieurs de ces sels peuvent être obtenus dans une seule réaction ; en effet, quand on chauffe à l'ébullition 1 molécule d'anhydride arsénieux avec 2 molécules de sulfure de sodium dissous, il se dépose de l'arsenic et l'on obtient un mélange de sels d'où C. PREIS (1) a pu extraire les *monosulfoxyarséniates diet trisodiques* $AsSO^2Na^2H + 8H^2O$ et $AsSO^3Na^3 + 12H^2O$; le *disulfoxyarséniate trisodique*, $AsS^2O^2Na^3 + 10H^2O$; un *pentasulfo-tétrarséniate de sodium*, $As^4S^5O^{11}Na^{12} + 48H^2O$ et de l'arséniate trisodique.

Les acides correspondant aux sulfoxyarséniates sont inconnus à l'état de liberté ; l'acide monosulfoxyarsénique AsO^3SH^3 a pu être préparé en solution.

Acide monosulfoxyarsénique AsO^3SH^3.

On obtient une solution de cet acide, en faisant passer à 70° un courant d'hydrogène sulfuré dans une solution d'arséniate de

---

1) C. PREIS, *Liebig's Annal.*, **287**, p. 178.

potassium additionnée d'acide sulfurique, jusqu'à ce que le liquide devienne opalescent ; on refroidit alors brusquement à 0° et on chasse l'excès d'hydrogène sulfuré par un courant d'air.

On peut encore décomposer à froid le sel de baryum correspondant par l'acide sulfurique étendu (Mac Cay) (1).

La solution ainsi obtenue est incolore ; assez stable à froid, elle se trouble quand on la chauffe à la température d'ébullition et laisse rapidement déposer du soufre, avec formation d'acide arsénieux :

$$2AsO^3SH^3 = 2AsO^3H^3 + 2S$$

Elle précipite en blanc le chlorure mercurique et précipite du sulfure d'argent par l'action de l'azotate d'argent. Elle ne précipite, pas l'hydrogène sulfuré, quand elle est inaltérée.

Monosulfoxyarséniates.

On connaît des sels monométalliques AsO^3SMH^2, dimétalliques $AsO^3SM'H$ et trimétalliques AsO^3SM^3.

Monosulfoxyarséniates monométalliques AsO^3SMH^2. — Par l'action de l'hydrogène sulfuré, sur une solution concentrée et froide de l'arséniate monopotassique, Bouquet et Cloez (2) ont obtenu le sel AsO^3SKH^2 :

$$AsO^4KH^2 + H^2S = H^2O + AsO^3SKH^2$$

Le monosulfoxyarséniate monopotassique AsO^3KH^2 se forme, à côté de divers sels (voir page 56), dans l'action d'une solution bouillante de carbonate de potassium sur le trisulfure d'arsenic (Nilson).

Les *sels dimétalliques* AsO^3SM^2H se forment, à côté des trimétalliques, dans l'action de l'anhydride arsénieux sur les sulfures alcalins (Nilson). L'action de l'ammoniaque, sur le produit de la fusion

(1) Mac Cay, *Am. Journ.*, **10**, p. 450, et *D. chem. Gesell.*, **32**, p. 2471.
(2) Bouquet et Cloez, *Ann. Chim. Phys.* [3], **13**, p. 44.

d'un mélange de soufre et d'anhydride arsénieux à parties égales, fournit le sulfoxyarséniate diammonique $AsO^3S(AzH^4)^2H$, à côté du sel triammonique (Mac Lauchlan) (1).

Les sels trimétalliques AsO^3SM^3 prennent naissance par l'action de la soude, la potasse, l'ammoniaque ou les bases alcalino-terreuses sur le pentasulfure d'arsenic. Il se forme un mélange de mono, de disulfoxyarséniate et de sulfarséniate. Avec la soude alcoolique, on obtient le même résultat, à cela près que le sulfarséniate est rem- placé par de l'arséniate (Weinland et Lehmann) (2).

Les monosulfoxyarséniates sont généralement cristallisés, plus ou moins solubles dans l'eau ; ils sont décomposés par les acides, avec mise en liberté de l'acide monosulfoxyarsénique qui se dé- compose à la longue ou par élévation de température.

Ils donnent avec le chlorure de baryum un précipité blanc.

L'azotate d'argent en excès les désulfure et précipite de l'arsé- niate triargentique.

Disulfoxyarséniates $AsO^2S^2M^3$

Ces sels se forment dans les conditions que nous avons déjà indiquées, notamment dans l'action des alcalis en solution aqueuse ou alcoolique, de l'ammoniaque et des hydrates alcalino-terreux sur le pentasulfure d'arsenic.

On obtient également les disulfoxyarséniates de sodium ou de baryum, en traitant le sulfarséniate trisodique AsS^4Na^3 par la soude ou la baryte.

Les sels alcalins sont solubles dans l'eau, insolubles dans l'al- cool ; leurs solutions, acidulées par l'acide chlorhydrique, s'altèrent rapidement avec formation d'un précipité jaune.

Trisulfoxyarséniates $AsOS^3M^3$

Ces sels sont peu connus. Il est vraisemblable que le *pentasul-*

(1) Mac Lauchlan, D. chem. Gesell., **34**, p. 2166.
(2) Weinland et Lehmann, Zeit. anorg. Chem., **240**, p. 208.

fo-tétrarséniate de sodium As⁴S⁵O¹¹Na¹² + 48H²O, obtenu dans l'action de l'anhydride arsénieux sur le sulfure de sodium, doit être considéré comme un sel double renfermant du trisulfoxyarséniate de sodium et dont la composition serait d'après PREIS :

$$AsO^4Na^3, AsOS^3Na^3 + 48H^2O.$$

HALOGÉNO-SULFURES

Chlorosulfures d'arsenic.

OUVRARD (1) a décrit deux chlorosulfures, AsSCl et As⁴S⁵Cl².

Le *chlorosulfure* AsSCl s'obtient, en chauffant vers 150°, en tubes scellés, pendant quelques heures, 1 p. de sulfure avec 10 p. de chlorure d'arsenic ; après refroidissement, on épuise au sulfure de carbone sec ; le résidu est formé de petites aiguilles de composition AsSCl, assez facilement fusibles et volatiles à l'abri de l'air, altérables par l'eau.

Le *chlorosulfure* As⁴S⁵Cl² ou As²S³, 2AsSCl a été obtenu, soit en chauffant à 180°, en tubes scellés, jusqu'à dissolution totale 1 p. de sulfure et 5 p. de chlorure d'arsenic, soit en faisant agir à froid l'hydrogène sulfuré sec sur le chlorure d'arsenic, jusqu'à ce qu'il ne se dégage plus d'acide chlorhydrique.

Ce chlorosulfure est insoluble dans le sulfure de carbone, soluble dans l'ammoniaque et les carbonates alcalins. Il fond à 120° et se décompose vers 300° en chlorure et sulfure d'arsenic ; il est également décomposé par l'eau bouillante.

Bromosulfures d'arsenic.

Un *bromosulfure* AsSBr, SBr²? a été obtenu par G. HANNAY (2) en refroidissant à — 18⁴, une solution d'arsenic dans le bromure de

(1) OUVRARD, *C. R.*, **118**, p. 1516.
(2) J HANNAY, *Chem. Soc.*, **33**, p. 284.

soufre ; on obtient ainsi des cristaux d'un rouge sombre fusibles à
— 17° en un liquide de densité $D = 2.789$ et que l'eau décompose
en soufre, acides arsénieux et bromhydrique.

Iodosulfures d'arsenic.

Les composés suivants ont été décrits :

1° AsSI ou AsI³, As²S³.

Ce corps se prépare en chauffant un mélange à molécules égales
d'iode et de réalgar. On obtient, sans perte d'iode, un liquide qui
se concrète en une masse vitreuse d'un rouge rubis se ramol-
lissant à 100°, puis fondant et distillant sans décomposition à l'abri
de l'air. Il est soluble dans la potasse et l'ammoniaque, d'où les
acides le précipitent (Schneider) (1).

2° As²SI⁴ ou AsI³, AsSI.

Un mélange de sulfure et d'iodure d'arsenic est maintenu longtemps en fusion à l'abri de l'air ; après refroidissement, on obtient
une masse qui, par cristallisations successives dans le sulfure de
carbone, fournit l'iodosulfure As²SI⁴ en petites aiguilles (Ouvrard) (2).

3° As⁴S³I² ou 2AsSI, As²S³.

On fait réagir l'hydrogène sulfuré sec sur l'iodure d'arsenic
chauffé à 200° ; une partie de l'iodure se volatilise, une autre se
transforme en iodosulfure cristallin (Ouvrard).

(1) Schneider, *Journ. f. prakt. Chem.* [2], **34**, p. 505.
(2) Ouvrard, *C. R.*, **117**, p. 107.

4° As²SI¹² ou 2AsI³, SI⁶.

Ce composé peut être obtenu, soit par action de l'iode sur le trisulfure d'arsenic, dans certaines conditions, soit par l'union directe de l'iodure d'arsenic et de l'hexaiodure de soufre ; il forme une masse cristalline grise fournissant une poussière rouge fusible à 72° (SCHNEIDER) (1). Ce corps abandonne son iode au contact de l'air.

Oxyiodosulfure d'arsenic 2As²S³, 3 (AsI³, As²O³)
ou 2As²S³, 9AsOI.

Ce corps peut être obtenu par les deux méthodes suivantes :

1° On fond un mélange de sulfure d'arsenic, d'anhydride arsénieux et d'iode, et, après refroidissement, on épuise la masse par le sulfure de carbone, qui enlève le soufre et l'iodure d'arsenic et laisse l'oxyiodosulfure ;

2° On fond au contact de l'air un mélange de sulfure et d'iodure d'arsenic.

Poudre microcristalline jaune pâle décomposée par la chaleur en AsI³, As²O³, As²S³ (SCHNEIDER).

SÉLÉNIURES D'ARSENIC

On connaît trois combinaisons définies de sélénium et d'arsenic : As²Se, As²Se³ et As²Se⁵.

Monoséléniure d'arsenic As²Se.

E. SZARVAZI (2) a obtenu ce composé, en fondant des quantités convenables d'arsenic et de sélénium et purifiant le produit par sublimation ; au-dessous de 950°, ce corps répond à la formule As²Se² ; entre 250° et 1.050° à As²Se ; au-dessus de 1.050° il est dissocié.

(1) SCHNEIDER, *Journ. f. prakt. Chem.* [2], **36**, p. 505.
(2) E. SZARVAZI, *D. chem. Gesell.*, **2**, p. 2654, et **30**, p. 1244

Triséléniure As²Se³.

Précipité amorphe brun, obtenu par l'action de l'hydrogène arsénié sur une solution chlorhydrique faible d'acide arsénieux. Il fond à 200° ; il est soluble dans les alcalis (H. UELSMANN) (1).

Pentaséléniure As²S⁵.

Ce composé a été obtenu par E. SZARVAZI, en chauffant à 400° l'arsenic et le sélénium dans une atmosphère d'azote, sous forme d'une masse vitreuse, soluble dans les alcalis, en donnant des liqueurs qui s'altèrent lentement avec dépôt de sélénium.

La solution de As²Se⁵ dans la soude alcoolique fournit, par évaporation dans un courant d'hydrogène, *un monoséléno-arséniate de sodium* Na³AsO³Se+12H²O en prismes incolores très altérables et un *séléno-arséniate* Na³AsSe⁴+9H²O en aiguilles rouges.

Les acides décomposent ces deux sels, avec précipitation de sélénium et de pentaséléniure d'arsenic.

Sélénosulfures d'arsenic.

Ces composés ont été obtenus en chauffant un mélange en proportions déterminées de soufre, de sélénium et d'arsenic. Ils dérivent des sulfures As²S³ et As²S⁵, une partie du soufre étant remplacée par le sélénium. *Sulfodiséléniure d'arsenic* As²Se²S ; *disulfoséléniure d'arsenic* As²SeS² (H. VON GERICHTEN) (2) ; *bisulfotriséléniure* As²S²Se³ F. 240° ; *trisulfodiséléniure* As²Se²S³ (E. SZARVAZI) (3).

TELLURURES D'ARSENIC

OPPENHEIM (4) a préparé, par fusion d'un mélange en proportions

---

(1) H. UELSMANN, *Liebig's Annal.*, **116**, p. 122.
(2) H. VON GERICHTEN, *D. chem. Gesell.*, 1874, p. 99.
(3) *Loc. cit.*
(4) OPPENHEIM, *Journ. f. Prakl.*, **71**, p. 278.

déterminées d'arsenic et de tellure, *deux tellurures* : AsTe et As^{2}Te^3, en masses de texture cristalline, solubles dans l'acide azotique et l'eau régale.

Messinger (1) a obtenu un *tellurure* As^{2}Te^3 en chauffant, en tube scellé, un mélange des deux éléments. La vapeur de ce composé se dissocie partiellement à 600° et complètement à 900°.

COMBINAISONS DE L'ARSENIC AVEC L'AZOTE
LE CARBONE, LE SILICIUM

Ces combinaisons sont assez mal connues.

Azoture d'arsenic. — A. Bachmann (2), en chauffant l'anhydride arsénieux avec du cyanure d'argent, a obtenu un mélange paraissant renfermer une combinaison d'azote et d'arsenic.

Phosphures d'arsenic.

Deux phosphures ont été décrits : As^{2}P et AsP.

1° **As^{2}P.** — Ce composé se forme, par l'action du phosphore à chaud sur une solution aqueuse ou chlorhydrique des acides arsénieux ou arsénique. Il présente l'aspect d'une masse noire brillante qui, conservée sous l'eau, donne naissance à de l'acide arsénieux (E. Ritter) (3).

2° **AsP.** — Ce phosphure s'obtient : 1° par action de l'hydrogène arsénié sec sur le trichlorure de phosphore, en opérant au-dessous de 20° (Janowsky) (4);

2° Par action de l'hydrogène phosphoré sur les dérivés halogénés de l'arsenic (Janowsky, Besson) (5) ;

3° Par réduction de l'acide arsénieux, en solution chlorhydrique, par l'hydrogène phosphoré (Gavazzi) (6).

(1) Messinger, *Chem. Soc.*, **75**, p. 507.
(2) A. Bachmann, *Amer. chem. Journ.*, **10**, p. 42.
(3) E. Ritter, *Bull. Soc. chim.* [2], **21**, p. 161.
(4) Janowsky, *D. chem. Gesell.*, **6**, p. 216.
(5) Besson, *C. R.*, **110**, p. 1258.
(6) Gavazzi, *Gazetta chim. Ital.*, **13**, p. 324.

Ce phosphure forme une poudre brune légèrement soluble dans le sulfure de carbone; chauffé à l'air, il s'enflamme, en donnant de l'acide arsénieux et de l'acide phosphorique; chauffé dans l'acide carbonique, il se dédouble en phosphore et arsenic. Le chlore et le brome le transforment en chlorures et bromures de phosphore ou d'arsenic. Il est décomposé par l'eau avec formation d'*un oxyde mixte* $As^3P^2O^2$ (JANOWSKY) et, d'après BESSON, de deux composés $AsPO^3$ et $AsPO^5$.

Carbure d'arsenic.

Par l'action de l'hydrogène arsénié sur une solution alcooli d'iodoforme, il se forme un précipité rouge amorphe, insoluble dans les solvants usuels, renfermant du carbone, de l'arsenic, de l'hydrogène et de l'iode (HODGKINSON) (1).

Siliciure d'arsenic $AsSi^3$.

Ce composé s'obtient en traitant par l'acide chlorhydrique l'alliage arsenic-silicium-zinc.

Il forme une poudre microcristalline d'un gris noirâtre (C. WINKLER) (2).

(1) HODGKINSON, *Chem. News*, **34**, p. 2o3.
(2) WINKLER, *Journ. f. Prakt.*, 1864, **91**, p. 2o4.

DEUXIÈME PARTIE

COMPOSÉS ORGANIQUES DE L'ARSENIC

Historique. — CADET (1), en 1760, paraît avoir préparé le premier produit renfermant de l'arsenic associé au carbone. Par distillation d'un mélange d'acétate de potassium et d'acide arsénieux, il obtint un produit liquide d'odeur désagréable, fumant à l'air, qu'on désigna d'abord sous le nom de *liqueur fumante de Cadet*, puis d'*alcarsine*. Cette liqueur fut étudiée de 1837 à 1843 par BUNSEN. Dans un travail fort remarquable, il montra qu'elle renferme l'oxyde d'un radical composé, le cacodyle, dont il prépara de nombreux dérivés. Toutefois, la constitution de ce radical demeura inconnue jusqu'en l'année 1861, au cours de laquelle CAHOURS et RICHE réalisèrent la synthèse du cacodyle, par l'action de l'iodure de méthyle sur l'arséniure de sodium. Depuis cette époque, de nombreux travaux, notamment ceux de BAEYER, LA COSTE, MICHAELIS et ses collaborateurs, SCHULTE, PALMER, DEHN, AUGER, etc., ont puissamment contribué à rendre plus complet cet intéressant chapitre de la chimie organique.

Généralités. — Comme l'azote et le phosphore, l'arsenic est capable d'entrer dans la composition des molécules organiques. Il peut

(1) CADET, *Mémoires des savants étrangers*, 3, p. 633.

former des composés comparables aux amines et dérivant théoriquement de l'hydrogène arsénié AsH^3, par le remplacement d'un ou plusieurs atomes d'hydrogène, par autant de radicaux gras ou aromatiques. Les composés ainsi formés répondent aux formules générales :

$$RAsH^2 \quad R^2AsHS \quad R^3As$$

et sont appelés respectivement arsines primaires, arsines secondaires, arsines tertiaires, par analogie avec les amines correspondantes.

Bien plus, les arsines tertiaires s'unissent aux iodures alcooliques, en donnant des sels d'arsoniums quaternaires, comparables aux sels d'ammoniums tétrasubstitués :

$$(C^2H^5)^3As + C^2H^5I \;=\; (C^2H^5)^4AsI$$
triéthylarsine — iodure de tétréthylarsonium
$$(C^2H^5)^3Az + C^2H^5I \;=\; (C^2H^5)^4AzI$$
triéthylamime — iodure de tétréthylammonium

L'analogie ne s'arrête pas là. Ces iodures, traités par l'oxyde d'argent humide, se transforment, comme les sels d'ammoniums, en hydrates correspondants :

$$(C^2H^5)^4AsI + AgOH \;=\; AgI + (C^2H^5)^4AsOH$$
Iodure de — Hydrate de
tétréthylarsonium — tétréthylarsonium

Enfin, comme les hydrates d'ammoniums, les hydrates d'arsoniums quaternaires sont des bases fortes, attirant l'acide carbonique de l'air et se combinant aux acides pour donner des sels.

Cependant les arsines s'écartent des amines par leurs modes de formation, et surtout par la propriété qu'elles possèdent de se combiner aux halogènes, à l'oxygène et au soufre, pour donner des composés dans lesquels l'arsenic est tri ou pentavalent. Avec l'oxygène, en particulier, on peut obtenir des acides énergiques tels que l'acide méthylarsinique

$$CH^3 - As \!\!\underset{\underset{O}{\|}}{<}\!\! \begin{matrix} OH \\ OH \end{matrix}$$

et l'acide diméthylarsinique ou cacodylique :

$$(CH^3)^2As - OH$$
$$\|$$
$$O$$

Par ces propriétés, les arsines se rapprochent des phosphines.

Il semble donc que l'analogie de réaction avec les amines s'accentue, à mesure que le nombre des restes alcoyles s'accroît dans la molécule.

Ce nombre, limité à quatre dans tous les dérivés azotés connus, paraît pouvoir être porté à cinq, dans le cas de l'arsenic, comme en témoigne l'existence de la pentaméthylarsine $(CH^3)^5As$.

Comme ceux d'azote et de phosphore, l'atome d'arsenic ne paraît point présenter la propriété de s'unir à lui-même, pour donner des chaînes un peu longues. En effet, aucun composé organique de 'arsenic, de constitution bien connue, ne possède dans sa molécule plus de deux atomes d'arsenic unis entre eux. Les corps renfermant ainsi deux atomes d'arsenic peuvent se rattacher au type AsH^2-AsH^2. Ce sont les diarsines, répondant à la formule générale :

$$\frac{R}{R} > As - As < \frac{R}{R.}$$

Les composés appartenant à ce groupe ont reçu le nom générique de *cacodyles*. La tétraméthyldiarsine ou *cacodyle* proprement dit $(CH^3)As^2 - As(CH^3)^2$ en est le type.

Aux *diarsines* correspondent des composés qu'on peut faire dériver théoriquement des cacodyles, par accolement de deux molécules d'iodure alcoolique, de façon à obtenir des corps du type :

$$\frac{R}{R} > \overset{\overset{X}{|}}{As} - \overset{\overset{X}{|}}{As} < \frac{R}{R}$$

Ce sont les sels d'hexaalcoyldiarsoniums. Par exemple, le composé :

$$(CH^3)^3As - As(CH^3)^3$$

sera le biiodure d'hexaméthyldiarsonium.

Enfin, en série aromatique, on connaît des composés diarséniés dont les deux atomes d'arsenic sont unis par une double liaison et dont la formule est comparable à celle des azoïques. Comme exemple de ce type, nous citerons l'arsénobenzène (benzène-arsénobenzène), comparable à l'azobenzène (benzène-azobenzène).

$$C^6H^5 - As = As - C^6H^5 \qquad C^6H^5 - Az = Az - C^6H^5$$

Arsénobenzène   Azobenzène

Nous diviserons l'étude des nombreux dérivés organiques de l'arsenic en deux parties : série grasse et série aromatique.

Dans chacune de ces parties, nous étudierons successivement les composés monoarséniés renfermant 1 atome d'arsenic (ou plusieurs non unis entre eux), et les *composés diarséniés.*

Les composés monoarséniés seront rangés suivant le nombre de groupes alcoyles ou aryles qu'ils renferment.

Les diarséniés seront divisés en diarsines et sels d'hexarsoniums ; pour la série aromatique, un groupe spécial sera constitué pour les corps du type arsénobenzène ou composés arsénoïques.

En appendice, nous étudierons les composés dans lesquels l'arsenic n'est pas directement uni au carbone.

Ce plan d'étude est figuré dans le tableau suivant :

A. Série grasse.

1° Composés monoarséniés.

Corps renfermant

1 radical alcoyle. . $RAsH^2$: Arsines primaires
et leurs dérivés. . $RAsX^2$ et $RAsX^4$

2 radicaux alcoyles. R^2AsH : Arsines secondaires
et leurs dérivés. . R^2AsX et R^2AsX^3

3 radicaux alcoyles, R^3As : Arsines tertiaires
et leurs dérivés. , R^3AsX^2
4 radicaux alcoyles, R^4AsX : Sels d'arsoniums quaternaires.
5 radicaux alcoyles, R^5As : Pentalcoylarsines.

2° Composés diarséniés.

Tétraalcoydiarsines (cacodyles) $R^2As — AsR^2$
Sels d'hexaalcoyldiarsoniums. $R^3As — AsR^3$

$$\overset{|}{X} \quad \overset{|}{X}$$

B. Série aromatique.

Mêmes divisions avec, dans les composés diarséniés, un troisième groupe comprenant les composés arsénoïques.

Appendice. — Composés dans lesquels l'arsenic n'est pas directe-
tement uni au carbone.

SÉRIE GRASSE

COMPOSÉS MONOARSÉNIÉS

ARSINES PRIMAIRES, $R — AsH^2$

On ne connaît jusqu'ici qu'un seul représentant de cette série : la monométhylarsine obtenue en 1901, par PALMER et DEHN (1).

Cette arsine a été préparée, en réduisant le chlorure de méthylarsine CH^3AsCl^2 ou mieux le méthylarsinate disodique $CH^3AsO(ONa)^2$
ar la poudre de zinc amalgamée et l'acide chlorhydrique, en solution alcoolique. Le gaz qui se dégage (il faut éviter l'emploi du

(1) PALMER et W.-H. DEHN, *D. ch. Gesell.*, 34, 3595.

caoutchouc, qui est attaqué par la méthylarsine) est lavé à l'eau, séché sur de la soude, puis condensé dans un récipient refroidi au moyen de neige carbonique ; l'appareil est maintenu plein d'hydrogène pendant toute l'opération.

La monométhylarsine est un liquide incolore, possédant une odeur de cacodyle et bouillant à + 2° sous 755 millimètres et à + 17° sous 1,5 atmosphère. La monométhylarsine ne s'enflamme pas spontanément à l'air, comme le fait la diméthylarsine. Oxydée par l'oxygène, elle se convertit immédiatement en oxyde de méthylarsine CH^3AsO, puis, lentement, en acide méthylarsinique $CH^3AsO(OH)^2$. L'acide nitrique la transforme, au contraire, directement en acide méthylarsinique.

Traitée par une solution alcoolique d'iode, elle fournit l'iodure de méthylarsine, CH^3AsI^2.

Dérivés halogénés des arsines primaires.

Ces dérivés existent sous deux formes : *les arsines primaires bihalogénées* $R.AsX^2$ et les arsines *primaires tétrahalogénées* $R.AsX^4$.

On n'a obtenu jusqu'ici que des composés chlorés, bromés et iodés dans lesquels R représente CH^3 ou C^2H^5.

I. Dérivés bihalogénés RAsX².

On peut les obtenir :

1° Par *l'action des acides iodhydrique ou chlorhydrique, sur les oxydes d'arsines primaires* (BAEYER) (1).

$$RAsO + 2HCl = H^2O + RAsCl^2$$
$$RAsO + 2HI = H^2O + RAsI^2$$

2° *Par décomposition par la chaleur des trichlorures, tribromures ou triiodures d'arsines secondaires.*

(1) BAEYER, *Liebig's Annal.*, **107**, p. 284-285.

Ainsi, le trichlorure de cacodyle se scinde, à 40-50°, en chlorure de méthyle et chlorure de méthylarsine (BAEYER) (1) :

$$(CH^3)^2AsCl^3 = CH^3Cl + CH^3AsCl^2$$

La décomposition du chlorure de cacodyle par l'alcool en fournirait également.

Les *dérivés chlorés* s'obtiennent encore par les réactions suivantes :

1° *Action du chlorure d'arsenic sur les mercure-alcoyles* (LA COSTE) (2).

$$2AsCl^3 + Hg(C^2H^5)^2 = HgCl^2 + 2As(C^2H^5)Cl^2$$

Nous verrons que ce procédé s'applique également en série aromatique.

2° *Action de l'acide chlorhydrique sur les acides cacodyliques* R²AsO (OH). D'après BAEYER (3), c'est le meilleur procédé de préparation.

Le chlorhydrate de l'acide cacodylique, chauffé dans un courant d'acide chlorhydrique sec, fournit ainsi le chlorure de méthylarsine CH^3AsCl^2 :

$$(CH^3)^2AsO(OH),HCl + 2HCl = CH^3AsCl^2 + CH^3Cl + 2H^2O$$

Il est probable qu'il se forme transitoirement du trichlorure de diméthylarsine qui se décompose comme il a été signalé plus haut.

Les réactions suivantes s'appliquent aux *dérivés iodés*.

3° L'iode, en solution alcoolique, réagit sur la mono-méthylarsine en donnant l'iodure correspondant (PALMER et DEHN) (4) :

$$CH^3AsH^2 + 2I^2 = 2HI + CH^3AsI^2$$

(1) BAEYER, *Liebig's Annal.*, **107**, p. 263.
(2) LA COSTE, *Liebig's Annal.*, **208**, p. 33.
(3) BAEYER, *Liebig's Annal.*, **107**, p. 273.
(4) PALMER et DEHN, *D. chem. Ges.*, **34**, p. 3598.

4° Les iodures d'arsines secondaires sont décomposés par l'iode en iodure alcoolique et iodure d'arsine primaire (Cahours) (1) :

$$(C^2H^5)^2AsI + I^2 = C^2H^5AsI^2 + C^2H^5I$$

5° On obtient le même résultat en traitant par l'iode les tétraméthyl ou tétréthyldiarsines ou cacodyles (Cahours). Ces corps se scindent d'abord en iodure de dialcoylarsine :

$$(C^2H^5)^2As — As(C^2H^5)^2 + I^2 = 2(C^2H^5)^2AsI$$

qu'un excès d'iode décompose, comme nous venons de le voir, en iodure d'éthyle et iodure de monoéthylarsine.

6° La réduction, par l'acide sulfureux, du tétraiodure de méthylarsine fournit le diiodure de la même base (Klinger et Kreuz) (2).

Propriétés. — Les dérivés chlorés sont liquides ; ils irritent l'épiderme et causent des brûlures douloureuses. Les iodures sont cristallisés.

Ces composés fixent 2 atomes d'halogène, en se transformant en dérivés tétrahalogénés.

Ils résistent à l'action de l'eau ; mais, traités par une solution aqueuse d'un carbonate alcalin, ils donnent l'oxyde correspondant ; les alcalis caustiques donnent également l'oxyde, mais celui-ci est immédiatement transformé, comme on le verra plus loin, en acide arsénieux et oxyde de cacodyle ; de même, avec l'oxyde d'argent humide, il y a préalablement formation d'oxyde de méthylarsine, que l'excès d'oxyde d'argent transforme aussitôt en acide méthylarsinique.

L'hydrogène sulfuré les convertit en sulfures R.AsS et la potasse en oxydes R.As = O.

Les dérivés iodés réagissent sur les dérivés organo-métalliques du zinc, en donnant des arsines tertiaires symétriques ou dissymétriques (Cahours) (3).

(1) Cahours, *Annales de chimie et de physique* [3], **62**, p. 309.
(2) Klinger et Kreuz, *Liebig's Annal.*, **249**, p. 152.
(3) Cahours, *Ann. de chim. et de phys.*, 3ᵉ série, **62**, p. 291.

Dichlorure de méthylarsine CH^3AsCl^2, liquide bouillant à 133° et dont les vapeurs sont extrêmement toxiques.

Diiodure de méthylarsine CH^3AsI^2, aiguilles jaunes F. 25°, inodores et volatiles au-dessus de 200°, sans décomposition.

Dichlorure d'éthylarsine $C^2H^5AsCl^2$, liquide bouillant à 156°.

Diiodure d'éthylarsine $C^2H^5AsI^2$ (CAHOURS).

Dérivés tétrahalogénés $RAsX^4$. — On les obtient, par fixation directe du chlore ou de l'iode sur les dérivés dihalogénés correspondants.

Le tétrachlorure de méthylarsine (1), CH^3AsCl^4, se prépare en faisant agir le chlore sur une solution sulfocarbonique de bichlorure refroidie à — 10°; il se dépose des cristaux volumineux qui se décomposent déjà à 0° en chlorure de méthyle et trichlorure d'arsenic :

$$CH^3AsCl^4 = AsCl^3 + CH^3Cl$$

Le tétraiodure de méthylarsine, CH^3AsI^4, se forme par réduction de l'acide méthylarsinique par l'acide iodhydrique. Il cristallise en tables hexagonales d'un rouge brun. Il est réduit par l'acide sulfureux en diiodure, CH^3AsI^2 (KLINGER et KREUZ).

Dérivés oxygénés des arsines primaires.

Parmi les composés se rattachant au type $RAsX^2$, seule la forme $RAsO$ (oxyde d'arsine primaire) est connue.

Au type $RAsX^4$ correspondent les acides monoalcoylarsiniques $RAsO(OH)^2$.

Oxydes $R-AsO$

Seul l'oxyde de méthylarsine est connu.

Oxyde de méthylarsine, $CH^3 - As = O$. — Il se forme par oxydation directe de la monométhylarsine (PALMER et DEHN).

La réduction du méthylarsinate de sodium fournit également de l'oxyde de méthylarsine (AUGER) (1) :

$$CH^3AsO^4Na^2 + SO^2 = SO^4Na^2 + CH^3AsO.$$

On le prépare, en décomposant la dichlorométhylarsine, maintenue sous l'eau, par du carbonate de potassium ou de sodium ; il faut opérer sous une hotte à fort tirage, car le gaz carbonique dégagé entraîne un peu de chlorure. La masse résiduelle est épuisée à l'alcool absolu ; on évapore cette solution alcoolique et l'on obtient une huile qui cristallise peu à peu ; on reprend par le sulfure de carbone, d'où l'oxyde cristallise par évaporation spontanée (BAEYER).

Ce corps se présente en cristaux cubiques fusibles à 95°, possédant une odeur d'assa fœtida. Il est soluble dans l'eau, le sulfure de carbone, l'éther et l'alcool chaud. Il est volatil avec la vapeur d'eau, mais ne distille pas sans décomposition.

Les acides chlorhydrique et iodhydrique le transforment en chlorure CH^3AsCl^2 et iodure CH^3AsI^2 correspondants.

L'acide azotique, les oxydes d'argent et de mercure le font passer à l'état d'acide méthylarsinique :

$$CH^3AsO + O + H^2O = CH^3AsO(OH)^2$$

Par distillation avec la potasse, il fournit de l'oxyde de cacodyle et de l'acide arsénieux :

$$4 CH^3AsO = As^2O^3 + (CH^3)^4As^2O$$

Traité par l'iodure de méthyle et la soude, l'oxyde de méthylarsine fournit du cacodylate de sodium (AUGER) (2).

<hr>

(1) AUGER, *C. R.*, **137**, p. 925.
(2) AUGER, *Bull. Soc. chim.*, **27**, p. 163, 1902, et *C. R.*, **137**, p. 925.

Acides monoalcoylarsiniques R—AsO(OH)² (1).

Les acides méthyl et éthylarsinique ont seuls été préparés.

On peut les obtenir tous deux par l'action de l'oxyde d'argent, en présence de l'eau, sur les dérivés halogénés correspondants :

$$RAsX^2 + 2Ag^2O + H^2O = RAsO(OH)^2 + 2AgX + 2Ag$$

Nous étudierons successivement chacun des deux acides alcoylarsiniques, en insistant spécialement sur l'acide méthylarsinique à cause de son importance théorique et pratique.

Acide méthylarsinique CH³AsO(OH)².

Cet acide, découvert en 1858 par BAEYER, se forme dans les conditions suivantes :

1° Par l'oxydation de l'oxyde de méthylarsine par l'acide azotique ou les oxydes de mercure de plomb ou d'argent (BAEYER) ;

2° Par oxydation des sulfures de méthylarsine CH³AsS et CH³AsS² au moyen de l'acide azotique ;

3° Par oxydation directe de la monométhylarsine, sous l'influence de l'oxygène de l'air (PALMER et DEHN).

---

(1) Pour la nomenclature des composés organiques oxygénés de l'arsenic, présentant un caractère acide, on peut les rapporter aux acides arsénieux et arsénique :

$$As \diagup^{OH}_{-OH}_{\diagdown OH} \qquad O = As \diagup^{OH}_{-OH}_{\diagdown OH}$$

Les acides résultant du remplacement d'un ou deux oxhydryles dans l'acide arsénieux par des restes aromatiques (les composés gras correspondants sont inconnus) sont appelés *acides arsinieux*; par exemple, les composés $C^6H^5As(OH)^2$ et $(C^6H^5)^2AsOH$ constituent les acides phénylarsinieux et diphénylarsinieux. La même convention s'applique aux composés qui se rattachent à l'acide arsénique, par remplacement d'un ou deux OH, et ces acides sont nommés *acides arsiniques*. Ainsi, les composés $CH^3AsO(OH)^2$, $(C^3H^5)^2AsO(OH)$ sont respectivement les acides méthylarsinique et diphénylarsinique.

Préparation. — 1° On décompose la dichlorométhylarsine par l'oxyde d'argent humide (BAEYER); il se forme d'abord l'oxyde de méthylarsine CH^3AsO, qui s'oxyde et s'hydrate ultérieurement.

A du chlorure de méthylarsine placé sous une couche d'eau, on ajoute de l'oxyde d'argent fraîchement précipité; il se dépose tout d'abord du chlorure d'argent; puis, la liqueur se colore en bleu violet, par suite de la formation d'argent métallique; on ajoute de l'oxyde d'argent aussi longtemps qu'il se réduit, en évitant toutefois de dépasser la quantité théorique; on filtre et l'on ajoute un excès d'eau de baryte; une quantité de baryte trop faible fournit un précipité qui est vraisemblablement un sel double d'argent et de baryum. On traite ensuite par l'acide carbonique, qui précipite l'excès de baryte; on filtre, on évapore à sec au bain-marie; enfin le résidu est repris par une faible quantité d'eau, et la solution ainsi obtenue est précipitée par l'alcool. Le méthylarsinate de baryum qui se dépose est recueilli puis décomposé par l'acide sulfurique étendu. L'acide méthylarsinique est purifié par cristallisation dans l'alcool absolu bouillant (BAEYER) (1).

2° On soumet l'oxyde de méthylarsine CH^3AsO à l'action oxydante de l'oxyde mercurique. L'eau et l'oxyde de méthylarsine sont chauffés et on y ajoute peu à peu l'oxyde mercurique; la solution de méthylarsinate de mercure ainsi formée est additionnée d'eau de baryte et l'on termine comme dans le cas précédent (BAEYER).

3° On traite l'arsénite trisodique par l'iodure de méthyle. Il se forme ainsi du méthylarsinate disodique. [O. MEYER (2) KLINGER et KREUZ].

$$AsO^3Na^3 + CH^3I = CH^3AsO^3Na^2 + NaI$$

Il se fixe vraisemblablement une molécule d'iodure de méthyle sur l'arsénite de sodium, comme cela se produit avec d'autres dérivés minéraux, tels que AsI^3, As^2S^3 (KLINGER et MAASSEN) (3):

(1) BAEYER, *Liebig's Annal.*, **107**, p. 286.
(2) MEYER, *D. ch. Ges.*, **16**, p. 1440.
(3) KLINGER et MAASSEN, *D., chem. Ges.*, **19**, p. 2688.

$$As \underset{\diagdown \ ONa}{\overset{\diagup ONa}{-}} ONa + CH^3I = \overset{CH^3}{\underset{I}{|}} > As \underset{\diagdown ONa}{\overset{\diagup ONa}{-}} ONa$$

Puis une molécule d'iodure de sodium s'élimine avec formation de méthylarsinate.

On peut encore admettre que l'arsénite trisodique répond à la formule tautomérique :

$$As = O \begin{matrix} \diagup Na \\ \diagdown (ONa)^2 \end{matrix}$$

et que, sous l'action de l'iodure de méthyle, l'atome de sodium directement fixé à l'arsenic s'élimine à l'état d'iodure de sodium et se trouve remplacé par le groupe méthyle (1).

Pratiquement on opère de la manière suivante : à de l'acide arsénieux en suspension dans l'eau, on ajoute la quantité théorique de soude pour sa transformation en arsénite trisodique et de l'alcool méthylique ; on additionne alors cette solution d'une molécule d'iodure de méthyle et l'on refroidit s'il est nécessaire pour modérer la réaction. Le méthylarsinate de sodium se dépose à la longue à l'état cristallisé.

Propriétés. — L'acide méthylarsinique est cristallisé, très soluble dans l'eau, assez soluble dans l'alcool, insoluble dans l'éther.

Il se ramollit à 158° et fond à 161-162°.

C'est un acide énergique qui déplace l'acide carbonique.

L'acide iodhydrique le transforme en tétraiodure de méthylarsine,

---

(1) V. Auger (*C. R.*, **137**, p. 925) a étendu cette réaction aux oxydes d'arsines méthylées. L'oxyde de monométhylarsine CH^3AsO, par exemple, se transforme par l'action de deux mol. de soude en le sel :

$$CH^3 - As < \begin{matrix} ONa \\ ONa \end{matrix}$$

qui réagit sur l'iodure de méthyle; sous sa forme automérique :

$$CH^3 - As \leqq \begin{matrix} O \\ ONa \\ Na \end{matrix}$$

en donnant le cacodylate de sodium. Dans les mêmes conditions l'oxyde de cacodyle fournit l'oxyde de triméthylarsine.

CH³AsI⁴, et l'hydrogène sulfuré en sulfures de méthylarsine, CH³AsS et CH³AsS². Il est relativement stable vis-à-vis des oxydants. Soumis à l'action réductrice du zinc amalgamé et de l'acide chlorhydrique, il fournit la monométhylarsine. Réduit en solution aqueuse par l'acide sulfureux, il fournit, de l'oxyde de monométhylarsine (Auger) :

$$CH^3AsO^3Na^3 + SO^2 = CH^3AsO + SO^4Na^2$$

L'acide méthylarsinique est bibasique, mais on ne connaît que ses sels neutres.

SELS DE L'ACIDE MÉTHYLARSINIQUE

Méthylarsinate de soude, CH³AsO (ONa)² + H²O. — Le méthylarsinate de soude été préparé pour la première fois par Meyer (1), en 1889, et c'est seulement, tout récemment, en 1902, que Armand Gautier (2) l'a introduit dans la thérapeutique sous le nom d'arrhénal.

1° La préparation industrielle de ce corps, à partir de la Liqueur de Cadet, comporte plusieurs opérations, qui seront décrites plus amplement au cours de cette étude, à savoir : l'oxydation en acide cacodylique (CH³)²AsO(OH) par l'oxyde mercurique, la transformation de l'acide cacodylique sec en chlorure de méthylarsine CH³AsCl⁴ par le pentachlorure de phosphore, ou par un courant de gaz chlorhydrique sec ; l'obtention de l'oxyde de méthylarsine CH³AsO par action du carbonate de potassium sur le chlorure et enfin l'oxydation de cet oxyde par l'oxyde mercurique. L'acide méthylarsinique est alors isolé comme il a été indiqué plus haut, après avoir préalablement transformé le sel mercurique en sel de baryum ; finalement on sature cet acide par la soude ou le carbonate de soude ; ou bien, on fait la double réaction entre le méthylarsinate de baryum et le sulfate de soude.

2° On peut également préparer avantageusement ce sel par la méthode ci-dessus décrite (Meyer, Klinger et Kreuz) ; on obtient

(1) Meyer, *D. chem. Ges.*, **18**, p. 1440.
(2) A. Gautier, *C. R.*, **134**, p. 329.

alors directement le méthylarsinate disodique, qu'on purifie par plusieurs cristallisations ; on évite ainsi les inconvénients qui, dans la méthode précédente, résultent de la manipulation extrêmement dangereuse du chlorure de méthylarsine.

Ce sel cristallise en longs prismes incolores, contenant, d'après Astruc (1), 5 molécules d'eau de cristallisation, et, d'après Adrian et Trillat (2), 6 molécules.

Chauffé à 130°, il perd la totalité de son eau de cristallisation, mais à 100° il perd seulement 2 molécules d'eau (A. Gautier).

Il se décompose sans fondre, en dégageant des vapeurs possédant une forte odeur alliacée et formant sur les parois froides un dépôt d'arsenic métallique.

100 parties d'eau dissolvent 47 parties de ce sel à 15° et 125 parties à 80° ; il est insoluble dans l'alcool à 95° (Trillat) (3). Desséché, ce sel absorbe le gaz carbonique de l'air (Klinger et Kreutz). La solution aqueuse de ce sel, fortement acidulée, précipite par l'hydrogène sulfuré, en donnant un mélange de mono et de disulfure de méthylarsine. Le méthylarsinate disodique, en solution aqueuse; ne précipite ni par l'eau de baryte, ni par la mixture magnésienne, ni par une solution froide de chlorure de calcium ; mais il fournit un précipité avec les azotates d'argent et de mercure.

Le méthylarsinate de soude est à peu près dépourvu de toxicité (A. Gautier et Mouneyrat) (4). Il s'administre généralement à la dose de 5 centigrammes par jour. Toutefois, cette dose peut être portée sans inconvénient à 15 et même 20 centigrammes.

Dosage. — Outre les procédés généraux de dosage de l'arsenic dans les composés organiques, on peut employer des méthodes plus rapides, pour vérifier la composition du méthylarsinate de soude.

D'après Astruc, une molécule de ce sel est neutralisée par une molécule d'acide monobasique, en présence du tournesol ou de l'acide rosolique, et cette propriété peut être mise à profit pour le dosage de l'arrhénal. Ce procédé donnerait, suivant Adrian et Tril-

(1) Astruc, *C. R.*, **134**, p. 660.
(2) Adrian et Trillat, *C. R.*, **134**, p. 1231.
(3) Trillat, *Bull. gén. de thér.*, **143**, 1902, p. 418.
(4) Gautier et Mouneyrat, *C. R.*, **134**, p. 331.

LAT, des résultats variables et doit être rejeté. Ces auteurs ont proposé la méthode suivante :

On précipite le méthylarsinate de sodium par un excès de solution titrée de nitrate d'argent ; on filtre et on titre l'excès d'argent à l'état de sulfocyanate, en se servant de l'alun de fer comme indicateur. Le méthylarsinate d'argent n'étant pas complètement insoluble dans l'eau, il est nécessaire de faire intervenir un terme de correction.

Méthylarsinate de calcium $CH^3AsO^3Ca + H^2O$. — On le prépare par ébullition de solutions aqueuses de chlorure de calcium et de méthylarsinate disodique ; le sel de calcium, insoluble à chaud, se dépose, on le lave à l'eau bouillante (MEYER, KLINGER et KREUTZ).

Ce sel cristallise avec 2 molécules d'eau, mais l'une de ces molécules s'élimine facilement. La seconde molécule d'eau de cristallisation ne disparaît complètement qu'à 160-170°.

Ce sel est soluble dans l'eau froide, mais insoluble dans l'eau bouillante ; il est soluble dans l'acide acétique, d'où l'ammoniaque le reprécipite.

Méthylarsinate de baryum $CH^3AsO^3Ba + 5H^2O$. — On le prépare par addition d'un excès d'eau de baryte aux solutions des sels correspondants de mercure et d'argent.

Il cristallise en aiguilles solubles dans l'eau, complètement insolubles dans l'alcool.

Méthylarsinate de magnésium CH^3AsO^3Mg (KLINGER et KREUTZ). *Méthylarsinate de mercure.* — Ce sel est soluble dans l'eau ; on l'obtient en solution aqueuse dans l'oxydation de l'oxyde de méthylarsine par l'oxyde mercurique, mais il n'a jamais été isolé à l'état de pureté.

Méthylarsinate d'argent $CH^3AsO^3Ag^2$. — Ce sel se précipite quand on fait réagir le nitrate d'argent sur une solution aqueuse de méthylarsinate de baryum (BAEYER) ou de sodium (KLINGER et KREUTZ).

Acide éthylarsinique $C^2H^5AsO(OH)^2$.

Ce composé se prépare en oxydant le dichlorure d'éthylarsine par de grandes quantités d'acide azotique concentré et bouillant. On neutralise par le carbonate de potassium, on évapore à sec. Le résidu est repris par l'alcool, qui dissout l'éthylarsinate de potassium et l'abandonne par évaporation. On déplace l'acide éthyl-cacodylique par un acide minéral et on le fait recristalliser dans l'alcool (La Coste) (1).

Tandis que l'acide méthylarsinique est stable vis-à-vis du permanganate de potassium, l'acide éthylarsinique subit par l'action de ce réactif une oxydation profonde : il y a destruction totale d'une grande partie du composé, tandis que le reste est oxydé en acide acétique et en acide arsénique.

Le sel d'argent $C^2H^5AsO(OAg)^2$ cristallise en écailles nacrées jaunâtres.

Monosulfures R — AsS

Le sulfure de méthylarsine $CH^3As = S$ est seul connu. On le prépare en faisant agir l'hydrogène sulfuré sur le bichlorure ou le diiodure de méthylarsine placé sous l'eau ; il se sépare des gouttelettes huileuses qui se concrètent et qu'on fait recristalliser dans un mélange d'alcool et de sulfure de carbone ou dans l'alcool bouillant (Baeyer) (2).

$$CH^3AsCl^2 + H^2S = 2HCl + CH^3AsS$$

Ce sulfure se forme également, quand on décompose par les acides le sulfarsénite de sodium (Auger) (3).

$$CH^3AsS(SNa)^2 + 4HCl = CH^3AsS + 2NaCl + 2H^2S$$

Il cristallise en prismes insolubles dans l'eau, peu solubles dans l'alcool, très solubles dans le sulfure de carbone, et fusibles à 110°. Il est oxydé, par l'acide azotique, en acide méthylarsinique. En solution alcoolique, ce sulfure fait la double décomposition avec les sels métalliques, en donnant les sulfures correspondants.

(1) La Coste, *Liebig's Annal.*, **208**, p. 34.
(2) Baeyer, *Liebig's Annal.*, **107**, p. 279.
(3) Auger, *Bull. Soc. chim.* [3], **33**, p. 578.

Bisulfure. RAsS²

Le bisulfure de méthylarsine CH³AsS² s'obtient, mélangé de mono-sulfure, quand on fait réagir l'hydrogène sulfuré sur une solution d'acide méthylarsinique. On sépare alors le monosulfure et le soufre, par épuisement au sulfure de carbone, dans lequel le bisulfure est peu soluble. On dissout le résidu dans l'ammoniaque et l'on reprécipite par un acide (MEYER).

On l'obtient directement plus pur en faisant passer l'hydrogène sulfuré dans une solution aqueuse bouillante de méthylarsinate de soude fortement acidulée.

Il se sépare une huile jaune pâle qu'on lave à l'eau, qu'on dessèche, puis qu'on dissout dans du chloroforme, d'où le bisulfure se sépare par évaporation (KLINGER et KREUTZ).

C'est un liquide jaune clair, d'odeur désagréable. La chaleur le dédouble comme la plupart des composés du type AsX⁵ :

$$2\,CH^3AsS^2 = As^2S^3 + (CH^3)^2S$$

Il est peu soluble dans l'ammoniaque, assez soluble dans les alcalis, d'où il est reprécipité par les acides. L'acide azotique dilué l'oxyde en acide méthylarsinique, avec dépôt de soufre.

Acides Alcoylsulfarsiniques R — AsS³H²

A ces sulfures, se rattache l'acide *méthylsulfarsinique* CH³AsS(SH)² dont on obtient le *sel de sodium* CH³AsS(SNa)² en chauffant le sulfarsénite de sodium, en solution dans la soude, avec de l'iodure de méthyle. Ce sel de sodium fournit du sulfure de méthylarsine par l'action des acides (AUGER).

ARSINES SECONDAIRES $\frac{R}{R} > AsH$

La diméthylarsine $(CH^3)^2AsH$, la diéthylarsine $(C^2H^5)^2AsH$, et la dipropylarsine $(C^3H^7)^2AsH$ sont seules connues ; encore ces deux dernières ne semblent-elles pas avoir été isolées à l'état de liberté.

Diméthylarsine $(CH^3)^2AsH$. — Cette arsine a été obtenue en 1894 par PALMER (1). Elle se forme par réduction du chlorure de cacodyle :

$$(CH^3)^2AsCl + H^2 = HCl + (CH^2)^2AsH$$

ou même de l'acide cacodylique (2).

Pratiquement, on laisse tomber peu à peu le chlorure de cacodyle dans un mélange d'acide chlorhydrique, d'alcool et de zinc granulé légèrement platiné.

Si la réduction est incomplète, il se forme en même temps du cacodyle $(CH^3)^2As - As(CH^3)^2$.

La diméthylarsine est un liquide bouillant à 36-37° ; son odeur est analogue à celle du cacodyle ; elle s'enflamme au contact de l'air.

Diéthylarsine $(C^2H^5)^2AsH$. — BIGINELLI (3) admet que cette arsine se forme quand certaines moisissures (*Mucor mucedo, A. Glaucus, A. Virens, P. Brevicaule*) vivent dans un milieu renfermant des hydrates de carbone et de petites quantités d'arsenic. (Voyez page 316.) Le gaz qui se dégage de ces cultures précipite une solution chlorhydrique de sublimé en donnant le *chloromercurate* $AsH(C^2H^5)^22HgCl^2$ cristallisé fusible vers 240° ; avec l'azotate mercurique, on obtient un précipité répondant à la composition :

$$AsH(C^2H^5)^22(AzO^3)^2Hg$$

Dipropylarsine $(C^3H^7)^2AsH$. — Elle se forme dans la distillation de l'hydrate d'hexapropyldiarsonium $(C^3H^7)^6As^2(OH)^2$, à côté de

(1) PALMER, *D. chem. Gesell.*, **27**, p. 1378.
(2) PALMER et DEHN, *D. chem. Gesell.*, **34**, p. 3595.
(3) P. BIGINELLI, *Gazetta chimica Ital.*, **31**, p. 58, 1900.

l'oxyde de tripropylarsine, par départ d'une molécule d'alcool propylique (1) :

$$(C^3H^7)^6As^2(OH)^2 = (C^3H^7)^3AsO + (C^3H^7)^3AsH + C^3H^7OH$$

La présence de cette arsine est démontrée par ce fait que si l'on fait rentrer de l'air sur les produits de la réaction on obtient de l'acide dipropylarsinique $(C^3H^7)^2AsO(OH)$.

Dérivés des arsines secondaires.

Les dérivés connus peuvent se rattacher aux deux types :

$$\frac{R}{R} > AsX \quad \text{et} \quad \frac{R}{R} > AsX^3$$

suivant que l'arsenic y est trivalent ou pentavalent. Leur nomenclature ne présente aucune difficulté.

On les rattache directement à l'arsine secondaire dont ils dérivent :

$$\frac{CH^3}{CH^3} > AsCl \text{ représente le chlorure de diméthylarsine (chlorodiméthylarsine)}$$

$$\frac{CH^3}{CH^3} > AsCl^3 : \text{le trichlorure de diméthylarsine.}$$

$$\frac{CH^3}{CH^3} > As \diagdown^{O}_{OH} \text{ l'acide diméthylarsinique.}$$

Parfois, cependant, on les fait dériver des diarsines correspondantes. Envisageons, par exemple, le cas des dérivés de la diméthylarsine.

Tous ces composés se rattachent expérimentalement à la tétraméthyldiarsine ou cacodyle.

$$\frac{CH^3}{CH^3} > As - As < \frac{CH^3}{CH^3}$$

---

(1) PARTHEIL, AMORT et GRONOVER, *D. chem. Gesell.*, **34**, p. 596 ; *Arch. der Pharm.*, **237**, p. 135.

Ce corps fixe, en effet, une molécule d'élément halogène ; il se forme en apparence un produit d'addition :

$$(CH^3)^4As^4 + Cl^2 = (CH^3)^4As^2Cl^2$$

mais, en réalité, il y a scission de la molécule cacodylique de la manière suivante:

$$(CH^3)^2As - As(CH^3)^2 + Cl^2 = 2(CH^3)^2AsCl$$

Le corps ainsi formé est appelé chlorure de cacodyle.

Cette réaction est absolument comparable à la formation du chlorure de cyanogène par action directe du chlore sur le cyanogène.

$$CAz - CAz + Cl^2 = 2CAzCl$$

Le mot cacodyle prend ainsi une double signification ; il désigne à la fois la tétraméthyldiarsine $(CH^3)^2As - As(CH^3)^2$ et le radical $(CH^3)^2As -$ (1). Par extension on a désigné les homologues de la tétraméthyldiarsine et les radicaux qui en dérivent sous le nom générique de cacodyles. Ainsi, le composé $(C^2H^5)^2As - As(C^2H^5)^2$ et le radical $(C^2H^5)^2As -$ portent le nom d'éthylcacodyle. Cette nomenclature a été créée par Bunsen, à une époque où la nature chimique exacte du cacodyle était inconnue. Elle est d'une grande simplicité; et elle a généralement prévalu.

Voici dans les deux systèmes de nomenclature les noms de quelques composés :

<table>
<tr><td align="center">$(CH^3)^2AsCl.$
Chlorure de diméthylarsine.
Chlorure de cacodyle.</td><td align="center">$(C^2H^5)^2As^2O.$
Oxyde de diéthylarsine.
Oxyde d'éthylcacodyle.</td></tr>
<tr><td align="center">$(CH^3)^2AsCl^3.$
Trichlorure de diméthylarsine.
Trichlorure de cacodyle.</td><td align="center">$C^2H^5)^2AsO(OH).$
Acide diéthylarsinique.
Acide éthylcacodylique.</td></tr>
</table>

Cette dernière nomenclature est souvent plus commode ; par exemple le composé $[(C^2H^5)^2As]^2SO^4$ se nomme très aisément sul-

____

(1) Ce radical est parfois représenté par le symbole Kd, comme le cyanogène par Cy. Dans cette notation, KdCl, Kd²O sont le chlorure et l'oxyde de cacodyle.

fate d'éthylcacodyle. Dans l'autre système, au contraire, il faut considérer ce corps comme dérivant de l'hydrate $(C^2H^5)^2AsOH$ et le nommer sulfate d'hydrate de diéthylarsine. D'autre part, le nom d'acide cacodylique $(CH^3)^2AsO(OH)$ ne prête à aucune confusion ; au contraire, celui d'acide diméthylarsinique laisse supposer que cet acide dérive d'un corps hypothétique $H^2AsO(OH)$ dont la formule serait différente de celle $HAsO(OH)^2$ à laquelle se rattacherait l'acide méthylarsinique $CH^3AsO(OH)^2$.

Nous appliquerons néanmoins ces deux nomenclatures dans l'étude des dérivés des arsines secondaires. Nous étudierons successivement les dérivés halogénés, oxygénés et sulfurés.

Dérivés halogénés.

Les dérivés halogénés des arsines secondaires existent sous deux formes :

$$\frac{R}{R} > AsX \quad \text{et} \quad \frac{R}{R} > AsX^3$$

Les premiers sont stables ; les seconds, au contraire, sont facilement décomposables en dérivé dihalogéné d'arsine primaire et éther halogéné :

$$R^2AsX^3 = RAsX^2 + RX.$$

Dérivés halogénés du type R²AsX.

On connaît les fluorures, chlorures, bromures, iodures et cyanures. Ils se forment dans les conditions suivantes :

Formation. — 1° Action des halogènes sur les cacodyles. Le chlore, le brome, l'iode fournissent les dérivés correspondants :

$$Cl^2 + As^2(C^2H^5)^4 = 2\ As(C^2H^5)^2Cl$$

2° Distillation de l'oxyde de cacodyle avec les hydracides concentrés (HCl, HI, CAzH), (Bunsen) (1) :

$$[(CH^3)^2As]^2O + 2HCl = H^2O + 2(CH^3)^2AsCl$$

(1) Bunsen, *Liebig's Annal.*, **37**, p. 23.

3° Distillation du chloromercurate d'oxyde de cacodyle, avec les acides fluorhydrique, chlorhydrique ou bromhydrique, en solution très concentrée (Bunsen) :

$$[(CH^3)^2As]^2O.\ 2HgCl^2 + 2HBr = H^2O + 2HgCl^2 + 2(CH^3)^2AsBr$$

4° Décomposition par la chaleur des diiodures d'arsines tertiaires (Cahours) (1) :

$$(CH^3)^3AsI^2 = CH^3I + (CH^3)^2AsI$$

On ne connaît que les dérivés de la diméthyl et de la diéthylarsine.

Propriétés. — Tous les composés $(CH^3)^2AsX$ sont connus, mais le fluorure et le bromure n'ont pas été préparés à l'état de pureté.

Parmi les dérivés éthylés, seul l'iodure d'éthylcacodyle semble avoir été isolé à l'état de pureté. Tous ces corps sont liquides, sauf le cyanure de cacodyle, qui fond à 32°,5. Ils sont généralement peu solubles dans l'eau, plus solubles dans l'alcool et dans l'éther.

Ils se combinent aux halogènes, en donnant des composés du type $(CH^3)^2AsX^3$; si l'on dirige du chlore ou du brome gazeux dans une solution refroidie de chlorure de cacodyle dans le sulfure de carbone, on obtient les dérivés $(CH^3)^2AsCl^3$ et $(CH^3)^2AsClBr^2$ (Baeyer) (2). Ils sont réduits par le mercure ou le zinc, en donnant du cacodyle (Bunsen) (3) :

$$2(CH^3)^2AsCl + Zn = ZnCl^2 + (CH^3)^4As^2$$

De même, avec l'iodure de diéthylarsine et l'amalgame de zinc, on obtient l'éthylcacodyle correspondant $(C^2H^5)^2As - As(C^2H^5)^2$ (Cahours et Riche).

L'eau les décompose et fournit ainsi un mélange de cacodyle et d'oxyde de cacodyle (Baeyer).

---

(1) Cahours, *C. R.*, **76**, p. 748.
(2) Baeyer, *Liebig's Annal.*, **107**, p. 263, 275.
(3) Bunsen, *Liebig's Annal.*, **42**, p. 27.

Par action de l'oxyde d'argent humide, ils fournissent des acides cacodyliques correspondants :

$$2(CH^3)^2AsCl + 3Ag^2O + H^2O = 2(CH^3)^2AsO(OH) + 2AgCl + 4Ag$$
$$2(C^2H^5)^2AsI + 3Ag^2O + H^2O = 2(C^2H^5)^2AsO(OH) + 2AgI + 4Ag$$

Le nitrate d'argent, en solution aqueuse, enlève tout le chlore des chlorures de cacodyles en donnant des nitrates de cacodyles :

$$(C^2H^5)^2AsCl + AzO^3Ag = AgCl + (C^2H^5)^2As. AzO^3$$

Le sulfate d'argent agit de même en donnant des sulfates de cacodyles.

Par l'action de l'oxyde d'argent humide, ils fournissent les acides cacodyliques.

Les iodures réagissent sur les composés organo-métalliques du zinc en donnant des arsines tertiaires (CAHOURS) :

$$2As(CH^3)^2I + Zn(C^2H^5)^2 = 2As(CH^3)^2C^2H^5 + ZnI^2$$

A. — DÉRIVÉS MÉTHYLIQUES.

Fluorure de cacodyle (fluorodiméthylarsine) $(CH^3)^2AsFl$, liquide d'odeur nauséabonde et attaquant le verre ; il a été peu étudié.

Chlorure de cacodyle (chlorure de diméthylarsine) $(CH^3)^2AsCl$. — Outre les circonstances générales de formation indiquées plus haut, on obtient encore le chlorure de cacodyle, par réduction de l'acide cacodylique ou de ses chlorhydrates, au moyen du chlorure stanneux, en présence d'acide chlorhydrique.

Pour le préparer, on traite l'oxyde de cacodyle par plusieurs fois son poids d'acide chlorhydrique fumant ; on ajoute ensuite un excès de chlorure mercurique pulvérisé, de manière à obtenir une bouillie, à laquelle on ajoute encore suffisamment d'acide chlorhydrique pour obtenir une masse liquide. On distille ; le chlorure de cacodyle est recueilli sur le chlorure de calcium, après avoir traversé une colonne de chlorure de calcium. Les rendements sont excellents (BAEYER).

C'est un liquide d'odeur forte, plus lourd que l'eau, insoluble dans l'eau, soluble dans l'alcool. Sa densité de vapeur est égale à 5,46. Il bout un peu au-dessus de 100° et reste liquide à — 46°. Chauffé à l'air, il s'enflamme, mais peut être distillé dans une atmosphère d'acide carbonique. Chauffé avec de l'eau, il fournit un liquide bouillant à 190° qui, d'après Baeyer (1) serait un mélange de cacodyle, d'oxyde et de chlorure de cacodyle inaltéré et non un chlorure de cacodyle basique [(CH³)⁴As²O] + 6 (CH³)²AsCl. (Bunsen) (2).

Par action de la potasse, le chlorure de cacodyle fournit l'oxyde de cacodyle.

Chlorures doubles. — Le chlorure de cacodyle s'unit au chlorure cuivreux, en donnant un *chlorure double* 2 (CH³)²AsCl.Cu²Cl², blanc amorphe (Bunsen) (3).

Par le mélange de solutions alcooliques de chlorure de cacodyle et de chlorure de platine, on obtient un *chloroplatinate* 2(CH³)²AsCl. PtCl⁴, sous forme de précipité rouge brique. Ce composé, par ébullition avec l'eau, donne une solution jaune qui, par refroidissement, laisse déposer des cristaux d'un corps appelé par Bunsen *chlorure de cacoplatyle* As²(CH³)⁴O.PtCl² + H²O. Gerhardt, au contraire, a donné une formule différant de la précédente par 4 atomes d'hydrogène en moins et proposé la constitution suivante :

$$\text{ClAs} < {\text{CH}^2 \atop \text{CH}^2} > \text{Pt} < {\text{CH}^2 \atop \text{CH}^2} > \text{AsCl} + 2\text{H}^2\text{O}$$

Ce chlorure de cacoplatyle présente une propriété remarquable. Par le simple mélange, fait à chaud, de sa solution avec des solutions de bromure ou d'iodure de potassium, il échange ses 2 Cl contre 2 Br ou 2 I, en donnant le *bromure* As²(CH³)⁴O.PtBr² + H²O en cristaux incolores ou l'*iodure de cacoplatyle*

$$\text{As}^2(\text{CH}^3)^4\text{O}.\text{PtI}^2 + \text{H}^2\text{O}.$$

Par l'action du sulfate ou du nitrate d'argent, il fournit le *sulfate* (CH³)⁴As²O. PtSO⁴ + H²O ou le *nitrate de cacoplatyle* (CH³)As²O. Pt (AzO³)² + H²O.

<hr>

(1) Baeyer, *Unsersuchungen über die kakodylreihe* von Bunsen, observation n° 20, p. 145.
(2) Bunsen, *Liebig's Annal.*, **37**, p. 52.
(3) Bunsen, *Liebig's Annal.*, **42**, p. 22.

Bromure de cacodyle (*Bromure de diméthylarsine*) $(CH^3)^2AsBr$. C'est un liquide huileux, ne fumant pas à l'air et que l'eau décompose en acide bromhydrique et un liquide que BUNSEN appelle bromure basique de cacodyle et que BAEYER considère comme un mélange analogue à celui obtenu avec le dérivé chloré correspondant.

Iodure de cacodyle (*Iodure de diméthylarsine*) $(CH^3)^2AsI$. Liquide bouillant à 160° (CAHOURS et RICHE) (1) et se combinant à l'oxyde de cacodyle, en donnant un *iodure basique* $6(CH^3)^2AsI + As^2(CH^3)^4O$, en cristaux jaunes, fusibles au-dessous de 100° et distillables sans décomposition.

Cyanure de cacodyle $(CH^3)^2As - CAz$. On le prépare, en mélangeant du cacodyle ou de l'oxyde de cacodyle à une solution concentrée de cyanure de mercure (BUNSEN) (2) :

$$(CH^3)^4As^2 + Hg(CAz)^2 = 2(CH^3)^2As. CAz + Hg$$

Dans le cas de l'oxyde de cacodyle, il se forme en même temps de l'acide cacodylique. On distille ; l'eau entraîne un corps huileux qui cristallise bientôt ; les cristaux sont essorés et distillés, en présence de baryte, dans une atmosphère d'anhydride carbonique.

Le cyanure de cacodyle cristallise en prismes fusibles à 32°,5 ; il bout à 140°. Il est peu soluble dans l'eau, soluble dans l'alcool et l'éther. Il brûle avec une flamme rouge. Sa densité est égale à 4,63. Ce corps est extrêmement vénéneux ; des traces de sa vapeur, répandues dans l'air, provoquent des étourdissements et la syncope.

B. DÉRIVÉS ÉTHYLIQUES

Iodure d'éthylcacodyle (*Iodure de diéthylarsine, Iodure d'arsendiéthyle*) $(C^2H^5)^2AsI$. On l'obtient par l'action de l'iode, en quantité théorique, sur l'éthylcacodyle en solution éthérée, en évaporant le mélange à l'abri de l'air.

On peut encore décomposer par la chaleur les iodures d'arso-

(1) CAHOURS et RICHE, *C. R.*, **36**, p. 1001, et **39**, p. 541.
(2) BUNSEN, *Liebig's Annal.*, **37**, p. 23.

niums quaternaires simples ou doubles (Cahours et Riche). L'iodure double d'arsenic et de tétréthylarsonium se décompose d'après l'équation :

$$2\left[As(C^3H^5)^4I + AsI^3\right] = AsI^3 + As(C^2H^5)^2I + 2As(C^2H^5)^3I^2$$

On recueille le produit qui distille entre 228 et 232°. L'huile ainsi obtenue est insoluble dans l'eau, elle constitue l'iodure d'éthylcacodyle.

Par l'action de l'iodure d'éthylcacodyle sur le nitrate ou le sulfate d'argent, en milieu alcoolique, on obtient le *nitrate d'éthylcacodyle* $(C^2H^5)^2As — AzO^3$ *et le sulfate d'éthylcacodyle* $[(C^2H^5)^2As]^2SO^4 + H^2O$ parfaitement cristallisés.

Dérivés halogénés du type R^2AsX^3.

On ne connaît, dans cette série, que trois dérivés méthylés, le trichlorure de cacodyle $(CH^3)^2AsCl^3$, le tribromure $(CH^3)^2AsBr^3$ et le chlorobromure $(CH^3)^2AsClBr^2$.

Tous ces composés s'obtiennent, par l'action ménagée du chlore ou du brome sur les chlorure et bromure de cacodyle, en solution sulfocarbonique refroidie :

$$(CH^3)^2AsBr + Br^2 = (CH^3)^2AsBr^3$$

Ils sont très peu stables et se décomposent, en donnant du chlorure de méthyle et un dérivé halogéné d'arsine primaire. Le plus stable d'entre eux, le trichlorure, se décompose déjà à 40-50° suivant l'équation :

$$(CH^3)^2AsCl^3 = CH^3AsCl^2 + CH^3Cl$$

Le *trichlorure de cacodyle* $(CH^3)^2AsCl^3$ se forme, en outre, par l'action du perchlorure de phosphore sur l'acide cacodylique (Baeyer) [1].

$$(CH^3)^2AsO(OH) + 2PCl^5 = (CH^3)^2AsCl^3 + 2POCl^3 + HCl$$

(1) Baeyer, *Lieblg's Annal.*, **107**, p. 263.

Il se. produirait également, d'après Bunsen (1), dans l'action de l'acide chlorhydrique sec sur l'acide cacodylique sec ; mais, suivant Baeyer, on obtiendrait, dans cette réaction, non pas le trichlorure (perchlorure de cacodyle de Bunsen), mais un oxy-chlorure $(CH^3)^2AsCl^2(OH)$.

Le trichlorure de cacodyle s'obtient en cristaux allongés par éva-poration de sa solution éthérée. L'air humide le convertit en chlor-hydrate de l'acide cacodylique $(CH^3)^2AsO^2H^2Cl$ (perchlorure de cacodyle basique de Bunsen).

L'alcool décompose le trichlorure de cacodyle, avec formation de chlorure d'éthyle et du même perchlorure basique. L'action de l'eau fournit de l'acide chlorhydrique et de l'acide cacodylique.

Bunsen (2) a décrit, comme une combinaison de trichlorure de cacodyle et d'oxyde de mercure $(CH^3)^2AsCl^3 + HgO$, le produit de l'action du chlorure mercurique, en solution alcoolique, sur l'oxyde de cacodyle. Baeyer (3) croit plus simple de considérer ce corps comme une simple combinaison des deux composants

$$(CH^3)^2AsO^2H + HgCl^2.$$

Trichlorure de diéthylarsine. Landolt (4) a décrit *une combinai-son* $(C^2H^5)^2AsCl^3 + HgO$ (?) obtenue par l'action du chlorure mercu-rique sur le cacodyle éthylique.

Dérivés oxygénés.

Les dérivés oxygénés des arsines secondaires répondent aux for-mules générales suivantes :

A. Type AsX^3.

$$1° \quad \begin{matrix} R^2As \\ R^2As \end{matrix} > 0 \quad \text{ou} \quad \begin{matrix} R^2As = 0 \\ | \\ R^2As \end{matrix}$$

Oxydes de dialcoylarsines (oxydes de cacodyles).

---

(1) Bunsen, *Ibid.*, **46**, p. 29.
(2) Bunsen, *Liebig's Annal.*, **37**, p. 43.
(3) Baeyer, Untersuchungen , etc., observation page 12.
(4) Landolt, *Liebig's Annal.*, **92**, p. 369.

2° R²AsOH

Hydrates de dialcoylarsines.

3° (R²As)²O² ou R²As $=$ O
$\diagdown$ O — AsR²

Bioxydes de dialcoylarsines (cacodylates de cacodyles).

B. Type AsX³.

4° R²As $\lless$ $\dfrac{O}{O}$
R²As $\lless$ O

Trioxydes de cacodyles (érythrasines).

5° $\dfrac{R}{R}$ $>$ As $\lless$ $\dfrac{O}{OH}$

Acides dialcoylarsiniques (acides cacodyliques).

On ne connaît que les dérivés de la diméthyl, de la diéthyl et de la dipropylarsine.

1° **Oxydes de dialcoylarsines** (*oxydes de cacodyles*).

[R²As]²O

Le type de ces oxydes est l'oxyde de cacodyle ou l'oxyde de diméthylarsine [(CH³)²As]²O ; c'est, en série grasse, le seul représentant de ce groupe ; l'oxyde de diéthylarsine (1) est, en effet, mal connu et insuffisamment décrit.

Oxyde de cacodyle (*oxyde de dimélhylarsine*).

$$\left[\dfrac{CH^3}{CH^3} > As\right]^2 O$$

L'oxyde de cacodyle constitue la partie la plus importante de la « Liqueur de Cadet », et c'est par fractionnement de cette liqueur qu'on le prépare le plus avantageusement. C'est Bunsen qui, le premier, fixa dès 1841 la véritable composition de ce corps et lui

(1) Landolt, *J. f. pr. Ch.* [1], 63, p. 284, 286.

assigna la formule encore admise aujourd'hui $C^4H^{12}As^2O$. C'est également Bunsen qui, à la suite d'une série de remarquables recherches effectuées de 1837 à 1843, démontra, dans ce composé et dans tous ses dérivés, l'existence d'un radical complexe $C^4H^{12}As^2$ qu'il parvint d'ailleurs à isoler, et qu'il désigna sous le nom de *cacodyle* ; il fit voir alors que le principal constituant de la liqueur de Cadet, qu'il avait jusqu'alors appelé empiriquement « alkarsine », n'est autre que l'oxyde de ce radical composé, et il lui donna le nom d'*oxyde de cacodyle*.

Modes de formation. — Il se forme dans les conditions suivantes :

1° Oxydation ménagée du cacodyle par l'oxygène de l'air (Bunsen) (1) ;

$$(CH^3)^2As - As(CH^3)^2 + O = [(CH^3)^2As]^2O.$$

2° Action des réducteurs (H^2S, PO^3H^3, etc.) sur l'acide cacodylique ;

3° Action des alcalis sur le chlorure de cacodyle (Baeyer) (1) ;

$$2 (CH^3)^2AsCl + 2KOH = [(CH^3)^2As]^2O + 2KCl + H^2O$$

on distille dans un courant d'acide carbonique.

4° L'action de l'eau chaude sur le chloroplatinate de cacodyle fournit le chlorure de cacoplatyle $As^2(CH^3)^4O.PtCl^2 + H^2O$, au moyen duquel on peut préparer les bromure, iodure, nitrate et sulfate (V. page 97) ;

5° Le cacodylate de cacodyle se dédouble par distillation de sa solution aqueuse en oxyde de cacodyle volatil et acide cacodylique qui reste dans l'appareil (Bunsen) (2). L'oxyde de cacodyle ainsi obtenu est pur, et c'est un mode de préparation auquel il faut recourir si on se préoccupe surtout de la pureté du produit ;

6° L'action des alcalis, soit sur le chlorure de méthylarsine, soit sur l'oxyde correspondant, a fourni à Baeyer (3) de l'oxyde de cacodyle parfaitement pur :

$$4 CH^3AsO = As^2O^3 + (CH^3)^4As^2O$$

(1) Baeyer, *Liebig's Annal.*, **107**, p. 282.
(2) Bunsen, *Liebig's Annal.*, **42**, p. 15.
(3) Baeyer, *loc. cit.*, p. 282.

Cette réaction est un exemple assez intéressant du passage des arsines monoalcoylées aux arsines dialcoylées, tandis que, dans la décomposition par la chaleur de $(CH^3)^2AsCl^3$ en $CH^3AsCl^2 + CH^3Cl$, il y a passage d'un dérivé dialcoylé à un dérivé monoalcoylé;

7° En chauffant, peu à peu, au rouge sombre, un mélange d'anhydride arsénieux et d'acétate de potassium sec, il se forme de l'oxyde de cacodyle, en même temps qu'il se dégage du gaz carbonique :

$$As^2O^3 + 4\,CH^3 — CO^2K = [(CH^3)^2As]^2O + 2CO^2 + 2\,CO^3K^2$$

En réalité, cette réaction est accompagnée de nombreuses réactions secondaires; c'est ainsi que, sous l'influence de l'acétate alcalin, qui constitue au rouge un milieu essentiellement réducteur, l'oxyde de cacodyle est réduit en partie en cacodyle $As^2(CH^3)^4$ et que le cacodyle lui-même, sous l'action d'une température élevée (1), se décompose en arsenic et divers carbures d'hydrogène gazeux, tels que méthane, éthylène, etc. Enfin, d'autre part, la pyrogénation de l'acétate de potassium donne naissance à de l'acétone et de l'acide acétique. Les divers produits condensables de cette réaction ne sont pas miscibles, de sorte qu'on peut isoler la couche liquide, riche en oxyde de cacodyle. C'est ce liquide fumant et inflammable à l'air qui a été décrit pour la première fois par Cadet et que l'on désigne sous le nom de *Liqueur de Cadet*.

Préparation. — On prépare l'oxyde de cacodyle par fractionnement de la liqueur de Cadet, qui contient, comme l'a montré BAEYER, à côté d'une quantité importante d'oxyde de cacodyle bouillant vers 120°, de faibles proportions de cacodyle bouillant vers 170°.

Pour la préparation de la liqueur de Cadet, BAEYER recommande de suivre le procédé donné par BUNSEN (2) : On chauffe au bain de sable, dans une cornue de verre, un mélange à parties égales d'acide arsénieux et d'acétate de potasse *secs* (en substituant à ce dernier l'acétate de soude fondu, les rendements sont notablement diminués) (BAEYER). Le récipient est refroidi et mis en relation avec une cheminée à fort tirage. La cornue est chauffée, peu à peu, jusqu'au

---

(1) BUNSEN, *Leibig's Annal.*, **42**, p. 40.
(2) BUNSEN, *Liebig's Annal.*, **46**, p. 29.

rouge sombre. Il se dégage des gaz constitués principalement par de l'anhydride carbonique et un peu de méthane et d'éthylène ; tandis que le récipient se remplit d'un produit qui se sépare en trois couches : une inférieure constituée par de l'arsenic métalloïdique, une moyenne représentant la liqueur de Cadet, et une supérieure constituée par une solution aqueuse d'acétone et d'acide acétique. La couche moyenne est séparée, en évitant avec le plus grand soin tout contact avec l'air, lavée à l'eau, puis rectifiée, soit par entraînement à la vapeur d'eau, soit par distillation, après dessiccation sur la potasse caustique.

L'oxyde de cacodyle pur, obtenu soit par rectification convenable de la liqueur de Cadet, soit mieux encore par les procédés ci-dessus décrits de Bunsen et de Baeyer (1), est un liquide d'une odeur extrêmement désagréable, bouillant à 120° et se prenant en masse cristalline à — 25°. Sa densité est de 1,462 à 15°. Sa densité de vapeur est égale à 7,55.

Il s'oxyde lentement à l'air en se transformant en acide cacodylique. Sa vapeur forme à 50-70° un mélange détonant avec l'air. Les oxydes des métaux élevés et surtout l'oxyde mercurique le transforment, en présence d'eau, en acide cacodylique.

Les acides chlorhydrique, bromhydrique et iodhydrique se combinent à l'oxyde de cacodyle, en donnant les chlorure, bromure et iodure de cacodyle :

$$[(CH^3)^2As]^2O + 2HCl = H^2O + 2 (CH^3)^2AsCl$$

Il donne un précipité blanc avec la solution d'azotate d'argent et un précipité rouge avec le chlorure de platine.

Avec une solution de cyanure de mercure, il fournit un précipité brun, qui n'a rien de commun avec le cyanure de cacodyle (2).

---

(1) *Untersuchungen über die Kakodylreihe*, von Bunsen, *herausgegeben* von Baeyer, p. 146, Leipsig, 1891.

(2) Bunsen distinguait deux oxydes différents : l'un, appelé *oxyde de cacodyle*, bouillant vers 150°, n'était autre que la liqueur de Cadet imparfaitement rectifiée ; l'autre, nommé *oxyde de paracacodyle* ou *hydrarsine* (*Poggend. Annal.*, **42**, p. 148), bouillant vers 120°, était obtenu par la décomposition du cacodylate de cacodyle. En réalité, ce dernier seul constitue l'oxyde de cacodyle ;

L'oxyde de cacodyle traité par l'iodure de méthyle et la soude fournit l'oxyde de triméthylarsine (AUGER) (1).

Chloromercurate d'oxyde de cacodyle [(CH³)²As]²O + 2HgCl², Ce composé est obtenu en traitant une solution alcoolique étendue d'oxyde cacodyle par une solution alcoolique de sublimé (BUNSEN). Il faut opérer en présence d'un léger excès d'oxyde de cacodyle, pour éviter la formation d'acide cacodylique. Il cristallise en petites tables solubles dans 28,8 parties d'eau bouillante.

Sa solution aqueuse se décompose par ébullition en chlorure de cacodyle, acide cacodylique, chlorures mercureux et mercurique.

Chauffé avec les acides chlorhydrique, bromhydrique et iodhydrique, il se décompose, en donnant les chlorure, bromure et iodure de cacodyle.

Chauffés avec les réducteurs (PO³H³,Hg,Sn) il fournit du chlorure de cacodyle. Il réduit, au contraire, le chlorure d'or, en se transformant en acide cacodylique.

Bromomercurate d'oxyde de cacodyle [(CH³)²As]²O + 2HgBr², poudre blanche cristallisée (BUNSEN).

2° Hydrates de dialcoylarsines.

R²AsOH

Aux oxydes (R²As)²O correspondent les hydrates R²AsOH. Ils sont peu connus.

Le dérivé diméthylé (CH³)²AsOH n'a pas été isolé. D'après BAEYER il serait instable ; aussi, quand on fait agir la potasse sur le chlorure de cacodyle, obtient-on directement son produit de déshydratation, l'oxyde de cacodyle.

l'autre n'est qu'un mélange d'oxyde vrai et de cacodyle. C'est à la présence de ce dernier composé qu'il faut rapporter le point d'ébullition plus élevé, l'inflammabilité à l'air et la production de cyanure de cacodyle par l'action du cyanure de mercure, propriétés qui avaient amené BUNSEN à considérer cette substance comme différente de l'oxyde de paracacodyle (BAEYER).

(1) V. AUGER, *C. R.*, **137**, p. 925.

Biginelli (1) a obtenu l'*hydrate de diéthylarsine* $(C^2H^3)^2AsOH$, cristallisé en aiguilles déliquescentes, en traitant par l'oxyde d'argent le composé $O[AsH I(C^2H^3)^2]^2$.

Sels de cacodyles.— Les dérivés halogénés du type $(CH^3)^2AsX$, tels que le chlorure de cacodyle, peuvent être considérés comme les sels correspondant à cet hydrate. Il en est de même des nitrate et sulfate, obtenus par l'action de ces composés halogénés sur les nitrate et azotate d'argent.

On obtient également des sels de l'hydrate de diméthylarsine (sels de cacodyle) par l'action des divers acides sur l'oxyde ou le sulfure de cacodyle.

Phosphate de cacodyle. Liquide visqueux incristallisable.

Le *nitrate de cacodyle* $(CH^3)^2AsAzO^3$ s'obtient en dissolvant à froid le cacodyle ou son oxyde dans l'acide azotique étendu; sa solution aqueuse, traitée par l'azotate d'argent, fournit un précipité répondant à la composition

$$3\ [(CH^3)^2As]^2O + 2AzO^3Ag$$

Ce composé argentique est cristallisé en octaèdres réguliers et fait explosion à 100°.

Sulfate de cacodyle $[(CH^3)^2As]^2SO^4$ cristallisé en aiguilles déliquescentes.

Sels d'éthylcacodyle. — Outre les dérivés halogénés, on a préparé le nitrate et le sulfate par l'action de l'iodure d'éthylcacodyle sur les sels d'argent correspondants. (V. page 99.)

Bioxydes $R^4As^2O^2$.

On ne connaît que le bioxyde de cacodyle $(CH^3)^4As^2O^2$, qu'on peut représenter par l'une des trois formules suivantes :

$$
\begin{array}{ccc}
(CH^3)^2As = O & (CH^3)^2As = O & (CH^3)^2As - O \\
\qquad > O & | & | \\
(CH^3)^2As & (CH^3)^2As = O & (CH^3)^2As - O
\end{array}
$$

(1) P. Biginelli, *Gazella Chimica Ital.*, **34**, p. 58.

Le seul bioxyde de cacodyle connu correspond à la première de ces formules, comme le démontre son dédoublement en acide cacodylique et oxyde de cacodyle. On peut donc le considérer comme le cacodylate de cacodyle.

Bioxyde de cacodyle. Cacodylate de cacodyle. $[(CH^3)^2AsO - OAs(CH^3)^2]$. — Il se forme, par oxydation lente à l'air du cacodyle ou de son oxyde, ou plus simplement de la liqueur de Cadet. C'est une masse sirupeuse, soluble dans une petite quantité d'eau, mais décomposée par un excès d'eau, en acide cacodylique qui reste dissout et oxyde de cacodyle qui se précipite.

On peut, au moyen de ce bioxyde de cacodyle, obtenir un oxyde de cacodyle suffisamment pur, celui que BUNSEN désignait sous le nom d'oxyde de paracacodyle. On le dissout, à cet effet, dans l'eau, puis on distille et on recueille le liquide qui passe entre 120-130°.

Le bioxyde de cacodyle se transforme assez difficilement, par oxydation à l'air, en acide cacodylique.

Trioxydes $R^4As^2O^3$.

Trioxyde de cacodyle $(CH^3)^4As^2O^3$. — Par la combustion incomplète du cacodyle, il se forme de l'arsenic métalloïdique et une matière brune répondant à la composition $(CH^3)^4As^2O^1$. Ce composé appelé par BUNSEN *érythrarsine* est amorphe, inodore, insoluble dans l'eau, l'alcool et l'éther. Il prend encore naissance, quand on fait passer des vapeurs d'oxyde de cacodyle, à travers des tubes légèrement chauffés. Sa production est d'ailleurs assez irrégulière (BUNSEN) (1).

Trioxyde d'éthylcacodyle (*Trioxyde de tétréthyldiarsine*). $(C^2H^5)^4As^2O^3$. — Par l'oxydation à l'air d'une solution alcoolique d'éthylcacodyle il se forme un corps rouge analogue à l'érythrarsine. Ce composé $(C^2H^5)^4As^2O^3$, (?) est insoluble dans l'eau, l'alcool et l'éther et brûle avec une flamme livide (LANDOLT).

(1) BUNSEN, *Liebig's Annal.*, **42**, p. 41.

Acides dialkylarsiniques.

Acides cacodyliques $R^2As \lessgtr \begin{smallmatrix} O \\ OH \end{smallmatrix}$

On connaît les trois premiers termes de cette série : *l'acide cacodylique* proprement dit $(CH^3)^2AsO(OH)$, *l'acide éthylcacodylique* $(C^2H^5)^2AsO(OH)$ et l'acide *propylcacodylique* $(C^3H^7)^2AsO(OH)$.

Les acides se forment dans les conditions générales suivantes :

1° Oxydation des cacodyles méthylique et éthylique par l'air, en présence de l'eau. On obtient ainsi les acides cacodylique et éthylcacodylique :

$$R^2As - AsR^2 + 3O + H^2O = 2\,R^2AsO(OH)$$

2° Oxydation des mêmes cacodyles par l'oxyde mercurique en présence d'un excès d'eau ;

3° Action de l'oxyde d'argent humide sur les iodures des cacodyles méthylique et éthylique :

$$2\,(C^2H^5)^2AsI + 3Ag^2O + H^2O = 2\,(C^2H^5)^2AsO(OH) + 2AgI + 4Ag.$$

4° L'oxydation de la dipropylarsine $(C^3H^7)^2AsH$ produite dans le dédoublement de l'hydrate d'hexapropyldiarsonium

$$(OH)(C^3H^7)^3As - As(C^3H^7)^3OH$$

fournit l'acide propylcacodylique :

$$(C^3H^7)^2AsH + O^2 = C^3H^7AsO(OH)$$

Ces acides sont solides, cristallisés, déliquescents, solubles dans l'eau et dans l'alcool, peu solubles dans l'éther. Ils sont décomposés par l'action de la chaleur. Les réducteurs tels que l'hydrogène, l'acide sulfureux, le sulfate ferreux ne les attaquent pas; mais l'acide phosphoreux les réduit à chaud. Ils sont stables vis-à-vis de l'acide chromique, de l'acide azotique.

Ils se comportent comme des acides monobasiques.

Acide cacodylique (acide diméthylarsinique) $(CH^3)^2AsO(OH)$.

Cet acide a été découvert en 1837 par Bunsen (1), qui le nomma d'abord *alkargen*, puis acide cacodylique.

Formation. — Outre les réactions générales indiquées plus haut, cet acide se forme encore :

1° Par oxydation directe du sulfure de cacodyle (Bunsen) (2):

$$2\left[(CH^3)^2As\right]^2S + O^3 = \left[(CH^3)^2As\right]^2O^3 + \left[(CH^3)^2As\right]^2S^2$$

Il se forme du bisulfure de cacodyle et du cacodylate de cacodyle, facile à dédoubler en oxyde de cacodyle et acide cacodylique.

2° Par action de l'iodure de méthyle sur l'oxyde de méthylarsine en présence de soude. On obtient ainsi le cacodylate de sodium (Auger) :

$$CH^3AsO + CH^3I + 2NaOH = (CH^3)^2AsO(ONa) + NaI + H^2O$$

Préparation (Bunsen). — On oxyde la liqueur de Cadet, mélange de cacodyle et d'oxyde de cacodyle, par l'oxyde mercurique. La liqueur de Cadet étant placée sous une couche d'eau froide, on ajoute peu à peu de l'oxyde mercurique. La réaction est très vive, on la modère en refroidissant extérieurement ou en ajoutant de l'eau froide.

Il se produit de l'acide cacodylique et du mercure réduit.

$$\left[(CH^3)^2As\right]^2O + 2HgO + H^2O = 2(CH^3)^2AsO(OH) + 2Hg.$$

En présence d'oxyde mercurique en excès, une partie de l'acide cacodylique formé passe à l'état de cacodylate de mercure.

Dès que l'odeur de cacodyle a disparu, on ajoute goutte à goutte de l'oxyde de cacodyle, pour réduire tout le cacodylate de mercure. On reconnaît que ce terme est atteint quand l'odeur de cacodyle devient perceptible et que la solution chauffée ne laisse plus déposer de mercure métallique. On sépare alors le mercure, on évapore à sec et l'on fait cristalliser plusieurs fois dans l'alcool bouillant.

(1) Bunsen, *Poggend. Annal.*, **42**, p. 145.
(2) Bunsen, *Liebig's Annal.*, **37**, p. 19, et **46**, p. 4.

On purifie l'acide, en le transformant en sel de baryum, que l'on décompose ensuite par l'acide sulfurique. Le rendement est presque théorique.

Propriétés. — L'acide cacodylique est anhydre, incolore et inodore; il cristallise en gros prismes clinorhombiques. Inaltérable dans l'air sec, il est déliquescent à l'air humide. Il est très soluble dans l'eau, peu soluble dans l'alcool, insoluble dans l'éther. Il fond à 200° en un liquide qui ne se solidifie plus qu'à 90°. Chauffé au-dessus de 200°, il se décompose, en donnant des produits arsenicaux d'odeur désagréable et de l'acide arsénieux.

Chauffé avec l'acide phosphoreux, il est réduit en oxyde de cacodyle et cacodyle. Par l'action de l'étain et de l'acide chlorhydrique, il fournit du chlorure de cacodyle (Bunsen).

Il est, au contraire, très stable vis-à-vis des oxydants et résiste même au permanganate de potasse en solution alcaline.

Traité par le perchlorure de phosphore, il se transforme en trichlorure de cacodyle $(CH^3)^2AsCl^3$ (Baeyer).

Si l'on traite l'acide cacodylique par les acides fluorhydrique, chlorhydrique et bromhydrique, en solution concentrée, et qu'on évapore dans le vide, on obtient des produits qui résultent de l'union à molécules égales de l'acide cacodylique avec ces hydracides $(CH^3)^2AsO(OH).HX$. Ces composés, appelés par Bunsen perfluorure, perchlorure, perbromure basiques de cacodyle, sont actuellement considérés comme les fluorhydrate, chlorhydrate et bromhydrate d'acide cacodylique; ils sont décomposés par l'eau en leurs générateurs.

Les résultats sont différents si l'on fait agir les hydracides secs sur l'acide cacodylique également sec. Avec les acides bromhydrique et iodhydrique, il y a réduction de l'acide cacodylique, avec mise en liberté de brome ou d'iode et formation de bromure ou d'iodure de cacodyle :

$$(CH^3)^2AsO(OH) + 3HI = (CH^3)^2AsI + 2H^2O + I^2$$

Quant à l'acide chlorhydrique, si l'on fait agir ce gaz à froid sur l'acide cacodylique, il se forme d'abord du chlorhydrate d'acide cacodylique qui, sous l'influence d'un excès d'hydracide, peut donner un chlorure basique :

$$(CH^3)^2As \begin{cases} OH \\ Cl \\ OH \end{cases} + HCl = H^2O + (CH^3)^2As \begin{cases} Cl \\ Cl \\ OH \end{cases}$$

Enfin, l'excès de gaz chlorhydrique peut transformer ce dichlorure en trichlorure de cacodyle.

$$(CH^3)^2AsCl^2(OH) + HCl = H^2O + (CH^3)^2AsCl^3$$

D'après BUNSEN (1) le trichlorure $(CH^3)^2AsCl^3$ (perchlorure de
cacodyle) serait le produit unique de cette réaction. Pour BAEYER,
au contraire, ce produit serait un mélange de chlorhydrate d'acide
cacodylique et du dichlorure basique $(CH^3)^2AsCl^2(OH)$, et le trichlorure de cacodyle n'y pourrait exister, en raison de sa très facile
décomposition par l'eau. Il n'est pas impossible cependant d'admettre, malgré les réserves de BAEYER, que le produit de l'action de
l'acide chlorhydrique sec sur l'acide cacodylique soit complexe et
constitué par un mélange de chlorhydrate d'acide cacodylique, du
dichlorure basique et de trichlorure de cacodyle, qui serait stable
grâce à l'excès d'acide chlorhydrique. Quoi qu'il en soit, si l'on
soumet ce produit à l'action de la chaleur, ou mieux, si l'on chauffe
l'acide cacodylique dans un courant de gaz chlorhydrique, on
obtient de la dichlorométhylarsine, avec mise en liberté de chlorure de méthyle :

$$(CH^3)^2AsO(OH) + 3HCl = CH^3Cl + CH^3AsCl^2 + 2H^2O$$

L'hydrogène sulfuré gazeux agissant sur la solution aqueuse
d'acide cacodylique donne un précipité composé de soufre et de
sulfure de cacodyle

$$2(CH^3)^2AsO(OH) + 3H^2S = [(CH^3)^2As]^2S + 2S + 4H^2O$$

Si l'on opère, au contraire, sur la solution alcoolique, on obtient
du bisulfure de cacodyle (BUNSEN).

L'acide cacodylique décompose les carbonates et se comporte
comme un acide monobasique. Il est neutre à l'hélianthine et acide

<hr>

(1) BUNSEN, *Liebig's Annal.*, **46**, p. 3o.

à la phtaléine (IMBERT et BADEL) (1). Sur le caractère amphotère de l'acide cacodylique, voyez ZAWIDSKI (2).

Dérivés de l'acide cacodylique.

1° Combinaisons avec les acides.

Fluorhydrate d'acide cacodylique $(CH^3)^2AsO(OH)HFl$. Cristaux prismatiques. — *Chlorhydrate*. Cristaux lamellaires. — *Bromhydrate*. Masse sirupeuse incristallisable.

Toutes ces combinaisons sont détruites par l'eau.

Acide cinnamyl-cacodylique. $C^6H^5 — CH = CH — CO^2H,AsO(CH^3)^2OH$. Ce composé résulte de la combinaison de 1 molécule d'acide cacodylique avec 1 molécule d'acide cinnamique; il cristallise sous forme de très beaux prismes blancs fondant à 79-81° sans décomposition ; la dessiccation à 100° ne lui fait pas perdre de son poids; il est peu soluble dans l'éther et l'eau, mais très soluble dans l'alcool d'où l'eau précipite de l'acide cinnamique; il est d'ailleurs décomposé par l'eau froide en acide cacodylique soluble et acide cinnamique insoluble (A. ASTRUC et H. MURCO) (3).

Cacodylate de gaïacol. Sel blanc obtenu par BARBARY et RÉBEC (4), très hygrométrique, soluble dans l'eau et dans l'alcool, insoluble dans l'éther.

Ce composé, d'après A. ASTRUC et H. MURCO, serait immédiatement et complètement décomposé par l'eau. La chaleur en sépare de même le gaïacol vers 70°.

Ce cacodylate paraît donc être une combinaison moléculaire d'acide cacodylique et de gaïacol

$$(CH^3)^2AsO(OH), C^6H^4(OH)(OCH^3)$$

2° Combinaisons avec les sels.

L'acide cacodylique réagit, en milieu alcoolique, sur le sublimé, en donnant un *chloromercurate* $(CH^3)AsO(OH) + HgCl^2$ en écailles nacrées, très solubles dans l'eau, peu solubles dans l'alcool.

(1) IMBERT et BADEL, *C. R.*, **130**, p. 581.
(2) ZAWIDSKI, *D. Chem. Gesell.*, **38**, p. 3325.
(3) ASTRUC et MURCO, *Journ. Ph. Chim.*, 1900, **12**, 553.
(4) BARBARY et RÉBEC, *Bull. Sc. Pharm.*, 1902, **2**, 121.

3° Combinaisons avec les bases métalliques (cacodylates).

Les cacodylates s'obtiennent généralement par saturation directe des bases ou oxydes métalliques ou de leurs carbonates, par l'acide cacodylique et plus rarement par double réaction.

Ils sont le plus souvent solubles dans l'eau et dans l'alcool.

La chaleur les décompose avec formation d'arséniate et de carbonate.

L'hydrogène sulfuré les transforme en thiocacodylates.

La plupart des cacodylates ont été étudiés par Bunsen.

Cacodylate de sodium $(CH^3)^2AsO(ONa) + nH^2O$.

Ce sel a été décrit pour la première fois par Bunsen en 1843 (1) ; la découverte de l'acide cacodylique et de sa non-toxicité remonte à l'année 1837 (2) ; c'est seulement en 1899 que le cacodylate de soude fut introduit dans la thérapeutique par A. Gautier (3) et, à sa suite, divers autres cacodylates, tels que ceux de calcium, de fer, de mercure, etc.

Pour obtenir ce sel, on commence par préparer l'acide cacodylique d'après le procédé de Bunsen ci-dessus décrit, c'est-à-dire par oxydation de la liqueur de Cadet par l'oxyde mercurique et l'eau. Après purification par cristallisation, l'acide cacodylique est saturé en présence de phtaléine, soit par le carbonate de soude, soit par la soude caustique ; le sel sodique cristallise par concentration.

On peut préparer encore directement le cacodylate de soude, par action de l'iodure de méthyle sur l'oxyde de méthylarsine, en présence de soude : on dissout 1 mol. d'oxyde de méthylarsine dans l'alcool méthylique ; on ajoute 2 mol. de soude, puis, à froid

---

(1) Bunsen, *Liebig's Annal.*, **46**, p. 16.
(2) Bunsen, *Poggend. Annal.*, **42**, p. 152.
(3) A. Gautier, *Bull. Acad. Méd.*, 1899, 3ª série, **42**, p. 610.

1 mol. d'iodure de méthyle. La réaction qui se produit avec dégagement de chaleur est terminée en chauffant au bain-marie, jusqu'à neutralité de la liqueur. On distille alors l'alcool et l'on débarrasse le résidu de l'iode qu'il contient, en additionnant sa solution aqueuse d'acide sulfurique étendu et d'azotite de sodium. On filtre, on neutralise par le carbonate de sodium, on évapore à sec et l'on reprend le résidu par l'alcool absolu. Le cacodylate de sodium se dissout seul. On le purifie par cristallisation. (AUGER).

Ce sel cristallise avec des quantités d'eau variant entre 1 et 3 molécules, suivant les conditions de sa cristallisation. Il est déliquescent, très soluble dans l'eau et dans l'alcool. Chauffé, il fond vers 60° dans son eau de cristallisation, puis devient anhydre vers 120°.

Réactions. — Si on chauffe une solution d'acide cacodylique avec de l'acide phosphoreux, il se développe immédiatement une odeur pénétrante de cacodyle (BUNSEN) (1). Si l'on dissout un peu de cacodylate de sodium dans 1 cmc. d'eau et qu'on y ajoute 10 cmc. d'une solution chlorhydrique d'acide hypophosphoreux, il se produit une odeur cacodylique très nette, surtout sensible après un contact de 12 heures ; un demi-milligramme suffit pour cette réaction. Avec de plus grandes quantités, il se produit lentement sur les parois du tube, au-dessus du liquide, un dépôt d'arsenic. Le même réactif permet de déceler également des traces des acides arsénieux et arsénique dans les cacodylates ; ces acides donnent, en effet, une coloration brune ou un précipité, alors qu'avec les cacodylates, en solution suffisamment diluée, la solution reste incolore et limpide (BOUGAULT) (2).

Titrage. — IMBERT et ASTRUC (3) ont proposé le procédé suivant basé sur ce fait que l'acide cacodylique est neutre à l'hélianthine et acide à la phtaléine : on neutralise à la phtaléine, au moyen de soude, une solution de cacodylate ; on ajoute quelques gouttes d'hélianthine et on titre au moyen d'une solution titrée d'acide chlorhydrique.

Emploi thérapeutique. — Il donne de bons résultats dans le trai-

(1) BUNSEN, *Liebig's Annal.*, **46**, p. 8.
(2) BOUGAULT, *Journ. Pharm. Chim.*, 7ᵉ série, **17**, p. 97, 1903.
(3) IMBERT et ASTRUC, *Ibid.*, 6ᵉ série, **10**, p. 392, 1899.

tement des affections tuberculeuses, l'impaludisme, le diabète, les neurasthénies avec dépérissement général, la grippe, l'anémie grave (GAUTIER-DANLOS) (1).

Il s'administre généralement en injections hypodermiques à des doses variant de o gr. o5 à o gr. 15.

On lui préfère généralement aujourd'hui le méthylarsinate de sodium.

Cacodylate d'ammonium. Ce sel ne paraît pas exister ; d'après LAURENT, l'acide cacodylique n'absorbe pas le gaz ammoniac.

Cacodylate de potassium $(CH^3)^2AsO(OK) + H^2O$ cristallisé déliquescent.

Cocadylate de lithium $(CH^3)^2AsO(OLi)$. Poudre blanche cristalline.

Cacodylate de calcium $[(CH^3)^2AsO^2]^2Ca + 9H^2O$. Ce sel, cristallisé en aiguilles blanches, perd à 115° son eau de cristallisation. Il est employé en thérapeutique.

Cacodylate de magnésie. $[(CH^3)AsO^2]^2Mg$. Poudre blanche.

Cacodylate de fer $[(CH^3)^2AsO^2]^6Fe^2$. Employé en thérapeutique notamment contre la chlorose, la chloroanémie tuberculeuse, etc.

Cacodylate de cuivre. Sel gommeux incristallisable. Par l'action du chlorure cuivrique, sur une solution alcoolique d'acide cacodylique, on obtient *un sel double* :

$$2\left[CuO. 2(CH^3)^4As^2O^3\right] + 7CuCl^2$$

Cacodylate d'argent $(CH^3)^2AsO(OAg)$ cristallise dans l'alcool en longues aiguilles. Par l'action du nitrate d'argent sur l'acide cacodylique, en milieu alcoolique, on obtient des paillettes répondant à la composition $(CH^3)^2AsO(OAg) + AzO^3Ag$ solubles dans l'eau, détonant faiblement à 210°.

Cacodylate de mercure. Prismes brillants obtenus par l'action de l'ac. le cacodylique sur l'oxyde mercurique.

Cacodylate de mercurammonium $(CH^3)^2AsO^2Az^2Hg$. Poudre grise soluble dans l'eau. (L. JULIEN et BERLIOZ) (2).

(1) *Journ. Pharm. Chim.*, 6ᵉ série, **10**, p. 202, 1899.
(2) *Chemisches Centralball*, **2**, p. 138, 1903.

On a préparé également des cacodylates d'alcaloïdes, notamment ceux de quinine, de codéine (1), de cocaïne (2).

Acide éthyloacodylique (acide diéthylarsinique)
$$(C^2H^3)^2AsO(OH).$$

On le prépare, par l'action de l'oxyde mercurique sur l'éthylcacodyle, en opérant comme pour la préparation de l'acide cacodylique. On décompose l'éthylcacodylate de mercure formé dans la réaction, soit par addition d'éthylcacodyle, soit par décomposition de ce sel, au moyen de la baryte, avec séparation de l'excès de baryte par l'acide carbonique et régénération de l'acide éthylcacodylique par l'acide sulfurique étendu (LANDOLT) (3).

On peut encore oxyder directement l'éthylcacodyle, en solution alcoolique par l'oxygène de l'air ; le liquide prend bientôt une réaction acide et l'odeur diminue jusqu'à disparaître complètement. Par évaporation, on obtient un résidu cristallin que l'on exprime et que l'on fait recristalliser dans l'alcool.

L'acide éthylcacodylique cristallise en feuillets blancs inodores, à saveur d'abord acide, puis amère, très solubles dans l'eau et l'alcool, peu solubles dans l'éther. Il fond à 190° et se décompose à température plus élevée. Il est réduit à chaud par l'acide phosphoreux, avec séparation d'une huile odorante, qui est vraisemblablement l'oxyde d'éthylcacodyle. L'acide éthylcacodylique donne, avec la plupart des sels métalliques (perchlorure de fer, acétate de plomb, sulfate de cuivre), des précipités amorphes.

Ethylcacodylate de baryum

$$\left[(C^2H^5)^2AsO^2\right]^2Ba + (C^2H^5)^2AsO(OH) + 2H^2O.$$

On prépare ce sel, en saturant l'acide éthylcacodylique par la baryte, précipitant l'excès de baryte par l'anhydride carbonique et évaporant ; on obtient ainsi une masse cristalline déliquescente, très soluble dans l'eau, peu soluble dans l'alcool.

(1) *Centralblatt*, **1**, p. 744, 1902.
(2) Voyez CHOAY, *Médication cacodylique. Bull. des Sc. ph.*, **2**, p. 263, 1900.
(3) LANDOLT, *Liebig's Annal.*, **92**, p. 365.

Le sel neutre de baryum n'a pas été obtenu.

Ethylcacodylate d'argent $(C^2H^5)^2AsO^2Ag$. Précipité soluble dans l'ammoniaque.

Ethylcacodylate de mercure. Masse saline déliquescente.

Acide propylcacodylique (ac. dipropylarsinique).

$$(C^3H^7)^2AsO(OH).$$

Cet acide a été obtenu par Partheil, Amort et Gronover[1] dans la distillation du dihydrate d'hexapropyldiarsonium, avec rentrée d'air pour oxyder la dipropylarsine formée

$$(C^3H^7)^5As^2(OH)^2 = (C^3H^7)^3AsO + C^3H^7OH + (C^3H^7)^2AsH$$
$$(C^3H^7)^2AsH + O^2 = (C^3H^7)^2AsO(OH)$$

L'acide propylcacodylique cristallise dans la ligroïne, en petits cristaux incolores fusibles à 123°.

Dérivés sulfurés des arsines secondaires.

Seuls les dérivés méthyliques sont connus. On sait, cependant, que le cacodyle éthylique se combine au soufre ; mais les produits résultants de cette réaction n'ont pas été isolés.

A chacun des dérivés oxygénés que nous avons étudiés précédemment, correspond un dérivé sulfuré. On connaît en effet le sulfure de cacodyle $[(CH^3)^2As]^2S$, le bisulfure de cacodyle $[(CH^3)^2As]^2S^2$, l'acide sulfocacodylique $(CH^3)^2AsS(SH)$ et le trisulfure de cacodyle $[(CH^3)^2As]^2S^3$.

(1) Partheil, Amort et Gronover, *Arch. der Pharm.*, **237**, p. 135, 1899.

Sulfure de cacodyle $\left[(CH^3)^2As\right]^2S$.

Formation. — Ce composé se forme :

1° Par action ménagée du soufre sur le cacodyle (BUNSEN) (1) :

$$(CH^3)^2As - As(CH^3)^2 + S = \left[(CH^3)^2As\right]^2S$$

2° Par la distillation d'un mélange de chlorure de cacodyle et de sulfhydrate de baryum (BUNSEN) (2) :

$$2(CH^3)^2AsCl + Ba(SH)^2 = BaCl^2 + \left[(CH^3)^2As\right]^2S + H^2S$$

3° Par action de l'hydrogène sulfuré sur l'acide cacodylique en solution aqueuse (BUNSEN) (3) ;

4° Par la réaction du sulfure d'éthyle sur le cacodyle (CAHOURS) (4).

$$2(CH^3)^2As - As(CH^3)^2 + 2S(C^2H^5)^2 =$$
$$\left[(CH^3)^2As\right]^2S + \left[(CH^3)^2(C^2H^5)^2As\right]^2S$$

Préparation. — On distille le chlorure de cacodyle avec une solution de sulfhydrate de baryum. Le sulfure de cacodyle est entraîné par la vapeur d'eau ; on recommence l'opération, de manière à le priver du chlorure de cacodyle entraîné. Enfin, on le sépare de l'eau, on le rectifie sur du chlorure de calcium et du carbonate de plomb, dans une atmosphère d'acide carbonique.

Propriétés. — Le sulfure de cacodyle est un liquide incolore ne fumant pas à l'air, mais spontanément inflammable. Son odeur rappelle à la fois celle du mercaptan et du cacodyle. Il reste liquide à 40° et bout au-dessous de 100°. Sa densité de vapeur est égale à 7,72 (densité calculée 8,89). Il est plus lourd que l'eau, insoluble dans l'eau, soluble dans l'alcool et l'éther.

Par l'action de l'oxygène, il fournit un mélange de bisulfure et

(1) BUNSEN, *Liebig's Annal.*, **42**, p. 35.
(2) BUNSEN, *Liebig's Annal.*, **37**, p. 16.
(3) BUNSEN, *Ibid.*, **37**, p. 16.
(4) CAHOURS, *Ann. Phys. Chim.* [3], **62**, p. 317.

de bioxyde de cacodyle et aussi d'acide cacodylique. Chauffé avec du soufre à l'abri de l'air, il se transforme en bisulfure

$$\left[(CH^3)^2As\right]^2S + S = \left[(CH^3)^2As\right]^2S^2$$

Il est décomposé par l'acide chlorhydrique, à la manière de certains sulfures métalliques, en donnant du chlorure de cacodyle et de l'hydrogène sulfuré :

$$\left[(CH^3)^2As\right]^2S + 2\,HCl = 2(CH^3)^2AsCl + H^2S$$

Les acides phosphorique et sulfurique le décomposent également, avec formation de phosphate et sulfate de cacodyle. Chauffé entre 200° et 300° avec du mercure, il fournit du cacodyle et du sulfure de mercure

$$\left[(CH^3)^2As\right]^2S + Hg = HgS + (CH^3)^4As^2$$

Une solution alcoolique de sulfure de cacodyle, additionnée d'azotate de cuivre, laisse déposer un *sulfure double de cuivre et de cacodyle* $[(CH^3)^2As]^2S.3CuS$ en octaèdres réguliers très brillants.

Bisulfure de cacodyle $[(CH^3)^2As]^2S^2$

Des deux formules théoriquement possibles

$$(CH^3)^2As - S - S - As(CH^3)^2 \quad \text{et} \quad (CH^3)^2As - S - As(CH^3)^2$$
$$\overset{\|}{\underset{S}{}}$$

c'est à cette dernière, que l'on doit donner la préférence, car elle explique facilement la formation de sulfocacodylate par l'action des sels métalliques ; de plus, elle rapproche ce composé du bioxyde de cacodyle. Le bisulfure de cacodyle doit donc être considéré comme le sulfocacodylate de cacodyle. On l'obtient :

1° Par l'action du soufre sur le cacodyle ou le sulfure de cacodyle (BUNSEN) (1) :

$$\left[(CH^3)^2As\right]^2S + S = \left[(CH^3)^2As\right]^2S^2$$

(1) BUNSEN, *Lieblg's Annal.*, **37**, p. 19, et **42**, p. 35.

On mélange le sulfure de cacodyle sec avec 1/7 de son poids de soufre, dans un flacon plein de gaz carbonique. Le mélange s'échauffe; on obtient par refroidissement une masse que l'on fait cristalliser dans l'alcool bouillant.

2° Par oxydation à l'air du sulfure de cacodyle (Bunsen) (1) :

$$2\left[(CH^3)^2As\right]^2S + O^2 = \left[(CH^3)^2As\right]^2S^2 + \left[(CH^3)^2As\right]^2O^2$$

Outre le bisulfure et le bioxyde de cacodyle, il se produit de l'acide cacodylique et de l'oxyde de cacodyle, provenant de l'hydrolyse du bioxyde de cacodyle.

3° Par l'action de l'hydrogène sulfuré sur une solution alcoolique d'acide cacodylique (Bunsen) (2). On peut également faire passer de l'hydrogène sulfuré sec sur l'acide cacodylique cristallisé, mais il est alors nécessaire de refroidir, car la réaction est très vive. On reprend le produit par l'alcool faible et bouillant, pour séparer le soufre (Bunsen) (3).

Le bisulfure de cacodyle cristallise en grosses tables rhomboïdales ou en petits prismes incolores, inaltérables à l'air et possédant une odeur d'asa fœtida. Il fond à 5o°. Il est insoluble dans l'eau, peu soluble dans l'éther, soluble dans l'alcool.

Il brûle dans l'air en donnant de l'eau et les anhydrides arsénieux carbonique et sulfureux. L'acide nitrique l'oxyde en acide cacodylique ; le bioxyde de plomb le transforme de même en cacodylate de plomb. Le bisulfure de cacodyle est, au contraire, réduit par le mercure en monosulfure, puis en cacodyle.

Par l'action de certains sels métalliques, il fournit des sulfocacodylates.

Acide sulfocacodylique $(CH^3)^2AsS(SH)$.

Cet acide n'a pas été isolé, mais ses sels ont été obtenus soit par l'action de l'hydrogène sulfuré sur certains cacodylates,

$$(CH^3)^2AsO^2M + 2H^2S = 2H^2O + (CH^3)^2AsS^2M$$

(1) Bunsen, *Liebig's Annal.*, **40**, p. 17.
(2) Bunsen, *Liebig's Annal.*, **37**, p. 19, et **48**, p. 18.
(3) Bunsen, *Liebig's Annal.*, **40**, p. 19.

soit en faisant réagir, sur le bisulfure de cacodyle, certains sels métalliques (BUNSEN) (1) :

$$3 (CH^3)^2As - S - As(CH^3)^2 + SbCl^3 = \left[(CH^3)^2AsS^2\right]^3Sb + 3(CH^3)^3AsCl.$$
$$\overset{\|}{S}$$

Les sulfocacodylates sont insolubles dans l'eau, insolubles ou très peu solubles dans l'alcool et l'éther.

Sulfocacodylate d'antimoine. . . . . $\left[(CH^3)^2AsS^2\right]^3Sb$ aiguilles jaunes.

    —   *de bismuth.*. . . . . $\left[(CH^3)^2AsS^2\right]^3Bi$ écailles jaunes.

    —   *de plomb.*. . . . . . $\left[(CH^3)^2AsS^2\right]^2Pb$ écailles blanches.

    —   *d'or.* . . . . $\left[(CH^3)^2AsS^2\right]Au$ poudre d'un blanc jaunâtre.

    --   *cuivreux.*. . . . . . $\left[(CH^3)^2AsS^2\right]^2Cu^2$ poudre jaune.

Trisulfure de cacodyle $\left[(CH^3)^2As\right]^2S^3$.

Ce sulfure a une composition analogue à celle de l'érythrarsine. On l'obtient, en dissolvant 2 atomes de soufre dans une molécule de sulfure de cacodyle, sous forme d'une masse cristalline que l'alcool décompose avec précipitation de soufre.

Dérivés séléniés.

Deux dérivés séléniés sont connus : le séléniure de cacodyle et le séléniosulfure de cacodyle.

Séléniure de cacodyle $\left[(CH^3)^2As\right]^2Se$.

On le prépare en distillant plusieurs fois le chlorure de cacodyle avec une solution aqueuse de séléniure de sodium. La vapeur d'eau entraîne un liquide incolore, d'odeur désagréable ; il est plus lourd que l'eau, insoluble dans l'eau, soluble dans l'alcool et dans l'éther (BUNSEN) (2).

<hr>

(1) BUNSEN, *Liebig's Annal.*, **46**, p. 23.
(2) BUNSEN, *Liebig's Annal.*, **37**, p. 21.

Séléniosulfure de cacodyle $\left[(CH^3)^2As\right]^2S.Se$

Bunsen l'a obtenu par l'action du sélénium pulvérisé sur une solution alcoolique de sulfure de cacodyle. C'est un corps solide cristallisant dans l'alcool en feuillets incolores.

ARSINES TERTIAIRES

Elles répondent à la formule générale AsR^3, les radicaux R pouvant être identiques ou différents. Les arsines tertiaires actuellement connues sont au nombre de cinq : les triméthyl, triéthyl et tripropylarsines et les composés mixtes : arsines diméthyléthylique et méthyldiéthylique.

Formation. — 1° L'action des iodures alcooliques sur l'arséniure de sodium fournit des arsines tertiaires (Cahours et Riche (1), Landolt) (2) :

$$3\,CH^3I + AsNa^3 = 3NaI + (CH^3)^3As.$$

La réaction est en réalité plus complexe; il se forme, en outre, le cacodyle et l'iodure arsonium correspondant à l'arsine tertiaire.

2° On obtient également les arsines tertiaires, en faisant agir les composés organo-métalliques du zinc sur les dérivés halogénés de l'arsenic (Hoffmann) (3) ou des arsines primaires ou secondaires (Cahours) (4) :

$$2AsCl^3 + 3Zn(C^3H^7)^2 = 2\,As(C^3H^7)^3 + 3ZnCl^2$$

$$CH^3AsI^2 + Zn(C^2H^5)^2 = CH^3As(C^2H^5)^2 + ZnI^2$$

$$2\,(CH^3)^2AsI + Zn(C^2H^5)^2 = 2(CH^3)^2AsC^2H^5 + ZnI^2$$

Ces deux dernières réactions permettent de préparer à volonté

(1) Cahours et Riche, *C. R.*, **39**, p. 541.
(2) Landolt, *Liebig's Annal.*, **89**, p. 321.
(3) Hoffmann, *Liebig's Annal.*, **103**, p. 357.
(4) Cahours, *Annal. Chim. et Phys.* [3], **62**, p. 299.

des arsines tertiaires à radicaux alcooliques identiques ou différents.

3° Les iodures d'arsoniums quaternaires et leurs sels doubles de la forme ($R^4AsI + AsI^3$) ou ($R^4AsI + MI^3$) sont décomposés par distillation sur la potasse caustique sèche, avec formation d'arsines tertiaires symétriques (Cahours).

Propriétés. — Les arsines tertiaires de la série grasse actuellement connues sont des liquides d'odeur désagréable, plus lourds que l'eau et volatils sans décomposition.

Les arsines tertiaires se comportent comme des radicaux bivalents. Elles fixent deux atomes de chlore, de brome ou d'iode, en donnant des produits d'addition : R^3AsX^2.

Elles fixent directement l'oxygène ou le soufre en donnant des oxydes ou des sulfures :

$$R^3As + O = R^3AsO$$
$$R^3As + S = R^3AsS.$$

Les iodures alcooliques s'y combinent, pour donner des iodures d'arsoniums quaternaires, par une réaction analogue à celle qui donne naissance aux sels d'ammoniums quaternaires, à partir des amines tertiaires, $R^3As + R'I = R^3(R')AsI$.

Contrairement aux cacodyles R^4As^2, les arsines tertiaires AsR^3 ne réduisent ni l'azotate d'argent, ni le chlorure mercurique.

Elles se combinent aux chlorures métalliques.

Triméthylarsine $(CH^3)^3As$. — Outre les réactions générales indiquées plus haut, il se forme de la triméthylarsine, en même temps que la pentaméthylarsine, dans l'action du zinc-méthyle sur l'iodure de tétraméthylarsonium (Cahours).

Pour la préparer, on distille sur de la potasse sèche, soit l'iodure de tétraméthylarsonium $(CH^3)^4AsI$, soit les iodures doubles $(CH^3)^4I + AsI^3$; $(CH^3)^4AsI + ZnI^2$ ou $(CH^3)^4AsI + CdI^2$. On évapore à sec et on distille dans une atmosphère d'anhydride carbonique.

On peut encore faire réagir l'iodure de méthyle sur l'arséniure de sodium et distiller (dans CO^2) le produit de la réaction ; on sépare d'abord l'iodure de méthyle en excès, puis, vers 120°, un mélange de triméthylarsine et d'iodure de tétraméthylarsonium. Enfin, entre 165° et 170° passe le cacodyle.

Le mélange de triméthylarsine et d'iodure de tétraméthylarsonium est ensuite distillé sur la potasse sèche.

La triméthylarsine est un liquide incolore bouillant un peu au-dessous de 100°.

Diméthyléthylarsine $(CH^3)^2 AsC^2H^5$. Corps liquide obtenu par l'action de l'iodure de cacodyle sur le zinc-éthyle (CAHOURS).

Méthyldiéthylarsine $(C^2H^5)^2AsCH^3$. Liquide obtenu par CAHOURS en faisant réagir le diiodure de méthylarsine sur le zinc-éthyle.

Triéthylarsine $As(C^2H^5)^3$. On la prépare, en rectifiant le produit de l'action de l'iodure d'éthyle sur l'arséniure de sodium et recueillant ce qui passe entre 140° et 170°.

Elle se forme encore, quand on fait agir l'amalgame de zinc sur l'iodure d'éthylarsine, ou bien en distillant l'iodure de tétréthylarsonium sur la potasse solide (LANDOLT) (1).

Il s'en forme aussi par ébullition de la solution aqueuse de dihydrate d'éthylène hexéthylphospharsonium (voir p. 136).

La triéthylarsine est un liquide huileux incolore, de densité 1,151 à 16°,7 ; elle bout vers 140° sous 736 millimètres avec faible décomposition (CAHOURS et RICHE).

Insoluble dans l'eau, elle se dissout dans l'alcool et l'éther. Elle répand des fumées à l'air et s'enflamme quand on la chauffe légèrement. L'acide azotique concentré l'oxyde avec énergie, l'acide ordinaire la transforme en azotate. La triéthylarsine réduit l'acide sulfurique en acide sulfureux. Elle est très avide d'oxygène.

La triéthylarsine réagit sur le chlorure de platine, en solution hydroalcoolique, en donnant un produit jaune que l'éther sépare en deux composés isomères répondant à la composition $2As(C^2H^5)^3 + PtCl^2$; l'un est soluble et l'autre insoluble dans l'éther. Ces composés peuvent fixer de nouveau de la triéthylarsine, en donnant le corps : $4As(C^2H^5)^3 + PtCl^2$.

On obtient de même une *combinaison de triéthylarsine et de chlorure de palladium* : $2As(C^2H^5)^3 + PdCl^2$ en prismes jaunes et *une combinaison avec le chlorure d'or*, $As(C^2H^5)^3 + AuCl$. Dans la préparation de cette dernière, il faut éviter toute élévation de température

(1) LANDOLT, *loc. cit.*

— 125 —

qui favoriserait la réduction du chlorure d'or (Cahours et Gal) (1).

Tripropylarsine As(C³H⁷)³. Pour la préparer, on distille sur la potasse fondante l'iodure double de tétrapropylarsonium et d'arsenic. (C³H⁷)⁴AsI, AsI³.

On l'obtient également par distillation sèche de l'iodure de tétrapropylarsonium (Cahours) (2).

La tripropylarsine est un liquide incolore, d'odeur désagréable, insoluble dans l'eau, l'alcool et l'éther.

Dérivés des arsines tertiaires.

Les arsines tertiaires, avons-nous dit, se comportent comme des corps non saturés et peuvent fixer 2 atomes d'halogène ou bien 1 atome d'oxygène ou de soufre.

Dérivés halogénés R³AsX².

On ne connaît que les dérivés chlorés, bromés et iodés de la triméthyl et de la triéthylarsine.

L'iodure de triméthylarsine (CH³)³AsI² se dédouble par distillation en iodure de méthyle et iodure de cacodyle (Cahours) (2) :

$$(CH^3)^3AsI^2 = (CH^3)^2AsI + CH^3I$$

Le chlorure de triéthylarsine (C²H⁵)³AsCl² paraît se produire dans l'action de l'acide chlorhydrique sur l'oxyde de triéthylarsine :

$$(C^2H^5)^3AsO + 2HCl = (C^2H^5)^3AsCl^2 + H^2O$$

mais l'eau formée dans la réaction régénère l'oxyde de triéthylarsine. On connaît néanmoins *une combinaison avec l'oxyde mercureux* 2 [(C²H⁵)³AsCl²)]Hg²O (Cahours).

(1) A. Cahours et H. Gal, *C. R.*, **71**, p. 208.
(2) A. Cahours, *C. R.*, **76**, p. 748.

LANDOLT (1) a également décrit un *composé* $(C^2H^5)^3AsO.(C^2H^5)^3$ $AsCl^2.Hg^2Cl^2$ cristallisé en aiguilles solubles dans l'eau.

Bromure detriéthylarsine $(C^2H^5)^3AsBr^2$. — On fait agir une solution alcoolique de brome sur la triéthylarsine en solution alcoolique et l'on évapore au bain-marie. Ce bromure est cristallisé, jaune, déliquescent, soluble dans l'eau et l'alcool et insoluble dans l'éther (LANDOLT) (2).

Iodure de triéthylarsine $(C^2H^5)^3AsI^2$. — En distillant l'iodure double de tétréthylarsonium et d'arsenic $(C^2H^5)^4AsI.AsI^3$, on obtient un liquide bouillant entre 180° et 190°. Ce liquide, distillé avec l'amalgame de zinc, fournit de la triéthylarsine et l'iodure de cette base. Cet iodure s'obtient encore en mélangeant l'iode et la triéthylarsine en solution éthérée. Il est cristallisé, fusible à 160°, soluble dans l'eau et l'alcool, peu soluble dans l'éther. La potasse le transforme en oxyde de triéthylarsine. Il brunit à l'air en perdant de l'iode.

Par l'action de l'iodure d'éthyle sur l'arséniure de zinc, on obtient la combinaison $(C^2H^5)^3AsI^2.C^2H^5ZnI$ (CAHOURS et RICHE).

Dérivés oxygénés R³AsO.

Les oxydes des arsines mixtes n'ont pas été préparés; sont seuls connus les oxydes de triméthyl, de triéthyl et de tripropylarsines. Ils se forment :

1° Par oxydation directe des arsines correspondantes (3) ;

2° Par action de la potasse sur les dérivés halogénés du type R AsX².

L'acide chlorhydrique concentré se fixe sur ces oxydes, en donnant les oxychlorures ou chlorohydrates R³AsCl(OH) (CAHOURS)(4), mais il ne semble pas qu'on puisse ainsi obtenir les chlorures R³AsCl². L'acide azotique les dissout avec formation d'azotate.

Oxyde de triméthylarsine $(CH^3)^3AsO$. Outre les réactions indiquées plus haut, cet oxyde se forme encore :

(1) LANDOLT, *Liebig's Annal.*, **92**, p. 370.
(2) LANDOLT, *Liebig's Annal.*, **63**, p. 292.
(3) CAHOURS, *Ann. Phys. Chim.* [3], **62**, p. 307.
(4) CAHOURS, *Ibid.*, p. 308.

1° Quand on fait réagir, sur l'oxyde de cacodyle, l'iodure de méthyle en présence de soude (AUGER) (1) :

$$\left[(CH^3)^2As\right]^2O + 2CH^3I + 2NaOH = 2\,(CH^3)^3AsO + H^2O + 2NaI$$

2° Par décomposition, au moyen de la potasse alcoolique bouillante, de la bétaïne triméthylarsinobenzoïque (MICHAELIS) (2) :

$$C^6H^4 \Big\langle {{As(CH^3)^3} \atop {CO^2}} + KOH = C^6H^5CO^2K + (CH^3)^3AsO$$

L'oxyde de triméthylarsine est cristallisé mais déliquescent.

Oxyde de triéthylarsine $(C^2H^5)^3AsO$. Pour préparer cet oxyde, on traite par l'éther le produit brut, provenant de l'action de l'iodure d'éthyle sur l'arséniure de sodium; l'éther enlève l'éthylcacodyle. Le résidu est repris par l'alcool; la solution alcoolique est évaporée, et le résidu distillé en présence de l'air. Le produit distillé présente deux couches, l'une aqueuse, l'autre huileuse; cette dernière se sépare, par le repos, en un produit épais et dense renfermant de l'iode et en oxyde de triéthylarsine, qui surnage sous la forme d'un liquide plus mobile. On le recueille, on le lave à l'eau et on le sèche sur du chlorure de calcium.

L'oxyde de triéthylarsine est un liquide jaunâtre, d'odeur alliacée, plus dense que l'eau, insoluble dans ce solvant, soluble dans l'alcool et dans l'éther. Il ne fume pas à l'air, mais absorbe de l'oxygène et se trouble.

Il se dissout dans l'acide azotique ordinaire, en donnant un *nitrate* $(C^2H^5)^3As, 2AzO^3H$ cristallisé et déliquescent.

Oxyde de tripropylarsine $(C^3H^7)^3AsO$. Cet oxyde n'a pas été préparé jusqu'ici par oxydation de la tripropylarsine. On l'a obtenu par une méthode indirecte.

Si l'on distille, complètement à l'abri de l'air, l'hydrate d'hexapro-

(1) AUGER, *C. R.*, **137**, p. 925.
(2) MICHAELIS, *Liebig's Annal.*, **320**, p. 271-344.

pyldiarsonium, on obtient un mélange de dipropylarsine, d'oxyde
de tripropylarsine et d'alcool propylique

$$(C^3H^7)^6As^2(OH)^2 = (C^3H^7)^3AsO + (C^3H^7)^2AsH + C^3H^7OH$$

Au contraire, si on laisse rentrer l'air dans l'appareil, la dipropylarsine formée se transforme en acide propylcacodylique fixe, et
l'oxyde de tripropylarsine passe à la distillation.

L'oxyde de tripropylarsine est un liquide insoluble dans l'eau ; il
se combine avec le chlorure mercurique, en donnant le *composé*
$(C^3H^7)^3AsO.2HgCl^2$, qui cristallise dans l'alcool en aiguilles fusibles
à 60°-60°,5.

Dérivés sulfurés R³AsS.

Les sulfures de triméthyl et de triéthylarsines ont seuls été préparés. Ils se forment par fixation directe du soufre sur les arsines
tertiaires correspondantes.

On fait bouillir l'arsine, en solution éthérée, avec de la fleur de
soufre; on décante le liquide bouillant et on laisse refroidir. Les
cristaux qui se déposent sont purifiés par une ou plusieurs cristallisations dans l'alcool.

Sulfure de triméthylarsine $(CH^3)^3AsS$. Il cristallise de ses solutions aqueuses ou alcooliques en prismes incolores.

Sulfure de triéthylarsine $(C^2H^5)^3AsS$. On peut l'obtenir encore
par l'action d'un pentasulfure alcalin sur l'oxyde de triéthylarsine.

Il cristallise en prismes inaltérables à l'air et fondant un peu au-
dessous de 100°. Il est soluble dans l'alcool, l'eau chaude et l'éther
bouillant. L'acide chlorhydrique le décompose avec production
d'hydrogène sulfuré et de chlorure de triéthylarsine :

$$(C^2H^5)^3AsS + 2HCl = H^2S + (C^2H^5)^3AsCl^2$$

Il n'est pas attaqué par les alcalis bouillants, ni par les sels de
plomb et de cuivre ; mais l'azotate d'argent, en solution aqueuse, en
précipite le soufre à l'état de sulfure d'argent.

ARSONIUMS QUATERNAIRES

Les sels halogénés des arsoniums quaternaires dérivent théoriquement de l'union d'une arsine tertiaire avec un éther halogéné, en particulier avec un iodure alcoolique :

$$R^3As + RI = R^4AsI$$

Il y a, entre ces sels et les arsines tertiaires la même relation qu'entre les sels d'ammoniums quaternaires et les amines tertiaires. Cette analogie se poursuit dans les réactions, qui sont la plupart communes aux arsoniums et aux ammoniums quaternaires.

Nous distinguerons les *arsoniums à fonction simple*, dans lesquels le radical ajouté à l'arsine tertiaire est un simple reste alcoyle, n'ayant subi aucune substitution, et les *arsoniums à fonction complexe*, dans lesquels le radical alcoolique additionné apporte avec lui des fonctions diverses (éthylénique, halogénée, etc.).

Arsoniums à fonction simple.
Iodures d'arsoniums.

Formation et préparation. — 1° *Action des iodures alcooliques sur l'arséniure de sodium.* Il se forme un mélange d'iodure d'arsonium quaternaire, d'arsine tertiaire et du cacodyle correspondant. Dans le cas de l'iodure de méthyle, l'iodure de tétraméthylarsonium $(CH^3)^4AsI$ prédomine (CAHOURS et RICHE). Avec l'iodure d'éthyle (LANDOLT) et l'iodure de propyle (CAHOURS) l'arsine tertiaire est, au contraire, le produit qui se forme en plus grande quantité.

2° *Action de la potasse sur les iodures doubles d'arsoniums quaternaires de zinc et de cadmium*

$$R^4AsI.AsI^3 + 6KOH = R^4AsI + 3KI + AsO^3K^3 + 3H^2O.$$

On fait bouillir ces sels doubles avec de la potasse ; il se dépose une huile qui ne tarde pas à se solidifier. On pulvérise le produit solide, on l'expose à l'air pour carbonater la potasse qu'il contient et l'on épuise à l'alcool bouillant.

Les deux réactions qui précèdent donnent naissance à des iodures d'arsoniums R^4AsI, dont les quatre restes R sont identiques.

3° Action des iodures alcooliques sur les arsines tertiaires

$$R^3As + R'I = R^3R'AsI$$

C'est le mode de formation le plus simple. Il permet d'obtenir à volonté des iodures d'arsoniums à restes alcoyles identiques ou différents.

4° Action des iodures alcooliques sur les cacodyles (1). La réaction peut être exprimée par l'équation suivante :

$$R^2As - AsR^2 + 2R'I = R^3R'^2AsI + R^2AsI$$

Dans l'iodure d'arsonium obtenu, les quatre restes peuvent être identiques ou bien se composer de deux groupes de deux radicaux identiques. Ainsi, le cacodyle, traité par l'iodure d'éthyle, fournit de l'iodure de diméthyldiéthylarsonium.

$$(CH^3)^2As - As(CH^3)^2 + 2 C^2H^5I = (CH^3)^2(C^2H^5)^2AsI + (CH^3)^2AsI$$

La réaction s'opère à des températures variables ; l'iodure de méthyle et le cacodyle réagissent très violemment à froid ; avec l'iodure d'éthyle et le cacodyle éthylique, la réaction se produit également à froid, mais très lentement ; au contraire, il est nécessaire de chauffer à 180°, pour réaliser la combinaison de l'iodure d'amyle et du cacodyle.

Dans toutes ces réactions, on obtient une masse solide que l'on distille avec de l'eau ; il passe d'abord l'iodure alcoolique n'ayant pas réagi, puis un iodure de cacodyle ; le résidu laisse cristalliser par refroidissement l'iodure d'arsonium quaternaire.

Propriétés. — Ces sels sont cristallisés et isomorphes entre eux. Ils sont déliquescents, solubles dans l'alcool et très solubles dans l'eau.

Comme les iodures d'ammoniums quaternaires, ils ne sont pas

(1) Cahours, *Ann. Phys. Chim.* [3], **62**, p. 309-316.

décomposés par les alcalis en solution aqueuse ; mais, par distillation sur la potasse solide, ils se scindent en arsines tertiaires et iodure alcoolique. Il ne semble pas qu'on ait déterminé quel est, dans ce cas, le reste qui s'élimine. Leurs propriétés sont assez analogues à celles des iodures alcalins ; traités par l'acide azotique ils laissent se dégager de l'iode ; ils font la double décomposition avec les sels d'argent.

Traités par l'oxyde d'argent humide, ils se transforment comme les iodures de tétralcoylammoniums en hydrates R^4AsOH.

Traités, en solution alcoolique, par l'iode, ils fixent deux atomes de cet élément, en donnant des *periodures* R^4AsI^3, composés dans lesquels l'arsenic fonctionne comme heptavalant et que la distillation sèche dédouble en iodure alcoolique et iodure d'arsine secondaire ‘

$$R^4AsI^3 = 2RI + AsR^2I$$

On n'a point non plus déterminé quel est le radical qui s'élimine de préférence à l'état de RI.

Les divers iodures d'arsoniums quaternaires connus sont les *iodures de tétraméthyl, triméthyléthyl, diméthyldiéthyl, méthyltriéthyl, tétréthyl, éthyltripropyl, tétrapropyl, diméthyldiisoamyl, diméthyldiallyl-arsoniums.*

Les *periodures de tétraméthyl, triméthyéthyl, diméthyldiéthyl, méthyltriéthyl, tétréthyl, tétrapropyl-arsoniums* ont été préparés ; ils sont isomorphes (Cahours) (1).

Le zinc-méthyle réagit sur l'iodure de tétraméthylarsonium, en donnant de la triméthylarsine et de la pentaméthylarsine (Cahours) (2).

Sels doubles.

Iodures doubles d'arsoniums et d'arsenic $R^4AsI.AsI^3$.

On les obtient, en chauffant à 160-200°, en tubes scellés, pendant vingt-quatre heures, l'arsenic avec les iodures alcooliques (Cahours).

(1) Cahours, *Ann. de Chim. et de Phys.*, 3ᵉ série, **62**, p. 338.
(2) *Id., Ibid.*, p. 340.

La méthode a été appliquée seulement aux iodures de méthyle, d'éthyle et de propyle. La potasse aqueuse les décompose, avec formation d'iodure d'arsonium quaternaire, arsénite de potassium et iodure de potassium ; la distillation sur la potasse sèche fournit, au contraire, une arsine tertiaire.

Iodures doubles d'arsoniums et de zinc ou de cadmium $(R^4AsI)^2ZnI^2$ et $(R^4AsI)^2CdI^2$. — Ces iodures doubles se forment, quand on chauffe les arséniures de zinc ou de cadmium, en tubes scellés, à 160-180° pendant vingt-quatre heures, avec les iodures alcooliques ; on obtient une masse grisâtre que l'on épuise à l'alcool ; par évaporation, cet alcool laisse déposer l'iodure double. Cette méthode a été appliquée à la préparation des iodures suivants :

$$2\,(CH^3)^4AsI, ZnI^2 ; 2\,(CH^3)^4AsI. CdI^2 \text{ (Cahours et Riche.)}$$
$$2\,(C^2H^5)^4AsI, ZnI^2 ; 2\,(C^2H^5)^4AsI.CdI^2$$
$$2\,(C^3H^7)^4AsI, ZnI^2 \text{ (Cahours.)}$$

Ces sels sont décomposés par la potasse bouillante et la potasse sèche, de la même manière que les iodures doubles d'arsoniums et d'arsenic.

Chlorures et Bromures.

Formations et préparations. — On obtient les chlorures et bromures par des réactions analogues.

1° *Action des chlorures et bromures alcooliques sur les cacodyles ;* cette réaction est identique à celle qui a été étudiée pour les iodures.

2° *Dissolution des hydrates d'arsoniums quaternaires dans les acides chlorhydrique ou bromhydrique*

$$R^4AsOH + HCl = R^4AsCl + H^2O$$

3° L'acide chlorhydrique réagit sur la pentaméthylarsine, en donnant du méthane et du chlorure de tétraméthylarsonium $(CH^3)^4AsCl$.

Les chlorures et bromures sont généralement cristallisés, solubles dans l'eau et dans l'alcool. Ils ne se transforment qu'incomplètement en hydrates correspondants, par l'action de l'oxyde d argent humide. Les bromures sont convertis en chlorures, par l'action du chlorure d'argent.

Ces chlorures et bromures sont assez comparables, au point de vue de leurs propriétés aux sels alcalins correspondants.

Ils peuvent contracter des combinaisons avec certains sels métalliques ; LANDOLT a décrit des chloroplatinates $(R^4AsCl)^2PtCl^4$ et JÖRGENSEN (1) la combinaison $3As(C^2H^5)^4Br.2BiBr^3$.

Ont été préparés les composés suivants :

Chlorures de diméthyldiéthylarsonium (chloroplatinate $2(CH^3)^2$ $(C^2H^5)^2AsCl.PtCl^4$), de *tétréthylarsonium* $(C^2H^5)^4AsCl + 4H^2O$ (*chloroplatinate, chlorobismuthate* $3(C^2H^5)^4AsCl.2BiCl^3$).

Bromures de tétraméthyl, diméthyldiéthyl, tétréthyl-arsonium.

Hydrates R⁴AsOH.

On obtient ces hydrates, en ajoutant de l'oxyde d'argent fraîchement précipité, à une solution aqueuse d'iodure de tétraalcoylarsonium; on filtre, pour séparer l'iodure d'argent et l'on évapore à l'abri de l'air.

Ces hydrates sont généralement cristallisés et très hygroscopiques. Ce sont des bases fortes, à réaction très alcaline, attirant l'acide carbonique de l'air, se combinant aux acides pour donner des sels cristallisés, déplaçant l'ammoniaque de ses sels et précipitant les oxydes métalliques.

Les *sels oxygénés* se préparent, soit par action directe des acides sur les hydrates, soit par double décomposition entre les iodures d'arsoniums et les sels d'argent (sulfate, azotate, etc.). On connaît des sulfates neutres et des sulfates acides.

Ont été obtenus : *l'hydrate de tétraméthylarsonium* $(CH^3)^4AsOH$,

____

(1) JÖRGENSEN, *Journ. f. prakt.* [2], **3**, p. 340.

le *sulfate* et l'*azotate*, tous trois cristallisés, l'*hydrate de tétréthylarsonium* $(C^2H^5)^4AsOH$ hygroscopique (*bisulfate* cristallisé), l'*hydrate
de diméthyldiéthylarsonium* $(CH^3)^2(C^2H^5)^2AsOH$ (*sulfate, azotate,
acétate*), l'*hydrate de tétréthylarsonium* et les hydrates de *tripropy-
léthyl, tétrapropyl* et *diméthyldi-isoamylarsoniums.*

Sulfures.

Le *sulfure de diméthyldiéthylarsonium* $[(CH^3)^2(C^2H^5)^2As]^2S$ a été
obtenu en chauffant le cacodyle avec le sulfure d'éthyle (Cahours) [1].

Arsoniums à fonction complexe.

Hoffmann [2] a fait connaître quelques dérivés de ce groupe, obtenus à partir de la triéthylarsine.

La triéthylarsine réagit sur le bromure d'éthylène, en donnant,
suivant les conditions, le bromure $(C^2H^5)^3AsBr(CH^2 — CH^2Br)$ ou
le dérivé diarsonium $(C^2H^5)^3AsBr-CH^2 — CH^2 — AsBr(C^2H^5)^3$.

Bromure de bromoéthyltriéthylarsonium

$$(C^2H^5)^3As < {CH^2 — CH^2Br \atop Br}$$

Ce sel s'obtient en laissant digérer à 50°, en tubes scellés, la triéthylarsine, avec un grand excès de bromure d'éthylène; on obtient une
masse que l'on épuise par l'eau. La solution aqueuse ainsi obtenue
laisse déposer, par évaporation, le bromure que l'on fait recristalliser dans l'alcool bouillant. Il cristallise comme le sel de phospho-
nium correspondant en dodécaèdres rhomboïdaux.

Sa solution aqueuse, traitée par le chlorure d'argent, fournit le
chlorure de bromoéthyltriéthylarsonium

$$(C^2H^5)^3As < {CH^2 — CH^2Br \atop Cl}$$

(1) Cahours, *Ann. Chim. et Phys.*, 3ᵉ série, **62**, p. 317.
(2) Hoffmann, *Ann. Chim. et Phys.*, 3ᵉ série, **64**, p. 151.

l'atome de brome fixé à l'arsenic étant seul remplacé par Cl; *chloroplatinate* 2 $(C^2H^5)^3AsCl(CH^2 - CH^2Br).PtCl^4$ aiguilles cristallisant dans l'eau bouillante.

Le nitrate d'argent n'enlève également que le brome fixé à l'arsenic ; au contraire, par l'action de l'oxyde d'argent humide, on élimine la totalité du brome et l'on obtient *l'hydrate de triéthylvinylarsonium (triéthyléthénylarsonium)*

$$(C^2H^5)^3As < {}^{CH \,=\, CH^2}_{OH}$$

sous forme d'une solution fortement alcaline, dont la composition a été déterminée par transformation en *chlorure* puis en *chloroplatinate* 2 $(C^2H^5)^3AsCl(C^2H^3)PtCl^4$. Il est vraisemblable qu'il se forme d'abord l'hydrate de triéthyléthylolarsonium

$$(C^2H^5)^3As < {}^{CH^2 -\, CH^2OH}_{OH}$$

qui fournit, par perte d'eau, le dérivé éthylénique correspondant.

L'ammoniaque et les amines agissent également sur le bromure de bromoéthyltriéthylarsonium, mais ne portent leur action que sur le groupe CH^2Br. Avec l'ammoniaque à 100°, on obtient le composé

$$(C^2H^5)^3As < {}^{CH^2 -\, CH^2AzH^2.HBr}_{Br}$$

qui, traité par l'oxyde d'argent, donne une base caustique que l'acide chlorhydrique transforme en *chlorure de triéthyléthénylarsammonium*

$$(C^2H^5)^3As < {}^{CH^2 -\, CH^2AzH^2HCl}_{Cl}$$

fournissant un *chloroplatinate* et un *chloraurate* cristallisés.

Dibromure d'éthylène bis-triéthylarsonium

$$(C^2H^5)^3AsBr - CH^2 - CH^2 - AsBr(C^2H^5)^3$$

Ce composé appelé par HOFFMANN bibromure d'éthylène hexéthyldiarsonium (1), s'obtient, en chauffant à 150° pendant deux heures le bromure d'éthylène, avec un excès de triéthylarsine. Traité par un excès d'oxyde d'argent, il fournit un *dihydrate*

$$(C^2H^5)^3As(OH) - CH^2 - CH^2 - As(OH)(C^2H^5)^3$$

fortement basique, dont la composition a été fixée par l'analyse de ses *chloroplatinate* $(C^2H^5)^6As^2Cl^2C^2H^4$, $PtCl^4$ et *chloraurate* BCl^2, $2AuCl^3$.

A ce dibromure se rattache le *bromure d'éthylène hexéthylphospharsonium*

$$(C^2H^5)^3AsBr - CH^2 - CH^2 - PBr (C^2H^5)^3$$

qui en diffère par le remplacement d'un atome d'arsenic par un atome de phosphore. Ce composé s'obtient, en chauffant en tube scellé à 100°, pendant vingt-quatre heures, le bromure de triéthyl-bromoéthylphosphonium avec la triéthylarsine :

$$(C^2H^5)^3P. <\genfrac{}{}{0pt}{}{CH^2 - CH^2Br + (C^2H^5)^3As}{Br}$$
$$= (C^2H^5)^3AsBr - CH^2 - CH^2 - PBr(C^2H^5)^3$$

Ce bromure, par l'action de l'oxyde d'argent à froid, se transforme en *dihydrate* que les hydracides convertissent en sels correspondants. Le *dichlorure* est cristallisé ; il s'unit aux chlorures d'étain, d'or et de platine, en donnant des combinaisons cristallisées.

Le dihydrate se décompose, par ébullition de sa solution aqueuse, en triéthylarsine et hydrate de triéthyléthylolphosphonium

$$(C^2H^5)^3As(OH) - CH^2 - CH^2 - P(OH)(C^2H^5)^3$$
$$= As(C^2H^5)^3 + (C^2H^5)^3P < \genfrac{}{}{0pt}{}{CH^2 - CH^2OH}{OH}$$

---

(1) Nous réservons le nom de diarsoniums aux composés de PARTHEIL, AMORT et GRONOVER : $R^4AsX - AsXR^4$ dans lesquels les deux atomes d'arsenic sont unis entre eux.

ARSINES PENTALCOYLÉES AsR⁵.

Une seule est connue, la pentaméthylarsine.

Pentaméthylarsine $(CH^4)^5As$.

Le zinc-méthyle réagit sur l'iodure de tétraméthylarsonium $(CH^3)^4AsI$, en donnant de la triméthylarsine et un corps répondant à la composition de la pentaméthylarsine

$$2\,(CH^3)^4AsI + Zn(CH^3)^2 = ZnI^2 + 2As(CH^3)^5$$

Traité par l'iode, ce composé fournit de l'iodure de méthyle et de l'iodure de tétraméthylarsonium

$$(CH^3)^5As + I^2 = (CH^3)^4AsI + CH^3I$$

L'acide chlorhydrique le décompose de même en méthane et chlorure de tétraméthylarsonium.

Ces réactions suffiraient pour établir l'existence de la pentaméthylarsine (Cahours) (1).

COMPOSÉS DIARSÉNIÉS

Ces composés renferment deux atomes d'arsenic unis l'un à l'autre. On peut les diviser en deux groupes, d'après la valeur que possèdent ces atomes d'arsenic. Sont-ils tous deux trivalents, les corps répondent au type

$$\begin{matrix} R \\ R \end{matrix} > As - As < \begin{matrix} R \\ R. \end{matrix}$$

Ce sont les tétraalcoyldiarsines ou *cacodyles* (2).

(1) Cahours, *Ann. de Chim. et Phys.*, 3ᵉ série, **62**, p. 340.
(2) On ne connaît pas en série grasse de composés répondant aux types $RAs = AsR$ ni $RXAs - AsRX$.

Sont-ils pentavalents, la formule devient :

$$R^3 \equiv As - As \equiv R^3$$
$$\begin{array}{cc} | & | \\ X & X \end{array}$$

représentant des dérivés d'hexaalcoyldiarsoniums (on ne connaît pas les composés AsR^4 — AsR^4).

1° Tétraalcoyldiarsines (Cacodyles) R^{2}As — AsR^2.

Les dérivés tétraméthylés et tétraéthylés ont seuls été préparés et étudiés (1). Le premier porte le nom de cacodyle ou tétraméthyldiarsine (CH^3)^2 As — As (CH^3)^2 ; le second est appelé éthylcacodyle (C^{2}H^5)^{2}As — As (C^{2}H^5)^2.

Ces deux composés se forment dans des réactions analogues.

Modes de formation. — 1° On fait agir l'iodure de méthyle ou d'éthyle sur l'arséniure de sodium (Cahours et Riche). La réaction est très complexe ; outre le cacodyle, il se forme l'arsine tertiaire et l'iodure de tétraalcoylarsonium correspondant.

2° Par réduction des arsines secondaires halogénées, au moyen du zinc, dans une atmosphère de gaz carbonique (Bunsen)

$$2\,(CH^3)^2AsCl + Zn = ZnCl^2 + (CH^3)^2As - As(CH^3)^2$$
$$2\,(C^2H^5)^2AsI + Zn = ZnI^2 + (C^2H^5)^2As - As(C^2H^5)^2$$

Propriétés. — Le cacodyle et l'éthylcacodyle ont des propriétés qui méritent d'être rapprochées. Ce sont des liquides d'odeur alliacée désagréable, plus lourds que l'eau, insolubles dans l'eau, très solubles dans l'alcool et dans l'éther. Ils s'enflamment spontanément à l'air. Traités par le chlore, le brome ou l'iode, en proportion

(1) Néanmoins, Woehler (*Liebig's Annal.*, **68**, p. 127), en distillant un mélange de butyrate de calcium et d'acide arsénieux, et Gibbes (*Sill. Am. Journ.* [2], **15**, p. 118) en partant du valérate de calcium, ont obtenu des produits qui renferment vraisemblablement du propyl et de l'isobutylcacodyle.

ménagée, ils fixent 2 atomes d'halogène, en donnant les chlorures, bromures ou iodures de cacodyles correspondants :

$$R^2As — AsR^2 + Cl^2(Br^2,I^2) = 2 R^2AsCl(Br,I)$$

Une plus grande quantité d'halogène les convertit en dérivés tri-halogénés R^2AsX^3, peu stables (BAEYER, CAHOURS).

L'action ménagée de l'oxygène, en présence de l'eau, les transforme successivement en oxyde, bioxyde de cacodyles et enfin acides cacodyliques. Avec le cacodyle méthylique, on peut isoler ces trois produits :

$$(CH^3)^2As — As(CH^3)^2 + O = \left[(CH^3)^2As\right]^2O$$
$$\left[(CH^3)^2As\right]^2O + O = \left[(CH^3)^2As\right]^2O^2$$
$$\left[(CH^3)^2As\right]^2O^2 + O + H^2O = 2(CH^3)^2AsO(OH)$$

Avec le cacodyle éthylique, au contraire, on obtient directement l'acide éthylcacodylique.

Ils fixent également le soufre, en donnant un sulfure $(R^2As)^2S$; avec le cacodyle, on peut également obtenir un bisulfure. Les éthers halogénés et sulfurés déterminent la rupture de la liaison entre les 2 atomes d'arsenic, l'halogène se fixe sur l'un des radicaux AsR^2, le reste alcoolique sur l'autre radical.

Toutes les réactions générales que nous venons d'envisager montrent que la liaison qui, dans les cacodyles, unit les 2 atomes d'arsenic est rompue sous les influences les plus diverses; et c'est ce qui explique pourquoi le radical cacodyle $As(CH^3)^2$ a été longtemps confondu avec le cacodyle lui-même.

Cacodyle (méthylcacodyle, tétraméthyldiarsine).

Ce composé, mêlé à l'oxyde de cacodyle, constitue la *liqueur fumante de Cadet* ou *alcarsine*, obtenue en 1760 par CADET en distillant un mélange d'acide arsénieux et d'acétate de potassium. BUNSEN l'a isolé à l'état de pureté en 1842, en décomposant par le zinc le chlorure de cacodyle. Enfin CAHOURS et RICHE en ont fait la synthèse, en faisant réagir l'iodure de méthyle sur l'arséniure de sodium.

Palmer (1) a montré qu'il se forme, à côté de la diméthylarsine, par hydrogénation du chlorure de cacodyle.

Préparation.— On peut préparer le cacodyle (méthylcacodyle), en rectifiant plusieurs fois, dans une atmosphère de gaz carbonique, la liqueur de Cadet qui est un mélange de cacodyle bouillant à 170° et d'oxyde de cacodyle bouillant à 120°.

On peut également transformer l'oxyde de cacodyle en chlorure, par l'action de l'acide chlorhydrique, puis réduire ce chlorure, en le chauffant vers 100° en tube scellé avec du zinc, du fer ou de l'étain; il faut, dans ces manipulations, comme dans celles qui suivent, éviter soigneusement l'action de l'air.

Le produit de la réaction est ensuite traité par l'eau; le cacodyle se sépare. On le sèche sur du chlorure de calcium et on le rectifie dans un courant d'hydrogène (Bunsen) (2).

On peut encore obtenir le cacodyle en chauffant entre 200° et 300° dans une cloche courbe le sulfure de cacodyle avec du mercure.

Propriétés. — Le cacodyle est un liquide incolore, cristallisant à — 6° en gros prismes quadrangulaires; il possède une odeur alliacée désagréable. Il est très vénéneux. Il bout à 170°. Sa densité de vapeur a été trouvée égale à 7,101. (Théorie : 7,255.)

Il se décompose à 400° en arsenic, méthane et éthylène :

$$(CH^3)^2As - As(CH^3)^2 = 2As + C^2H^4 + 2CH^4$$

Il brûle avec une flamme bleue en donnant, si l'oxygène est en excès, de l'anhydride arsénieux, de l'eau et de l'acide carbonique. Au contraire, si la quantité d'oxygène est limitée, on obtient de l'arsenic et un corps rouge, l'érythrarsine de Bunsen.

Le cacodyle réagit sur l'eau chlorée, en donnant le chlorure de cacodyle $(CH^3)^2AsCl$; si l'eau de chlore est en excès, on obtient de

(1) Palmer, *D. Chem. Gesell.*, **28**, p. 1378.
(2) Bunsen, *Liebig's Annal.*, **42**, p. 25-32.

l'acide cacodylique $(CH^3)^2AsO(OH)$, par suite de la décomposition par l'eau du trichlorure instable $(CH^3)^2AsCl^3$ d'abord formé.

Nous avons vu plus haut comment réagit l'oxygène sur ce composé. Le soufre s'y combine également, en donnant un monosulfure $[(CH^3)^2As)]^2S$ ou un bisulfure $[(CH^3)^2As)^2]S^2$ suivant les quantités de soufre en présence.

Il réagit sur le cyanure de mercure en donnant le cyanure de cacodyle :

$$(CH^3)^2As - As(CH^3)^2 + Hg(CAz)^2 = 2\ (CH^3)^2As.CAz + Hg$$

Les chlorures, bromures et iodures alcooliques réagissent sur le cacodyle. Avec l'iodure d'éthyle, par exemple, on obtient un mélange d'iodure de diéthyldiméthylarsonium et d'iodure de cacodyle

$$(CH^3)^4As^2 + 2\ C^2H^5I = (CH^3)^2(C^2H^5)^2AsI + (CH^3)^2AsI$$

On n'obtient, en aucun cas, les sels d'hexadiarsoniums correspondant au cacodyle.

Le sulfure d'éthyle réagit de la même façon que l'iodure d'éthyle.

Éthyloacodyle (arsendiéthyle, tétréthyldiarsine).

$$(C^2H^5)^2As - As(C^2H^5)^2$$

On le prépare, comme l'a indiqué LANDOLT [1], par l'action de l'iodure d'éthyle sur l'arséniure de sodium : on prépare une série de ballons de 100 cmc. que l'on remplit aux deux tiers d'un mélange intime d'arséniure de sodium et de sable quartzeux. Ces ballons sont bouchés avec soin et servent successivement. Dans l'un d'eux, on verse de l'iodure d'éthyle et on adapte un tube de dégagement. Une réaction très vive se déclare bientôt et l'excès d'iodure d'éthyle distille ; on le reçoit dans un récipient rempli d'acide carbonique

(1) LANDOLT, *Liebig's Annal.*, 89, 319.

et disposé lui-même dans une enceinte remplie du même gaz. On ajoute de nouveau de l'iodure d'éthyle, jusqu'à ce que cette addition ne produise plus d'échauffement.

On chasse alors l'excès d'iodure d'éthyle, puis, on chauffe progressivement jusqu'au rouge sombre, en recueillant les produits qui distillent dans un récipient spécial, rempli d'acide carbonique. On répète la même opération avec tous les petits ballons et l'on purifie le produit brut, en le rectifiant dans l'acide carbonique Le rendement est d'environ 14 p. 100. Il est plus élevé si l'on opère de la manière suivante :

Après l'action de l'iodure d'éthyle, on épuise plusieurs fois à l'éther. Le liquide, séparé d'une poudre jaune, est additionné d'alcool absolu et distillé jusqu'à élimination de l'éther. Toutes ces opérations se font dans une atmosphère carbonique. Le résidu est traité par l'eau bouillie qui dissout l'iodure de tétréthylarsonium et laisse insoluble l'éthylcacodyle.

Propriétés. — L'éthylcacodyle est un liquide huileux d'un jaune clair, d'odeur alliacée désagréable, bouillant à 185°-190°. Il s'enflamme spontanément à l'air et brûle avec une flamme d'un blanc pâle.

L'iode, en solution éthérée, transforme l'éthylcacodyle en iodure d'éthylcacodyle $(C^2H^6)^2AsI$; mais si l'on emploie un excès d'iode, il se forme de l'iodure d'éthyle et du biiodure de monoéthylarsine :

$$(C^2H^5)^2As - As(C^2H^5)^2 + 3I^2 = 2C^2H^5I + 2C^2H^5AsI^2$$

L'action ménagée de l'oxygène, en présence de l'eau, le transforme directement en acide éthylcacodylique. Il s'enflamme au contact de l'acide azotique concentré ; avec l'acide étendu, il y a production d'un corps rouge. Il se combine au soufre. Il réduit l'oxyde mercurique et l'azotate d'argent. Il réagit sur le sublimé en milieu alcoolique en donnant un produit cristallisé $(C^2H^5)^2AsCl^3.2HgO$?

2° Dérivés des Hexaalcoyldiarsoniums.

$$\begin{array}{ccc}
\text{R} \diagdown & & \diagup \text{R} \\
\text{R} - \text{As} & - \text{As} & - \text{R} \\
\text{R} \diagup \; | & & | \diagdown \text{R} \\
\text{X} & \text{X} &
\end{array}$$

Aux arsines tertiaires R^3As correspondent, comme nous l'avons vu, des sels et des hydrates de tétralcoylarsoniums :

$$R^3As + RX = R^4AsX$$

De même, aux diarsines bitertiaires que sont les cacodyles, correspondent des sels et hydrates d'hexaalcoyldiarsoniums :

$$R^2As - AsR^2 + 2RX = R^3XAs - AsR^3X$$

Mais ce n'est là qu'une équation théorique, car ces composés n'ont pu être préparés, jusqu'ici, par des réactions de cet ordre. On les obtient par une voie indirecte, en faisant réagir les iodures alcooliques sur l'amalgame d'arsenic As^2Hg^3, obtenu lui-même par l'action de l'hydrogène arsénié sur le chlorure mercurique. Il se forme ainsi des iodures doubles d'hexaalcoyldiarsoniums et de mercure :

$$As^2Hg^3 + 6\,RX = As^2R^6X^2\;2HgI^2 + Hg$$

Ce mode de formation unique implique nécessairement l'identité des six groupes alcoyles R.

Il n'existe, dans la série de l'azote et du phosphore, aucun composé qui soit comparable aux sels d'hexaalcoyldiarsoniums ; le dérivé qui s'en rapproche le plus est l'iodoéthylate de diéthylhydrazine $(C^2H^5)^3AzI - AzH^2$ de E. Fischer [1].

La réaction a été effectuée avec les iodures de méthyle, d'éthyle, de propyle, d'isopropyle, de butyle, d'allyle et de benzyle [2] ; les

(1) Fischer, *Liebig's Annal.*, **199**, p. 316.
(2) Voyez série aromatique, p. 219.

chlorures et bromures ne peuvent être substitués aux iodures. On opère de la manière suivante : on chauffe pendant 3 heures à 180°, en tube scellé, l'arséniure de mercure, avec 2 ou 3 fois la quantité théorique d'iodure alcoolique. A l'ouverture du tube, il y a dégagement d'un gaz qui souvent s'enflamme, et on trouve une partie liquide formée d'une ou deux couches et constituée par les carbures formés dans la réaction, l'iodure alcoolique et l'acide iodhydrique, et une masse solide que l'on sépare. On lave celle-ci à l'éther et on la fait cristalliser dans l'alcool bouillant ; il se dépose par refroidissement le sel double $R^6As^4I^2 + 2HgI^2$.

Avec l'iodure de méthyle la réaction s'opère à 120° ; avec l'iodure d'allyle, elle s'amorce au bain-marie et se continue à froid, à la pression ordinaire.

Les *iodures doubles* ainsi obtenus sont cristallisés ; chauffés au bain-marie, en solution alcoolique, avec le chlorure d'argent en quantité calculée, ils se transforment en composés, $As^2R^6I^2 + 2HgCl^2$.

Ils se comportent comme les sels d'arsoniums quaternaires ; chauffés au bain-marie en solution alcoolique avec de l'oxyde d'argent humide, ils se transforment en hydrates correspondants (dihydrates d'hexaalcoyldiarsoniums) $R^6As^2(OH)^2$.

Ces *hydrates* ne sont guère connus qu'en solution ; ils sont solubles dans l'eau en donnant des liqueurs très alcalines, et se combinent aux acides, pour donner des sels ; l'acide chlorhydrique les transforme ainsi en *chlorures*, $R^6As^2Cl^2$.

Les chlorures et les iodures se combinent au chlorure mercurique et au chlorure de platine, pour donner des *sels doubles* de la forme :

$$As^2R^6X^2 + 2HgCl^2 \quad \text{et} \quad As^2R^6X^2 + PtCl^4.$$

L'action de la chaleur a été étudiée sur l'hydrate d'hexapropyldiarsonium $(C^3H^7)^6As^2(OH)^2$; la solution de cet hydrate, distillée dans un courant d'hydrogène, se dédouble en oxyde de tripropylarsine, dipropylarsine et alcool propylique :

$$(C^3H^7)^6As^2(OH)^2 = (C^3H^7)^3AsO + (C^3H^7)^3AsH + C^3H^7OH$$

Au contraire, si l'on opère en présence de l'air, on obtient, au lieu de dipropylarsine, son produit d'oxydation, l'acide propylcacodylique $(C^3H^7)^2AsO(OH)$.

Tous les dérivés d'hexaalcoyldiarsoniums actuellement connus ont été obtenus par PARTHEIL, AMORT et GRONOVER (1). Nous les avons rassemblés dans le tableau suivant :

Hexaalcoyldiarsoniums $R^6As^2X^2$

	Méthyl $R = CH^3$	Ethyl. $R = C^2H^5$	Propyl. $R = C^3H^7$	Isopropyl $R = C^3H^7$	Butyl. $R = C^4H^9$	Amyl. $R = C^5H^{11}$
Hydrates $R^6As^2(OH)^2$	»	»	»	»	»	liq.
Chlorures $R^6As^2Cl^2$	crist.	aig.	crist.	aig.	crist.	liq.
Chloromercurates $R^6As^2Cl^2, 2HgCl^2$	F. 211°	F. 162°	F. 169°	F. 171°	crist.	liq.
Chloroplatinates $R^6As^2Cl^2, PtCl^4$	F > 260°	F. 237°	F. 189°	F. 211°	F. 147°	liq.
Iodures $R^6As^2I^2$	F. 171° décomp.	F. 162°	F. 150° décomp.	F. 150°	F. 146°	»
Iodomercurates $R^6As^2I^2, 2HgI^2$	F. 184°	F. 112°	F. 120°	F. 114°	F. 109°	crist.
Chlorodiiodomercurates $R^6As^2I^2, 2HgCl^2$	»	»	aig.	»	»	F. 72°,5

(1) *Loc. cit.*

SÉRIE AROMATIQUE

Cette partie comprend tous les composés organiques de l'arsenic renfermant dans leur molécule au moins un groupe aromatique arylique (1) ou benzylique. Dans certains composés dits *mixtes*, à côté de radicaux aromatiques, on trouve un ou plusieurs restes gras.

Nous suivrons pour l'étude de la série aromatique l'ordre adopté en série grasse.

COMPOSÉS MONOARSÉNIÉS

ARSINES PRIMAIRES AROMATIQUES RAsH²

Une seule est connue à l'état libre, la phénylarsine $C^6H^5AsH^2$; mais de nombreux dérivés d'arsines primaires aromatiques ont été préparés.

Monophénylarsine $C^6H^5AsH^2$. — PALMER et DEHN (2) l'ont obtenue en réduisant le monophénylarsinate de calcium par l'amalgame de zinc. Dans un ballon muni d'un réfrigérant à reflux et d'un tube à brome, on introduit le phénylarsinate de calcium, mélangé avec un excès de poudre de zinc amalgamé. On recouvre le tout d'eau et d'une couche d'éther ; puis, au moyen d'un tube à brome, on laisse peu à peu tomber de l'acide chlorhydrique. L'arsine passe en solution dans l'éther ; on décante cet éther, on le sèche sur le chlorure de calcium et on fractionne dans le vide, avec rentrée d'anhydride carbonique.

La monophénylarsine est un liquide bouillant à 148° et vers 93° sous 70 mm. En solution étendue, elle présente une odeur de ja-

---

(1) Nous désignerons par le terme général « aryl » les radicaux aromatiques quelconques phényl, tolyl, xylyl, naphtyl, etc., et nous le représenterons par le symbole R.

(2) W. PALMER et H. DEHN, *D. chem. Gesell.*, **34**, p. 3594.

cinthe. Elle s'oxyde à l'air, en se transformant en arsénobenzène $C^6H^5As = AsC^6H^5$. Avec l'acide azotique, au contraire, on obtient de l'acide phénylarsinique $C^6H^5AsO(OH)^2$

Dérivés halogénés des arsines primaires.

Ces dérivés existent sous les formes $RAsX^2$ et $RAsX^4$. Nous étudierons successivement les chlorures, les bromures et les iodures.

Dichlorures (dichlorarsines) $RAsCl^2$

Les chlorarsines primaires aromatiques se forment, dans les conditions générales suivantes :

Formation. — 1° Les oxydes d'arsines primaires soit libres, soit dissous dans les alcalis, sont décomposés par l'acide chlorhydrique avec formation de chlorarsines :

$$RAsO + 2HCl = H^2O + RAsCl^2$$

2° Les composés du type arsénobenzène, traités par le chlore, se dédoublent de la manière suivante :

$$C^6H^5As = AsC^6H^5 + 2Cl^2 = 2\ C^6H^5AsCl^2$$

Cette réaction paraît seule applicable à la préparation des chlorarsines nitrées ; on nitre l'acide phénylarsinique, on le réduit par l'acide phosphoreux en nitroarsénobenzène, que l'on traite par le chlore :

$$C^6H^5AsO(OH)^2 \longrightarrow AzO^2 - C^6H^4AsO(OH)^2$$
$$AzO^2 - C^6H^4 - As = As - C^6H^4AzO^2 \longrightarrow AzO^2 - C^6H^4AsCl^2$$

3° Le chlorure d'arsenic réagit sur le benzène (La Coste, Michaelis) [1], et, d'une façon générale, sur les amines tertiaires aromatiques, telles que la diméthylaniline, la diéthylaniline, la diméthylor

(1) La Coste, Michaelis, *Lieb. Ann.*, **201**, p. 191.

thotoluidine (MICHAELIS et RABINERSON) (1), en donnant les chlorures d'arsines correspondants :

$$C^6H^6 + AsCl^3 = HCl + C^6H^5AsCl^2$$
$$(CH^3)^2AzC^6H^5 + AsCl^3 = HCl(CH^3)^2AzC^6H^5AsCl^2$$

Préparation. — 1° La principale et la plus ancienne méthode consiste à faire réagir le trichlorure d'arsenic sur les composés organométalliques aromatiques du mercure (MICHAELIS) :

$$HgR^2 + 2 AsCl^3 = HgCl^2 + 2 RAsCl^2$$

Avec les dérivés organo-mercuriques du benzène, du toluène et du naphtalène, l'action de $AsCl^3$ s'effectue seulement à chaud, tandis qu'avec les autres dérivés jusqu'ici étudiés, la réaction a lieu à froid.

2° Les arsines tertiaires aromatiques, chauffées pendant 12 à 14 heures vers 150°, 200° ou 300° suivant les cas, avec un excès de chlorure d'arsenic (5, 10 ou 20 fois la quantité calculée), fournissent des chlorarsines. La tri-p-anisylarsine donne ainsi le chlorure de p-anisylarsine (MICHAELIS et WEITZ) (2) :

$$(CH^3O - C^6H^4)^3As + 2AsCl^3 = 3CH^3O - C^6H^4 - AsCl^2$$

Propriétés. — Les premiers termes des chlorures d'arsines aromatiques primaires sont liquides, les autres sont cristallisés. Ils distillent dans le vide sans décomposition ; quelques-uns peuvent même être distillés à la pression ordinaire ; mais il est alors nécessaire d'opérer dans un courant d'anhydride carbonique. Ils sont insolubles dans l'eau mais se dissolvent dans la plupart des solvants organiques usuels.

Les réducteurs (sodium et alcool absolu, ou amalgame de sodium) transforment les chlorures en composés arsénoïques.

(1) MICHAELIS et RABINERSON, *Lieb. Ann.*, **270**, p. 139.
(2) MICHAELIS, *D. ch. Gesell.*, **8**, 1316 ; LACOSTE et MICHAELIS, *Liebig's Annal.*, **101**, p. 191.
MICHAELIS et WEITZ, *D. chem. Gesell.*, **20**. p. 51.
MICHAELIS et REESE, *Ibid.*, **15**, p. 2876.
MICHAELIS et LŒSNER, *Ibid.*, **27**, p. 263.

Le chlorure de phénylarsine fournit ainsi l'arsenobenzène:

$$2\,C^6H^5AsCl^2 + 2H^2 = 4HCl + C^6H^5As = As - C^6H^5$$

Par oxydation au moyen de l'eau oxygénée, on obtient au contraire des acides arylarsiniques R — AsO(OH)².

Le chlore se fixe sur les dichlorarsines aromatiques, en donnant des tétrachlorures.

Ces tétrachlorures sont aisément décomposés par l'eau, avec formation successive d'oxychlorures RAsOCl², puis d'acides arylarsiniques RAsO(OH)². Cette fixation de chlore devient plus difficile, si le groupe aromatique est nitré; le radical est devenu plus électro-négatif et on peut rapprocher ces composés de ClAsCl², qui ne fournit pas non plus de AsCl⁵. Avec le brome, au contraire, on n'obtient point de dérivés d'addition, il y a destruction de la molécule d'après l'équation suivante :

$$3\,C^6H^5AsCl^2 + 6Br^2 = 3\,C^6H^4Br^2 + 2AsCl^3 + AsBr^3 + 3HBr$$

qu'on peut écrire plus simplement (MICHAELIS).

$$C^6H^5AsCl^2 + 2Br^2 = C^6H^4 <{Br\,(1) \atop Br\,(4)} + AsCl^2Br + HBr$$

Les phényl et tolyldichlorarsines ne sont pas attaquées par l'eau bouillante; mais les termes supérieurs sont décomposés lentement, avec formation d'acide chlorhydrique et d'oxyde de l'arsine correspondante:

$$RAsCl^2 + H^2O = 2HCl + RAsO$$

L'hydrogène sulfuré réagit de même, en milieu alcoolique, avec formation de sulfure (SCHULTE) (1):

$$RAsCl^2 + H^2S = 2HCl + RAsS.$$

Le gaz chlorhydrique, en tube scellé, semble provoquer la réaction suivante:

$$C^6H^5AsCl^2 + HCl = AsCl^3 + C^6H^6$$

(1) SCHULTE, *D. chem. Gesell.*, **18**, p. 1895.

C'est du moins ainsi que Michaelis et Loesner (1) expliquent la formation de benzène, dans la préparation du chlorure de phénylarsine.

L'ammoniaque enlève également le chlore, en donnant des *arylarsénimides* :

$$R.AsCl^2 + 3AzH^3 = 2AzH^4Cl + RAs = AzH$$

Les amines agissent de même, à l'exception des tertiaires, qui s'unissent simplement.

Les alcalis décomposent les dichlorarsines, avec formation des oxydes correspondants, qui se dissolvent en donnant des sels de la forme $R — As(OM)^2$, sels qui dérivent des acides $R — As(OH)^2$; ces acides sont stables quand le groupe aromatique est nitré.

Les alcoolates et les phénolates alcalins réagissent normalement :

$$RAsCl^2 + 2\ C^2H^5ONa = 2NaCl + RAs(OC^2H^5)^2$$
$$RAsCl^2 + 2\ C^6H^5ONa = 2NaCl + RAs(OC^6H^5)^2$$

Les composés organométalliques du zinc réagissent sur les dichlorarsines, en donnant des arsines tertiaires mixtes :

$$C^6H^5 — AsCl^2 + Zn(C^2H^5)^2 = ZnCl^2 + C^6H^5As(C^2H^5)^2.$$

Chlorure de monophénylarsine (phénylchlorarsine)

Pour obtenir ce composé (2), on prépare tout d'abord la triphénylarsine (voir plus loin). Celle-ci est dissoute — à l'état brut et alors qu'elle est encore fluide — dans 4 à 5 fois son poids de trichlorure d'arsenic ; le mélange est introduit dans des tubes scellés, qu'on remplit aux trois quarts et on chauffe à 350° pendant 30 heures. Le contenu des tubes scellés est soumis à la distillation fractionnée ; de 90° à 135°, il passe un mélange de benzène et de trichlorure d'arsenic, puis ce dernier passe complètement à la distillation ; finalement, vers 250-255°, on obtient le chlorure de monophénylarsine qu'on purifie par plusieurs rectifications.

C'est un liquide fortement réfringent ; d'odeur désagréable mais faible à froid, il bout vers 254° ; il possède une action très caustique sur la peau et les muqueuses.

(1) Michaelis et Loesner, *D. chem. Gesell.*, **27**, p. 264.
(2) Michaelis et Loesner, *D. chem. Gesell.*, **27**, p. 294.

Le tableau suivant contient les dérivés halogénés des arsines primaires préparés jusqu'à ce jour.

Dérivés halogénés	Formules	Points d'ébullition.	Points de fusion
Phénylchlorarsine . .	$C^6H^5AsCl^2$	254°	
Nitrophénylchorarsine	$AzO^2—C^6H^4AsCl^2$	»	47°
Diméthylaminophényl- chlorarsine (chlorhy- drate)	$HCl(CH^3)^2Az—C^6H^4AsCl^2$	»	116°
Diéthylaminophényl- chlorarsine (chlorhy- drate)	$HCl(C^2H^5)^2Az-C^6H^4AsCl^2$	»	139°
p. anisylchlorarsine .	$CH^3O—C^6H^4AsCl^2$	160° (30ᵐᵐ)	48°
p. phénéthylchlorar- sine.	$C^2H^5O—C^6H^4AsCl^2$	190° (28ᵐᵐ)	»
Tolylchlorarsines.			
Ortho-tolylchlorarsine.	$CH^3—C^6H^4 AsCl^2$	264°	»
Méta —	$CH^3—C^6H^4 AsCl^2$	270°	»
Para —	$CH^3—C^6H^4 AsCl^2$	267°	31°
o-diméthylamino-p- tolychlorarsine . .	$\dfrac{(CH^3)^2Az}{CH^3}{>}C^6H^3—AsCl^2$		
Chlorhydrate		»	148°
Bromhydrate		»	168°
Xylylchlorarsines.			
Méta-xylylchlorarsine.	$(CH^3)^2C^6H^3AsCl^2$	278°	41°
Para —	$(CH^3)^2C^6H^3AsCl^2$	285°	63°
Pseudocumylchlorar- sine.	$(CH^3)^3C^6H^2AsCl^2$	190° sous 30ᵐᵐ	82°5
Paracumylchlorarsine .	$C^3H^7—C^6H^4AsCl^2$	170° sous 40ᵐᵐ	»
Pseudobutylphényl- chlorarsine	$C^4H^9—C^6H^4AsCl^2$	177° sous 20ᵐᵐ	»
Naphtylchlorarsines.	$C^{10}H^7AsCl^2$	»	»
α-naphtylchlorarsine .	—	»	63°
β-naphtylchlorarsine .	—	»	69°

Dichlorure de benzylarsine $C^6H^5 — CH^2 — AsCl^2$

On l'obtient en chauffant à 160-180°, pendant 10 à 12 heures 1 p.
de tribenzylarsine avec 3 p. de chlorure d'arsenic; c'est un liquide
bouillant à 175° sous 50 mm. et qui se décompose à la longue,
au contact de l'air, avec formation de chlorure de benzyle. Le
chlore le tranforme également en chlorure de benzyle. Par action
de l'eau, il fournit de la benzaldéhyde ou de l'acide benzoïque et
de l'acide arsénieux (MICHAELIS et PAETOW) (1). Par ces propriétés,
le chlorure de benzylarsine s'écarte des chlorures d'arsines aromatiques proprement dits.

Dichlorure benzarsénieux (acide dichloro-arsinobenzoïque) $CO^2H — C^6H^4 — AsCl^2$

On le prépare, en traitant à 100°, en solution éthérée, l'iodure
correspondant par le chlorure d'argent fraîchement précipité ; ou
bien encore, en traitant par l'eau, le produit de l'action du trichlorure de phosphore sur l'acide benzarsinique $CO^2H-C^6H^4AsO(OH)^2$,
Il cristallise dans le benzène en aiguilles incolores fondant à
157-158°.

Tétrachlorures $RAsCl^4$

Ils se forment par action du chlore sur les dichlorures ; on les
obtient également, mélangés aux dichlorures, par action du
chlore sur les composés arsénoïques. Ces tétrachlorures, chauffés
dans l'anhydride carbonique, se dissocient aisément en chlore et
dichlorures ; aussi le tétrachlorure de phénylarsine $C^6H^5AsCl^4$ peut-
il servir de chlorurant, vis-à-vis l'acide acétique ; chauffé à 150° en

(1) MICHAELIS et PAETOW, *Liebig's Annal.*, **233**, p. 91.

tube scellé, il se décompose, au contraire, en chlorobenzène et chlorure d'arsenic :

$$C^6H^5AsCl^4 = C^6H^5Cl + AsCl^3$$

Cette décomposition est analogue à celle des tétrachlorures des arsines primaires de la série grasse, mais se produit à température plus élevée.

L'eau décompose les tétrachlorures, avec formation d'oxychlorures $R—AsOCl^2$ puis d'acides arsiniques $R.AsO(OH)^2$.

Les alcalis ou les carbonates alcalins transforment directement les tétrachlorures en acides arsiniques.

Le *tétrachlorure de phénylarsine* cristallise en aiguilles jaunes F. 45°. Le *tétrachlorure d'orthotolylarsine* est un liquide épais à consistance de miel ; les autres tétrachlorures constituent des masses cristallines difficilement purifiables ; on a préparé les *tétrachlorures d'anisylarsine*, de *paraphénétylarsine*, de *métatolylarsine* (F. 38°), de *paratolylarsine*, de *métaxylylarsine*, d'α et de β *naphtylarsine*.

Dibromures RAsBr²

On les obtient, par l'action de l'acide bromhydrique concentré sur les oxydes d'arsines primaires, ou par l'action du brome sur les composés arsénoïques en solution chloroformique. Ce dernier procédé s'applique surtout à la préparation des dérivés nitrés.

Les dibromures des arsines aromatiques ne sont pas décomposés par l'eau. Ils ne fixent pas le chlore. Le brome les décompose suivant l'équation :

$$C^6H^5AsBr^2 + Br^2 = C^6H^5Br + AsBr^3$$

Dibromure de phénylarsine $C^6H^5AsBr^2$. — Liquide bouillant à 285°, de densité $D = 2,098$ à 13°.

Dibromure de nitrophénylarsine $AzO^2-C^6H^4AsBr^2$.

Dibromure de nitrotolylphénylarsine $AzO^2-C^6H^3(CH^3)AsBr^2$.

Diiodures RAsI²

On ne connaît que le diiodure de phénylarsine et son dérivé carboxylé.

Le *diiodure de phénylarsine* C⁶H⁵AsI² est une huile rouge, obtenue par l'action de l'acide iodhydrique concentré sur l'oxyde de phénylarsine. Il est transformé, par réduction au moyen de l'acide phosphoreux, en diiododiphényldiarsine (diiodoarsénobenzène) :

$$C^6H^5 — AsI — AsI — C^6H^5$$

Le *diiodure benzarsénieux (acide diiodoarsinobenzoïque)* :

$$CO^2H\text{-}C^6H^4 = AsI^2$$

s'obtient par l'action de l'acide iodhydrique et du phosphore rouge sur l'acide carboxylphénylarsinique $CO^2H — C^6H^4AsO(OH)^2$. Il cristallise en aiguilles jaunes F. 153°. Traité par l'eau à l'ébullition, il se décompose en acide iodhydrique et acide phénylarsinieux :

$$CO^2H — C^6H^4AsI^2 + 2H^2O = 2HI + CO^2H — C^6H^4As^6(OH)^2$$

Dérivés oxygénés des arsines primaires.

Ils se rattachent aux formules générales suivantes :

RAsO	RAs(OH)²
Oxydes des arsines primaires	Hydrates correspondants (acides arylarsinieux)
RAsO²	RAsO(OH)²
Bioxydes	Acides arylarsiniques

Les monoxydes et les bioxydes correspondent aux dérivés nitrosés et nitrés de la série aromatique. Ainsi C⁶H⁵AsO et C⁶H⁵AsO² sont les analogues de C⁶H⁵AzO et C⁶H⁵AzO². Toutefois, il importe de remarquer que les bioxydes s'obtiennent par l'action de la chaleur sur les acides monoarylarsiniques et que, d'autre part, ils regénèrent ces acides par l'action de l'eau. On doit donc les considérer comme les anhydrides de ces acides.

Oxydes RAsO

Obtention. — On les obtient par les réactions générales suivantes :

1° Action de la soude ou du carbonate de sodium sur les dichlorarsines (LA COSTE et MICHAELIS) (1) :

$$C^6H^5AsCl^2 + 2NaOH = 2NaCl + H^2O + C^6H^5AsO$$

Cette réaction est semblable à celle que BAEYER a employée pour la préparation de l'oxyde de cacodyle, à partir du chlorure de cacodyle. Pour les termes élevés l'eau seule suffit pour effectuer cette réaction.

2° Décomposition par l'eau des corps du type :

$$R - As < {OR' \atop OR}$$

3° Action de l'eau ou des acides étendus sur l'imide phénylarsinique :

$$C^6H^5As = AzH$$

Propriétés. — Les oxydes des arsines primaires aromatiques sont des corps solides plus ou moins nettement cristallisés et parfois amorphes. Ils se transforment, par l'action de la chaleur, en arsines tertiaires :

$$3\,C^6H^5AsO = (C^6H^5)^3As + As^2O^3$$

Ils fixent directement 2 atomes de chlore ou de brome, en donnant des oxychlorures ou oxybromures $R - AsX^2O$.

Chauffés avec les acides chlorhydrique, bromhydrique ou iodhy-

(1) LA COSTE et MICHAELIS, *Liebig's Annal.*, **201**, p. 191.

drique concentrés, ils fournissent les dérivés dihalogénés correspondants. Ils sont convertis par les réducteurs (Sn + HCl, amalgame de sodium, acide phosphoreux) (1) en composés arsénoïques ; l'oxyde de phénylarsine se transforme ainsi en arsénobenzène :

$$2\ C^6H^5AsO + 2H^2 = 2H^2O + C^6H^5As = AsC^6H^5$$

Traités en solution alcoolique par l'hydrogène sulfuré, ils se transforment en sulfures correspondants R — AsS.

Par oxydation au moyen de l'oxyde mercurique, en présence de l'eau, on obtient des acides arsiniques aromatiques.

$$(CH^3)^2Az — C^6H^4AsO + O + H^2O = (CH^3)^2Az — C^6H^4 — AsO(OH)^2$$

Dérivés de la phénylarsine. Oxyde de phénylarsine C^6H^5AsO. — Pour le préparer, on introduit dans une fiole, avec de l'eau, le chlorure de phénylarsine $C^6H^5AsCl^2$; on chauffe légèrement et on ajoute peu à peu du carbonate de sodium, aussi longtemps qu'il se produit une effervescence. Après refroidissement, on sépare le gâteau solide de la liqueur aqueuse et on le fait cristalliser dans l'alcool bouillant.

L'oxyde de phénylarsine fond à 119°-120°. Il possède une odeur anisée qui devient piquante à chaud. Il est insoluble dans l'eau, difficilement soluble dans l'alcool froid, soluble dans l'alcool chaud et le benzène ; il se dissout dans la soude, en donnant probablement le sel $C^9 = H^5As(ONa)^2$.

Oxyde de diméthylaminophénylarsine $(CH^3)^2Az — C^6H^4 — As=O$, poudre fusible à 75°.

Oxyde de diéthylaminophénylarsine $(C^2H^5)^2Az-C^6H^4-AsO$, poudre fusible à 58° (MICHAELIS et RABINERSON) (2).

Oxyde de p-anisylarsine $CH^3O — C^6H^4 — AsO$, masse cristalline (MICHAELIS et WEITZ) (3).

(1) MICHAELIS et SCHULTE, *D. chem. Gesell.*, **14**, 912 ; **15**, 1952.
(2) MICHAELIS et RABINERSON, *Liebig's Annal.*, **270**, p. 141.
(3) MICHAELIS et WEITZ, *D. chem. Gesell.*, **20**, p. 51.

Oxyde de p-phénéthylarsine $C^2H^5O — C^6H^4AsO$, F. 150° (Michae-lis et La Coste) (1).

Dérivés des tolylarsines. Oxyde d'o-tolylarsine $CH^3 — C^6H^4AsO$, poudre F. 145-146°.

Oxyde de p-tolylarsine $CH^3 — C^6H^4AsO$, F. 156°.

Oxyde d'o-diméthylamido-p-tolylarsine $(CH^3)^2Az — C^6H^3(CH^3)AsO$ F. 55°.

Dérivés des xylylarsines. Oxyde de métaxylylarsine $(CH^3)^2C^6H^3AsO$, fond vers 220°.

Oxyde de paraxylylarsine $(CH^3)^2C^6H^3AsO$, F. 165°.

Oxyde de pseudobutylphénylarsine $(CH^3)^3C — C^6H^4AsO$, F. 89° (Michaelis et Schulte).

Dérivés des naphtylarsines. Oxyde d'α-naphtylarsine $C^{10}H^7AsO$ F. 245°.

Oxyde de β-naphtylarsine $C^{10}H^7AsO$, F. 270°.

Composés oxyhalogénés $R — AsOX^2$

Les oxychlorures et les oxybromures seuls sont connus.

On les obtient par l'action du chlore ou du brome sur les oxydes d'arsines primaires :

$$C^6H^5AsO + Cl^2 = C^6H^5AsOCl^2$$

Avec le brome, la réaction est énergique et, en même temps que l'oxybromure de phénylarsine, on obtient du bromobenzène.

Les oxychlorures se forment encore, par l'action ménagée de l'eau sur les tétrachlorures :

$$C^6H^5AsCl^4 + H^2O = 2HCl + C^6H^5AsOCl^2$$

Cette réaction n'est pas applicable à l'obtention des oxybromures, à cause de l'instabilité des tétrabromures.

(1) La Coste et Michaelis, **201**, p. 246.

Les oxychlorures et les oxybromures d'arsines primaires aromatiques sont solides ; ils fument à l'air humide. L'eau les dissout aisément, en les transformant en acides arsiniques correspondants. Ils sont décomposés par la chaleur suivant l'équation :

$$3\ C^6H^5AsOCl^2 = 3C^6H^5Cl + 3AsOCl \text{ ou } (AsCl^3 + As^2O^3)$$

Traités par les alcoolates alcalins, ils fournissent les éthers phénylarsiniques $R.AsO(OR')^2$.

Oxychlorure de phénylarsine, $C^6H^5AsOCl^2$. — Outre les modes de formation indiqués plus haut, ce composé prend encore naissance, dans l'action du chlore sur le phénylarsinate diéthylique :

$$C^6H^5AsO\ (OC^2H^5)^2 + 8Cl^2 = 2\ CCl^3 - CHO + C^6H^5AsOCl^2 + 8HCl$$

Il fond vers 100°.

Oxychlorure d'o-tolylarsine, F. 69°. *Oxybromure d'o-tolylarsine*. *Oxychlorure de p-tolylarsine*. *Oxychlorure de m-xylylarsine* $(CH^3)^2C^6H^3AsOCl^2$, F. 150° (MICHAELIS).

Hydrates d'oxydes $R - As(OH)^2$.

Grâce à la présence des radicaux aromatiques possédant un caractère acide, ces hydrates ont été désignes sous le nom d'acides arylarsénieux. Il nous paraît préférable, pour l'homogénéité de la nomenclature (voyez la note de la page 83) d'adopter le terme d'acide arylarsinieux, dont les sels et les éthers seront des arylarsinites (MICHAELIS et LŒSNER). Ils ne paraissent stables, qu'autant que le radical aromatique renferme un groupe AzO^2 ou CO^2H. On connaît peu de ces hydrates d'oxydes, mais on a préparé un certain nombre d'arylarsinites :

$$RAs(OM)^2 \qquad R - As(OR')^2 \qquad R - As(OR'')^2$$

M représentant un métal monovalent, R' un radical alcoolique et R" un reste aromatique.

Ces dérivés s'obtiennent par l'action des alcoolates ou phénolates alcalins sur les dichlorarylarsines :

$$C^6H^5AsCl^2 + 2\, C^2H^5ONa = 2NaCl + C^6H^5As(OC^2H^5)^2$$

Ils sont aisément décomposés, par l'eau, en phénols ou alcools et oxydes d'arsines primaires. Les éthers alcooliques fixent le chlore en donnant des produits d'addition, tels que $C^6H^5As(OCH^3)^2Cl^2$; au contraire, avec les éthers phénoliques, il y a décomposition; ainsi le phénylarsinite de phényle $C^6H^5As(OC^6H^5)^2$ fournit du trichlorophénol et du tétrachlorure de phénylarsine $C^6H^5AsCl^4$.

Acide phénylarsinieux, $C^6H^5As(OH)^2$.

Cet acide n'a pas été isolé, mais on connaît ses éthers.

Ethers alcooliques (1) : *Phénylarsinite de méthyle* $C^6H^5As(OCH^3)^2$, liquide incolore bouillant à 220° et à 116° sous 20 mm. D = 1,343 à 20°; *dichlorure* $C^6H^5As(OCH^3)^2Cl^2$ F. 90°. — *Phénylarsinite d'éthyle* $C^6H^5As(OC^2H^5)^2$ liquide incolore d'odeur désagréable bouillant à 120° sous 15 mm.; *dichlorure* $C^6H^5As(OC^4H^5)^2Cl^2$ F. 95°. — *Phéylarsinite de benzyle* $C^6H^5As(OCH^2 - C^6H^5)^2$, huile jaune clair bouillant à 296° sous 30 mm.; D = 1,2853 à 13°.

Ethers phénoliques (2) : *Phénylarsinite de phényle* $C^6H^5As(OC^6H^5)^2$ bout à 245° sous 15 mm.; D = 1,32 à 20°; *Phénylarsinite de paracrésyle* $C^6H^5As(OC^6H^4CH^3)^2$, bout à 285° sous 12 mm.; D = 1,2989 à 13°; *Phénylarsinite de β-naphtyle* $C^6H^5As(OC^{10}H^7)^2$ fond à 113-114°. *Phénylarsinite de pyrocatéchine* $C^6H^5As(O^2C^6H^4)$. Fusible à 83° et bouillant à 197-198° sous 15 mm.; il a été obtenu par l'action du chlorure de phénylarsine sur la pyrocatéchine plombique (MICHAELIS et FROMM) (3).

Phénylarsinimide $C^6H^5As = AzH$. — Ce composé n'a pas d'analogue en série grasse, il peut être considéré comme l'imide de

(1) MICHAELIS et FROMM, *Liebig's Annal.*, **320**, p. 286.
(2) *Ibid.*, p. 287.
(3) MICHAELIS et FROMM, *Liebig's Annal.*, **320**, p. 290.

l'acide phénylarsinieux ; on l'obtient en faisant passer un courant de gaz ammoniac absolument sec dans une solution de chlorure de phénylarsine dans le benzène anhydre ; il y a échauffement rapide et le benzène entre en ébullition ; on laisse reposer longtemps, on siphonne et on distille le benzène ; le résidu se prend au bout de quelques jours en une masse cristalline, que l'on fait recristalliser dans le benzène ou dans un mélange de benzène et d'éther absolu.

Cet imide se ramollit à 265° et fond à 270° ; il est soluble dans le benzène et le xylène, peu soluble dans l'alcool et l'éther absolus.

L'eau et les acides étendus le transforment en oxyde C^6H^5AsO (MICHAELIS) [1].

Acide nitrophénylarsinieux $AzO^2C^6H^4As(OH)^2$

Cet acide s'obtient, en traitant par le carbonate de soude le chlorure ou le bromure de nitrophénylarsine en précipitant la solution obtenue par l'anhydride carbonique (MICHAELIS et LŒSNER). Flocons blancs solubles dans l'alcool, se décomposant avec explosion, sans fondre.

Acide benzarsénieux (carboxylphénylarsinieux) $CO^2H — C^6H^4As(OH)^2$

Cet acide cristallise dans l'eau chaude en belles aiguilles, qui se transforment à 145-146°, sans fondre en anhydride $C^7H^5AsO^3$; son *sel de calcium* $(C^7H^5AsO^4)^2Ca + xH^2O$, se transforme à 200° en $(C^7H^4AsO^3)^2Ca$; *sel d'argent* $C^6H^4As(OH)^2CO^2Ag$, précipité blanc.

Bioxydes $RAsO^2$

Ces composés sont les anhydrides correspondant aux acides

[1] MICHAELIS, *Liebig's Annal.*, **320**, p. 324.

monoarylarsiniques. Ils s'obtiennent par l'action de la chaleur sur ces derniers et les régénèrent par action de l'eau. Nous les signalerons en étudiant les acides monoarylarsiniques.

Acides monoarylarsiniques $RAsO(OH)^2$.

Formation et préparation. — Ces acides se forment dans les conditions suivantes :

1° La monophénylarsine, oxydée par l'acide azotique, fournit l'acide phénylarsinique $C^6H^5AsO(OH)^2$. (PALMER et DEHN) (1).

2° L'acide azotique oxyde de même les composés arsénoïques $(R — As = As — R)$ et les sulfures d'arsines primaires aromatiques (SCHULTE) (2).

3° Les oxydes peuvent être également transformés en acides arsiniques correspondants, par l'oxyde mercurique, en présence de l'eau ou par l'air ou le chlore humide. Cette réaction a été appliquée par MICHAELIS à la préparation des acides diméthylaminophénylarsinique, métaxylylarsinique, etc. (3).

4° On peut également faire agir l'eau oxygénée, sur les chlorures d'arsines primaires, en solution acétique :

$$RAsCl^2 + 2H^2O^2 = 2HCl + RAsO(OH)^2 + H^2O$$

Il se forme d'abord un oxyde, que l'eau oxygénée transforme en acide arsinique aromatique (MICHAELIS) (4).

5° On décompose par l'eau les oxychlorures $RAsOCl^2$ ou les tétrachlorures $RAsCl^4$. Le meilleur procédé de préparation consiste à placer le dichlorure $RAsCl^2$ dans l'eau, puis à faire passer peu à peu un courant de chlore, jusqu'à dissolution complète (LA COSTE et MICHAELIS) (5).

Propriétés. — Les acides monarylarsiniques sont solides et se comportent comme des acides bibasiques. Ils perdent une molécule

(1) PALMER et DEHN, *D. Chem. Gesell.*, **34**, p. 3599.
(2) SCHULTE, *D. Chem. Gesell.*, **15**, p. 1957 et 1959.
(3) MICHAELIS, *Liebig's Annal.*, **320**, p. 295.
(4) *Id., Ibid.*, p. 277.
(5) LA COSTE et MICHAELIS, *Liebig's Annal.*, **201**, p. 255.

d'eau, par l'action de la chaleur, en donnant des anhydrides $RAsO^2$ que l'on peut rapprocher des dérivés nitrés. Ces anhydrides régénèrent les acides correspondants, par action de l'eau chaude. Ils sont réduits en tubes scellés, par l'acide phosphoreux, en composés arsénoïques $R — As = As — R$. Les halogènes sont sans action sur les acides arylarsiniques, et l'on n'obtient, en aucun cas, comme avec les acides phosphiniques correspondants, de dérivés chlorés ou bromés.

Le groupe $AsO(OH)^2$ est, comme en série grasse, stable vis-à-vis des oxydants ; de sorte qu'il est possible d'obtenir des composés carboxylés, par oxydation des chaînes latérales.

Ainsi, le composé $CH^3 — C^6H^4 — AsO(OH)^2$ fournit, par oxydation, l'acide $CO^2H—C^6H^4AsO(OH)^2$. Cet acide et les acides analogues portent le nom d'acides benzarsiniques.

On peut également nitrer le noyau, au moyen de l'acide azotique réel ou du mélange sulfonitrique ; l'acide phénylarsinique $C^6H^5AsO(OH)^2$ fournit ainsi l'acide nitrophénylarsinique $AzO^2C^6H^4AsO(OH)^2$ (Michaelis et Lœsner) (1).

L'hydrogène sulfuré agit sur les acides arsiniques aromatiques en solution ammoniacale, pour les transformer en arylsulfarsinates d'ammonium, $R — AsS(SAsH^4)^2$.

Acide phénylarsinique $C^6H^5AsO(OH)^2$.

Pour préparer cet acide, on place dans un ballon 25 grammes de chlorure de phénylarsine $C^6H^5AsCl^2$ et 100 centimètres cubes d'eau, et l'on dirige dans le mélange un puissant courant de chlore, jusqu'à disparition complète des gouttelettes huileuses. On chauffe alors jusqu'à ce que, par refroidissement, la liqueur reste claire ; on évapore ensuite à sec, pour chasser l'acide chlorhydrique, et l'on purifie par cristallisation dans l'eau chaude (La Coste, Michaelis, Lœsner) (2). L'acide phénylarsinique est peu soluble dans l'eau froide, il se

(1) Michaelis et Lœsner, *D. Chem. Gesell.*, **27**, p. 265.

(2) La Coste et Michaelis, *Liebig's Annal.*, **201**, p. 203 ; Michaelis et Lœsner, *D. Chem. Gesell.*, **27**, p. 264.

dissout dans l'alcool absolu ; sa densité est de 1,840. Il commence à se ramollir vers 158°, perd de l'eau et se transforme en *anhydride* $C^6H^5AsO^2$. Par fusion avec la potasse, il fournit du phénol (La Coste) (1). Il est très vénéneux.

Sels. — Avec les métaux alcalins ou alcalino-terreux, il fournit surtout des sels acides ; avec les métaux lourds, au contraire, on n'obtient que des sels neutres : *sels acides*, $C^6H^5AsO^3KH$, amorphe, $(C^6H^5AsO^3H)^2Ca$ et $(C^6H^5AsO^3H)^2Ba$ cristallisés, peu solubles dans l'eau froide ; *sels neutres* $C^6H^5AsO^3Ca + 2H^2O$ cristallisé en aiguilles ; $C^6H^5AsO^3Pb$ et $C^6H^5AsO^3Cu$, précipités amorphes, $C^6H^5AsO^3Ag^2$ en petites tables nacrées (2).

Éthers. — On les obtient, par action de l'oxychlorure $C^6H^5AsOCl^2$ sur les alcoolates alcalins, ou bien encore en faisant réagir les iodures alcooliques sur le phénylarsinate d'argent. Ces iodures réagissent partiellement à la température ordinaire, et totalement vers 100° ; il faut en employer exactement la quantité calculée, car un excès détermine la mise en liberté d'iode et la formation d'un éther de l'acide phénylarsinieux :

$$C^6H^5AsO(OAg)^2 + 4ICH^3 = C^6H^5 - As(OCH^3)^2 + 2AgI + I^2 + CH^3OCH^3$$

Ces éthers sont des liquides d'odeur désagréable, facilement dissociables par l'eau ; l'éther éthylique est décomposé par le chlore, en acide chlorhydrique, chloral et oxychlorure de phénylarsine.

Éther diméthylique $C^6H^5AsO(OCH^3)^2$. — Liquide bouillant à 188° sous 95 millim. ; $D = 1,3946$ à 23° ; *éther diéthylique* $C^6H^5AsO(OC^2H^5)^2$ liquide bouillant à 168-170° sous 15 millim. ; $D = 1,318$ à 15°.

Acide nitrophénylarsinique $AzO^2 - C^6H^4AsO(OH)^2$. — Cet acide se décompose sans fondre ; 100 parties d'eau en dissolvent 2 parties à 18° ; il est très soluble dans le chloroforme et le benzène, insoluble dans l'éther et la ligroïne. L'hydrogène sulfuré le transforme en sesquisulfure de nitrophénylarsine $(AzO^2C^6H^4As)^2S^3$, et le sulfure d'ammonium, en sulfure d'aminophénylarsine $AzH^2 - C^6H^4AsS$.

(1) La Coste, *Liebig's Annal.*, **208**, p. 9.
(2) Michaelis et Fromm, *Ibid.*, *id.*, **320**, p. 293.

Sels : $AzO^2 C^6H^4AsO^3Ca + H^2O$ aiguilles brillantes ;
$(AzO^2C^6H^4AsO^3H)^2Ba$, cristallisé; $AzO^2C^6H^4AsO^3Cu(OH)$ cristallin;
$AzO^2 C^6H^4AsO^3Ag^2$ précipité.

Acide diméthylaminophénylarsinique $(CH^3)^2AzC^6H^4AsO(OH)^2$ cristallisé en aiguilles qui se subliment sans fondre.

Acide p. anisylarsinique $CH^3O — C^6H^4AsO(OH)^2$. — Chauffé rapidement, cet acide fond à 159-160°; au contraire, chauffé lentement, il se transforme sans fondre à 190-200° en *anhydride* $CH^3O — C^6H^4AsO^3$ (MICHAELIS et WEITZ) (1).

Acide p. phénéthylarsinique $C^2H^5O — C^6H^4AsO(OH)^2$, F. 209-210°.

Acides tolylarsiniques $CH^3—C^6H^4AsO(OH)^2$.

Acide ortho, cristallisé en aiguilles F. 159-160° et se transformant par fusion lente en *anhydride* cristallin; *acide méta* F. 150°; *acide para* longues aiguilles se décomposant sans fondre au-dessus de 300°, son *dérivé nitré* se transforme à 300° en *anhydride* ou *arsinonitrotoluène* $CH^3C^6H^3(AzO^2)(AsO^2)$ (LA COSTE et MICHAELIS) ; l'*acide o. diméthylamido-p. tolylarsinique* fond à 245°.

Acides xylylarsiniques.

Acide métaxylylarsinique $(CH^3)^2C^6H^4AsO(OH)^2$, F. 210°; *acide chlorométaxylylarsinique,* F. 165°; *acide dichlorométaxylylarsinique* F. 193°; *acide nitrométaxylylarsinique,* F. 207°.

Acide paraxylylarsinique $(CH^3)^2C^6H^4AsO(OH)^2$, F. 223°; son *dérivé mononitré* fond à 205°.

Acides : pseudocumylarsinique, F. 254°; *p. isopropylphénylarsinique,* F. 152°; *pseudobutylphénylarsinique,* F. 193° (MICHAELIS).

Acides naphytlarsiniques $C^{10}H^7AsO(OH)^2$.

L'*acide* α fond à 197° (KELBE) (2) ; l'*acide* β à 115° (MICHAELIS).

(1) MICHAELIS et WEITZ, *D. Chem. Gesell.,* **20**, p. 21.
(2) KELBE, *D. Chem. Gesell.,* **11**, p. 1503.

Acides benzarsiniques.

On désigne sous ce nom les acides arsiniques aromatiques, dont le groupe aryl porte un carboxyle CO_2H ; le nom d'acides phtal-arsiniques est réservé aux acides arylarsiniques possédant deux carboxyles. On les prépare, en oxydant les homologues de l'acide phénylarsinique par le permanganate de potassium, en liqueur alca-line, ou par l'acide azotique (D = 1,2) en tube scellé. Avec les acides xylylarsiniques, on peut obtenir un acide phtalarsinique

$$(CO_2H)_2C_6H_3AsO(OH)_2$$

ou un acide toluylarsinique

$$CO_2H — C_6H_3(CH_3)AsO(OH)_2$$

suivant que l'oxydation est complète ou non.

Acide p. benzarsinique $CO_2H—C_6H_4AsO(OH)_2$. Cet acide cristal-lise en tables peu solubles dans l'eau, l'alcool et l'acide acétique. Il se transforme, par l'action de la chaleur, *en anhydride (acide arsi-nobenzoïque,* $CO_2H — C_6H_4AsO_2$. Il fournit du phénol, par fusion avec les alcalis.

Sels $C_7H_6KAsO_5, C_7H_7AsO_5 + 2H_2O$, tables tricliniques, perdant leur eau de cristallisation à 170° — $C_7H_5AsO_5Ca + H_2O$ feuillets brillants, peu solubles dans l'eau chaude — $C_7H_4AsO_5Ag_3$ amorphe, soluble dans l'acide azotique.

Éther méthylique $C_6H_4(CO_2CH_3)AsO(OH)_2$ cristallisé, soluble dans l'alcool peu soluble dans l'éther (La Coste) (1).

L'acide nitro p. benzarsinique $CO_2H — C_6H_3(AzO_2)AsO(OH)_2$ cris-tallisé en aiguilles non décomposées à 300° (Michaelis).

Acide m. benzarsinique $CO_2H — C_6H_4AsO(OH)_2$. Obtenu par oxy-dation de l'acide m. tolylarsinique, au moyen du permanganate en solution alcaline, cet acide cristallise en feuillets brillants qui se transforment, par l'action de la chaleur, *en anhydride (acide m. arsi-nobenzoïque)* $CO_2H — C_6H_4 — AsO_2$ (Michaelis).

L'acide toluylarsinique $CO_2H — C_6H_3(CH_3)AsO(OH)_2$ se forme

---

(1) La Coste, *Liebig's Annal.*, **208**, p. 3.

par oxydation ménagée de l'acide m. xylylarsinique ; il se transforme en anhydride vers 190° et se décompose vers 300° ; l'*acide phtalarsinique* $(CO^2H)^2C^6H^3AsO(OH)^2$ s'obtient par oxydation plus profonde de l'acide m. xylylarsinique ; il se décompose sans fondre (MICHAELIS).

Sulfures.

Les sulfures des arsines aromatiques primaires existent sous trois formes : monosulfures RAsS, qui dérivent du trisulfure d'arsenic AsS — S — AsS, sésquisulfures $(RAs)^2S^3$, qu'on pourrait rattacher à un sulfure hypothétique As^2S^4, et enfin les bisulfures $RAsS^2$ qui dérivent du pentasulfure d'arsenic AsS^2 — S — AsS^2.

De même qu'au pentasulfure d'arsenic As^2S^5 correspondent des sulfarséniates $AsS(SM)^3$; de même, aux bisulfures $RAsS^2$, correspondent des arylsulfarsinates $RAsS(SM)^2$; mais, tandis que, par l'action des acides, les sulfarséniates régénèrent toujours le sulfure correspondant As^2S^5, les arylsulfarsinates régénèrent, dans les mêmes conditions, tantôt les bisulfures correspondants (ex., bisulfures d'amino-p-tolylarsine, de paraxylylarsine) (1), tantôt des sesquisulfures (ex., sesquisulfures de phénylarsine, de nitrophénylarsine, de paratolylarsine) ; dans ce dernier cas, si l'on veut obtenir les bisulfures, il faut avoir recours à l'action du soufre sur les composés arsénoïques.

Monosulfures RAsS.

1° Par action de l'hydrogène sulfuré, en solution alcoolique, sur les oxydes RAsO ou les chlorures $RAsCl^2$ (SCHULTE) (2).

2° Par action du soufre sur les composés arsénoïques (MICHAELIS et SCHULTE) (3) :

$$R — As = As — R + S^2 = 2RAsS.$$

(1) MICHAELIS, *Liebig's Annal.*, **320**, p. 279.
(2) SCHULTE, *D. Chem. Gesell.*, **15**, p. 1955.
(3) MICHAELIS et SCHULTE, *ibid.*, **15**, p. 1953.

Dans le cas du dinitroarsénobenzène

$$AzO^2 — C^6H^4 — As = As — C^6H^4AzO^2$$

on obtient un bisulfure $AzO^2 — C^6H^4AsS^2$ (Michaelis et Losner) (1). Ces sulfures sont solides et la plupart cristallisés.

Sulfure de phénylarsine C^6H^5AsS.

Pour le préparer, on fait passer de l'hydrogène sulfuré à saturation dans une solution alcoolique de chlorure de phénylarsine ; on chauffe légèrement, le sulfure de phénylarsine se précipite presque pur ; on le lave à l'alcool et on le fait cristalliser dans le benzène. Si l'on remplace le chlorure par l'oxyde, on obtient un mélange de monosulfure et de trisulfure ; on enlève ce dernier par l'ammoniaque.

Le sulfure de phénylarsine cristallise en aiguilles fusibles à 152°, solubles dans le benzène chaud et le sulfure de carbone, peu solubles dans l'alcool, l'éther et le benzène froid. Il se dissout dans le sulfure jaune d'ammonium, en donnant une solution, qui laisse précipiter, par addition d'un acide, du sesquisulfure de phénylarsine. L'acide nitrique le transforme par oxydation en acide phénylarsinique. Soumis à la distillation sèche, il subit une décomposition analogue à celle de l'oxyde de phénylarsine et fournit de la triphénylarsine et du sulfure d'arsenic

$$3\ C^6H^5AsS = As^2S^3 + (C^6H^5)^3As.$$

Si on le chauffe à 120° avec du mercure-éthyle, on obtient de la phényldiéthylarsine et du sulfure de mercure.

(1) Michaelis et Loessner, *D. Chem. Gesell.*, **27**, p. 270.

Monosulfures d'Arylarsines et leurs dérivés.	Formules.	Points de fusion.
Sulfure de phénylarsine . .	$C^6H^5 — AsS$	152°
— d'aminophénylarsine.	$AzH^2 — C^6H^4AsS$	188°
Sulfure de diméthylaminophénylarsine.	$(CH^3)^2Az — C^6H^4AsS$	187°
Sulfure de diméthylaminonitrophénylarsine.	$(CH^3)^2AzC^6H^3(AzO^2)AsS$	65-67°
Sulfure de diéthylaminophénylarsine.	$(C^2H^5)^2AzC^6H^4AsS$	155°
Sulfure de paratolylarsine .	$CH^3 — C^6H^4 — AsS$	146°
— de nitroparatolylarsine.	$CH^3(AzO^2)C^6H^3AsS$	141-142°
Sulfure de métaxylylarsine.	$(CH^3)^2C^6H^3AsS$	169°
— de paraxylylarsine.	$(CH^3)^2C^6H^3AsS$	188°
— de pseudobutylphénylarsine	$(C^4H^9)C^6H^4AsS$	292°

Sesquisulfures $(RAs)^2S^3$.

Sesquisulfure de phénylarsine $(C^6H^5 — As)^2S^3$ — Dans une solution de phénylarsinate d'ammonium, renfermant un léger excès d'ammoniaque, on fait passer un courant d'hydrogène sulfuré pendant plusieurs heures et l'on décompose par l'acide chlorhydrique le sulfophénylarsinate d'ammonium formé. Il se précipite un mélange de soufre et de sesquisulfure de phénylarsine ; on lave à l'alcool et l'on fait cristalliser dans une petite quantité de benzène (SCHULTE)(1) :

$$C^6H^5AsO(OAzH^4)^2 + 3H^2S = C^6H^5AsS(SAzH^4)^2 + 3H^2O$$

$$2C^6H^5AsS(SAzH^4)^2 + 4HCl = (C^6H^5.As)^2S^3 + S + 2H^2S + 4AzH^4Cl$$

Le sesquisulfure de phénylarsine fond à 130° Il est facilemen soluble dans le sulfure de carbone et le benzène, moins dans l'acide

(1) SCHULTE, *D. Chem. Gesell.*, p. 1957.

acétique bouillant et difficilement dans l'alcool chaud et l'éther.
Il se dissout facilement dans le sulfure de sodium polysulfuré, en
se transformant en sulfophénylarsinate de sodium $C^6H^5AsS^3Na^3$.
L'acide nitrique l'oxyde et le transforme en acide phénylarsinique.

S'obtiennent par des réactions identiques : le *sesquisulfure de nitrophénylarsine* $(AzO^2—C^6H^4As)^2S^3$ fusible à 119° (MICHAELIS et LOESNER)
et le *sesquisulfure de p.tolylarsine* $(CH^3 —- C^6H^4As)^2S^3$ cristallisé
en aiguilles blanches fusibles à 119-120° (MICHAELIS).

Bisulfures.

Certains arylsulfarsinates d'ammonium se décomposent par
action de l'acide chlorhydrique, en donnant un bisulfure ; c'est le
cas du p-xylylsulfoarsinate d'ammonium :

$$(CH^3)^2C^6H^3AsS(SAzH^4)^2 + 2HCl = (CH^3)^2C^6H^3AsS^2 + H^2S + 2AzH^4Cl$$

Bisulfure de nitrophénylarsine $AzO^2C^6H^4AsS^2$. — Ce sulfure s'obtient, en faisant agir le soufre et l'eau sur le bis-nitroarsénobenzène

$$AzO^2 — C^6H^4 — As = As — C^6H^4AzO^2 + 4S = 2AzO^2C^6H^4AsS^2$$

on chauffe pendant une heure, on ajoute de l'ammoniaque, on filtre
et on précipite par l'acide chlorhydrique (MICHAELIS et LOESNER) (1).

Il se présente sous la forme d'une poudre fusible vers 80°, insoluble ou peu soluble dans les solvants organiques usuels, soluble
dans les alcalis.

Bisulfure de p-xylylarsine $(CH^3)^2C^6H^3AsS^2$, fusible à 95° (MI-
CHAELIS).

Acides arysulfarsiniques $RAsS(SH)^2$.

Ces acides correspondent aux acides arsiniques $RAsO(OH)^2$.

Acide phénylsulfarsinique (trithiophénylarsinique) $C^6H^5AsS(SH)^2$.
— Cet acide n'est pas connu à l'état libre. On obtient son *sel d'ammonium* $C^6H^5AsS(SAzH^4)^2$, en faisant agir l'hydrogène sulfuré sur le

---

(1) MICHAELIS et LOESNER, *D. Chem. Gesell.*, **27**, p. 270.

phénylarsinate d'ammonium (Schulte) ; il est décomposé par les acides en soufre et sesquisulfure de phénylarsine. Le *sel de sodium* $C^6H^5AsS\,(SNa)^2 + 6H^2O$ se prépare, en faisant agir le sulfhydrate de sodium riche en soufre, sur le sulfure ou le sesquisulfure de phénylarsine. Il cristallise en aiguilles solubles dans l'eau, peu solubles dans l'alcool.

Acide amidoparatolylsulfarsinique $(CH^3)(AzH^2)C^6H^3AsS(SH)^2$. — Son sulfate a été décrit par Michaelis (1) comme une poudre amorphe jaunâtre commençant à se décomposer à 155°.

ARSINES SECONDAIRES AROMATIQUES R²AsH

Les arsines secondaires aromatiques sont inconnues, mais on a préparé les dérivés halogénés, oxygénés et sulfurés de quelques-unes d'entre elles. Ces dérivés ne se rattachent qu'à des diarylarsines, symétriques ou dissymétriques ; les dérivés des arsines secondaires mixtes, arylalcoylées, n'ont pas encore été étudiés.

1° Dérivés halogénés.

1° Type R²AsX.

On connaît surtout des dérivés chlorés ; néanmoins quelques dérivés bromés et un iodé ont été également préparés.

Formation. — On les obtient par les réactions suivantes :

1° L'action du chlorure d'arsenic sur le mercure-phényle, à 170° sous pression fournit, outre le chlorure de phénylarsine et la triphénylarsine, du chlorure de diphénylarsine $(C^6H^5)^2AsCl$; mais les rendements sont assez faibles

$$AsCl^3 + Hg(C^6H^5)^2 = (C^6H^5)^2AsCl + HgCl^2$$

2° En chauffant à 320° les chlorures d'arsines primaires avec les

<hr>

(1) Michaelis, *Liebig's Annal.*, **320**, p. 324.

dérivés arylés du mercure, il se forme des chlorures d'arsines secondaires. (La Coste et Michaelis) (1).

Ainsi, le dichlorure de p-tolylarsine, chauffé avec le mercure di-p-tolyle, fournit le chlorure di-p-tolylarsine :

$$2\ CH^3C^6H^4AsCl^2 + Hg(C^6H^4CH^3)^2 = HgCl^2 + 2\ (C^6H^4CH^3)^2AsCl$$

C'est le meilleur procédé de préparation.

3° Les chlorures d'arsines tertiaires R^3AsCl^2 se décomposent par l'action de la chaleur, en donnant naissance à un dérivé chloré aromatique et à un chlorure d'arsine secondaire. Le chlorure de tri-p-tolylarsine, par exemple, simplement chauffé dans le vide, se dédouble d'après l'équation suivante :

$$(CH^3 - C^6H^4)^3AsCl^2 = CH^3 - C^6H^4Cl + (CH^3 - C^6H^4)^2AsCl$$

4° Les arsines tertiaires, chauffées avec une quantité de trichlorure d'arsenic un peu moindre que celle employée pour la préparation des arylarsines primaires halogénées, donnent les chlorarsines secondaires avec de faibles rendements.

5° Comme les cacodyles gras, les cacodyles aromatiques peuvent fixer les halogènes et donner, par rupture de leur molécule, les dérivés halogénés correspondants. Ainsi, la dinitrodiphénylchlorarsine $(AzO^2—C^6H^4)^2AsCl$ s'obtient par l'action du chlore sur la solution benzénique du cacodyle correspondant (2). Il se forme d'abord un dérivé trihalogéné, qui se décompose, sous l'influence de l'excès de cacodyle :

$$(AzO^2C^6H^4)^2As — As\ (C^6H^4AzO^2)^2 + 3Cl^2 = 2(AzO^2 — C^6H^4)^2AsCl^3$$
$$(AzO^2 — C^6H^4)^2AsCl^3 + As^2(C^6H^4AzO^2)^4 = 3(Az^O2C^6H^4)^2AsCl$$

On obtient de même l'arsine bromée correspondante.

6° Les oxydes (ou sulfures) d'arsines secondaires aromatiques, traités par les acides chlorhydrique, bromhydrique ou iodhydrique, fournissent les dérivés halogénés correspondants. L'oxyde de di-p-anisylarsine se transforme ainsi en chlorure de di-p-anisylarsine (Michaelis et Weitz) (3) :

(1) La Coste et Michaelis, *Liebig's Annal.*, **201**, p. 215, et **208**, p. 17.
(2) Michaelis, *Liebig's Annal.*, **321**, p. 142.
(3) Michaelis et Weitz, *D. Chem. Gesell.*, **20**, p. 50.

$$[(CH^3O - C^6H^4)^2As]^2O + 2HCl = H^2O + 2(CH^3O - C^6H^4)^2AsCl$$

Propriétés. — Les dérivés halogénés des arsines secondaires aromatiques sont solides ou liquides ; ils irritent fortement la peau et sont très toxiques ; ils peuvent généralement être distillés sans décomposition, surtout par entraînement dans un courant de CO^2. Cependant le chlorure de di-p-tolylarsine se décompose, par plusieurs distillations successives, en dichlorure de p-tolylarsine et tri-p-tolylarsine :

$$2 (CH^3 - C^6H^4)^2AsCl = CH^3 - C^6H^4AsCl^2 + (CH^3 - C^6H^4)^3As$$

Ils sont généralement insensibles à l'action de l'eau et de l'ammoniaque ; mais la potasse et la soude, en solution aqueuse, les convertissent très lentement en oxyde $(R^2As)^2O$. Au contraire, par l'action de la potasse alcoolique, la transformation est plus rapide.

Ils fixent le chlore et le brome, en donnant des dérivés trihalogénés. Ainsi, le chlorure de diphénylarsine $(C^6H^5)^2AsCl$ fournit le trichlorure $(C^6H^5)^2AsCl^3$ et le dibromochlorure $(C^6H^5)^2AsClBr^2$. L'acide azotique concentré les transforme en acides cacodyliques correspondants.

Enfin, traités par les composés organo-métalliques du zinc, ils fournissent des arsines tertiaires mixtes (MICHAELIS) [1].

Chauffés avec les phénates alcalins, ils fournissent les éthers phénoliques $R^2AsOC^6H^5$ [2].

Dérivés de la diphénylarsine.

Chlorure de diphénylarsine $(C^6H^5)^2AsCl$ (*chlorure de phényl-cacodyle*). — Pour préparer ce chlorure [3], on porte à l'ébullition 230 grammes de chlorure de phénylarsine $C^6H^5AsCl^2$; on y ajoute 50 grammes de mercure-phényle et on fait bouillir quelque temps (5 à 10 minutes); on abandonne ensuite au refroidissement et on laisse reposer assez longtemps. On décante alors le liquide et on le

(1) MICHAELIS, *Liebig's Annal.*, **321**, p. 158.
(2) MICHAELIS, *Liebig's Annal.*, **320**, p. 280.
(3) MICHAELIS et LINK, *Liebig's Annal.*, **207**, p. 115.

rectifie. On obtient ainsi 75 grammes de chlorure de diphénylarsine (1) qu'on peut purifier en le transformant en oxyde par l'action
du carbonate de soude; on purifie cet oxyde par cristallisation et
lavages à l'eau, puis traitement avec une solution alcoolique bouillante d'acide chlorhydrique.

On peut également (2) chauffer 10 heures, à une température
de 250° qu'il ne faut pas dépasser, 50 grammes de triphénylarsine et
25 grammes de trichlorure d'arsenic; on obtient après rectification
10 à 12 grammes de chlorure de diphénylarsine ; au-dessus de 250°,
ce chlorure serait dédoublé en $AsCl^3$ et triphénylarsine.

La distillation, sous la pression de 13-14 millimètres, de
8 grammes de chlorure de triphénylarsine a fourni à MICHAELIS (3)
2 gr. 5 de chlorure de diphénylarsine.

Le chlorure de diphénylarsine est un liquide jaune, d'odeur faible,
de densité 1,4223 à 15°. Il bout sans décomposition à 333° dans
un courant d'anhydride carbonique.

Chauffé au-dessus de 250°, il se transforme lentement en triphénylarsine et trichlorure d'arsenic. Il bout sans décomposition à
230° sous 13-14 millimètres.

Traité par le phénate de soude, il fournit l'éther phénolique

$$(C^6H^5)^2 — AsOC^6H^5$$

Bromure $(C^6H^5)^2AsBr$, liquide bouillant à 356° dans une atmosphère d'anhydride carbonique.

Chlorure de dinitrodiphénylarsine $(AzO^2 — C^6H^4)^2AsCl$, F. 112°;
bromure F. 93°.

Chlorure de di-p-anisylarsine $(CH^3O — C^6H^4)^2AsCl$, F. 79-80°;
iodure $(CH^3O — C^6H^4)^2AsI$, obtenu en chauffant modérément la
trianisylarsine avec de l'acide iodhydrique de densité 1,56; huile
rouge.

(1) MICHAELIS et WEBER, *Liebig's Annal.*, **321**, p. 141.
(2) MICHAELIS et WEBER, *Liebig's Ann.*, **320**, p. 279.
(3) MICHAELIS, *Liebig's Annal.*, **123**, p. 142.

Homologues.

Chlorure de phényl-p-tolylarsine $(C^6H^5)(CH^3 — C^6H^4)AsCl$, liquide bouillant à 215-237° sous 29 millimètres.

Chlorure de di-p-tolylarsine (1) $(CH^3 — C^6H^4)^2AsCl$, F. 45°.

Iodure dibenzarsénieux $(CO^2H — C^6H^4)^2AsI$. — Ce composé s'obtient en traitant l'acide dibenzarsinique $(CO^2H — C^6H^4)^2AsO(OH)$ par le phosphore et l'acide iodhydrique. Il est soluble dans l'éther et le chloroforme, fond au-dessus de 200° et se décompose, par action de l'eau bouillante, avec formation d'acide dibenzarsénieux

$$(CO^2H — C^6H^4)^2AsOH.$$

2° Type R^2AsX^3.

On ne connaît que des dérivés trichlorés, tribromés et chlorobromés.

Nous avons vu que ces composés se forment par l'action du chlore ou du brome sur les chlorures et bromures d'arsines secondaires aromatiques :

$$R^2AsX + X^2 = R^2AsX^3$$

On peut encore obtenir les dérivés chlorés ou bromés, en faisant agir un excès de chlore sur les cacodyles, en solution benzénique. C'est ainsi que MICHAELIS (2) prépare le trichlorure et le tribromure de dinitrodiphénylarsine.

Ces composés sont peu stables; chauffés avec précaution dans un courant d'anhydride carbonique, ils se dédoublent suivant l'équation :

$$R^2AsX^3 = X^2 + R^2AsX$$

Au contraire, si on les chauffe vers 200°, ils subissent un mode de dédoublement particulier. On a, par exemple, pour le trichlorure de diphénylarsine :

$$(C^6H^5)^2AsCl^3 = C^6H^5Cl + C^6H^5AsCl^2$$

____

(1) *Ibid.*, p. **321**, p. 160.
(2) MICHAELIS, *Liebig's Annal.*, **321**, p. 142.

il se forme du chlorobenzène et du chlorure de phénylarsine. Ce dédoublement est absolument comparable à celui que nous avons étudié chez les dérivés trihalogénés des arsines secondaires en série grasse.

Ils se décomposent également, par action de l'eau, en se transformant en acides cacodyliques correspondants; le trichlorure de diphénylarsine fournit ainsi l'acide diphénylarsinique ou phénylcacodylique:

$$2C^6H^5AsCl^3 + 4H^2O = 6HCl + 2(C^6H^5)^2AsO(OH)$$

Trichlorure de diphénylarsine $(C^6H^5)^2AsCl^3$. — Il cristallise dans le benzène en tables fusibles à 174°.

Chlorodibromure $(C^6H^5)^2AsClBr^2$, liquide épais rouge sang.

Le *trichlorure de dinitrodiphénylarsine* $(C^6H^4AzO^2)^2AsCl^3$ et le *tribromure de dinitrodiphénylarsine* $(C^6H^4AzO^2)^2AsBr^3$ sont transformés, par un excès de tétranitrotétraphényldiarsine, en les arsines monohalogénées correspondantes.

Trichlorure de p-ditolylarsine $(CH^3 — C^6H^4)^2AsCl^3$, poudre jaune.

Trichlorure de phénylparatolylarsine $(CH^3 — C^6H^4) AsCl^3 C^6H^5)$ masse cristalline blanche.

2° Dérivés oxygénés.

...naît les composés répondant aux formules générales suivantes :

$[R^2As]^2O$	R^2AsOH
Oxydes des arsines secondaires.	Hydrates correspondants, (acides diarylarsinieux)
$(R^2AsO)^2O$	$R^2AsO(OH)$
— Anydrides diarylarsiniques.	Acides diarylarsiniques (ou arylcacodyliques)

Alors qu'en série grasse les hydrates du type R^2AsOH sont peu stables et présentent un caractère basique, en série aromatique, au contraire, ces hydrates sont d'une stabilité plus grande, en particulier quand le radical aromatique est nitré ou carboxylé ; ils possèdent, dans ce cas, des propriétés acides marquées.

1° Oxydes $[R^2As]^2O$

Formation. — On les obtient :

1° En décomposant par la potasse alcoolique les chlorures d'arsines secondaires aromatiques R^2AsCl ; il se forme transitoirement l'hydrate R^2AsOH qui, peu stable, perd de l'eau et donne naissance à l'oxyde correspondant (La Coste et Michaelis) :

$$R^2AsCl + KOH = KCl + R^2AsOH$$
$$2 R^2AsOH = H^2O + [R^2As]^2O$$

Parfois cependant, notamment dans le cas des composés nitrés, on obtient directement l'hydrate.

2° Par l'action de l'eau à 100° sur les éthers des acides diarylarsinieux. L'éther phénolique de l'acide diphénylarsinieux se dédouble ainsi en phénol et oxyde correspondant :

$$2(C^6H^5)^2AsOC^6H^5 + H^2O = [(AzO^2 — C^6H^4)^2As]^2O + 2C^6H^5OH$$

3° Par oxydation directe des cacodyles aromatiques. On réalise cette oxydation, au moyen d'acide carbonique renfermant de petites quantités d'oxygène, de manière à éviter l'inflammation du produit.

Propriétés. — Ces oxydes fixent 4 atomes de chlore en se transformant en oxychlorures, $[R^2AsCl]O$. L'hydrogène sulfuré les convertit en sulfures correspondants : $[R^2As]^2S$.

Enfin, l'acide phosphoreux, en milieu alcoolique ou acétique, les réduit en cacodyles $R^2As — AsR^2$.

Oxyde de diphénylarsine [(C⁶H⁵)²As]²O. Cet oxyde est fusible à 91-92° ; il fixe le chlore en se transformant en *oxychlorure*

$$[(C^6H^5)^2AsCl^2]^2O$$

poudre blanche fusible à 117° qui, chauffée légèrement avec l'eau, se convertit en acide diphénylarsinique (C⁶H⁵)²AsO(OH).

L'oxyde de p. dianisylarsine [(CH³O — C⁶H⁴)²As]²O fond vers 130° et se transforme, par l'action de l'acide chlorhydrique concentré, en chlorure correspondant.

L'oxyde de di-p. tolylarsine [(CH³ — C⁶H⁴)²As]²O cristallise dans l'éther en aiguilles fondant à 98°. Il se décompose à 360° en tritolylarsine et anhydride arsénieux (La Coste) (1) :

$$3[(CH^3 — C^6H^4)^2As]^2O = 4(CH^3 — C^6H^4)^3As + As^2O^3$$

L'oxyde mixte de phényl et de p. tolylarsine :

$$\left(\begin{matrix} & C^6H^5 \\ CH^3 — & C^6H^4 \end{matrix} > As\right)^2 O$$

est un liquide sirupeux légèrement jaunâtre, donnant par l'action du chlore un *oxychlorure* [(C⁶H⁵)(CH³ — C⁶H⁴)AsCl²]²O cristallisant en aiguilles groupées en éventail.

2° Hydrates (Acides diarylarsinieux) R²AsOH

Ces hydrates correspondent aux oxydes que nous venons d'étudier. Quelques-uns sont instables et passent immédiatement à l'état d'anhydrides, mais on en peut préparer certains dérivés, les éthers phénoliques, par exemple ; certains autres, au contraire, peuvent être isolés ; ce sont surtout, semble-t-il, ceux qui possèdent des substitutions carboxylées ou nitrées.

Les sels métalliques de ces acides sont généralement instables, tandis que les éthers phénoliques sont, au contraire, d'une assez grande stabilité.

Les acides diarylarsinieux s'obtiennent en décomposant par le

<hr>

(1) La Coste, *Liebig's Annal.*, **208**, p. 25.

carbonate de sodium les dérivés chlorés, bromés et iodés correspondants.

Les éthers phénoliques se préparent en faisant réagir le phénol
sodé sur les chlorures d'arsines secondaires. Ils sont décomposés
par l'eau à 100° en phénol et oxyde de diarylarsine. Ils fixent le
chlore et le brome, en donnant des dérivés d'addition que l'eau détruit à 100°, avec production des acides cacodyliques correspondants.

Acide diphénylarsinieux $(C^6H^5)^2AsOH$; cet acide n'est pas connu ;
son *éther phénolique* $(C^6H^5)^2AsOC^6H^5$ est un liquide bouillant à
230-231° sous 15 mm. et de densité $D = 1,3113$ à 11° ;

Acide bis-nitrophénylarsinieux $(AzO^2C^6H^4)^2AsOH$, F. 149°.

L'acide dibenzarsinieux $(CO^2H — C^6H^4)^2AsOH$ est peu soluble
dans l'eau, assez soluble dans l'alcool ; son *sel de calcium*, précipité
de sa solution aqueuse par l'alcool, présente la composition :

$$HO — As(C^6H^4 — CO^2)^2Ca + 2H^2O$$

3° Anhydrides diarylarsiniques $(R^2AsO)^2O$

Ces composés sont peu connus ; *l'anhydride diphénylarsinique*
$[(C^6H^5)^2AsO]^2O$ se forme par oxydation à l'air du cacodyle phénylique ; il se transforme, par action de l'eau, en acide correspondant.

4° Acides diarylarsiniques (acides cacodyliques aromatiques) $R^2AsO(OH)$.

Ces acides se forment dans les conditions suivantes : 1° Par action de l'eau sur les trichlorures d'arsines secondaires R^2AsCl^3 :

$$(C^6H^5)^2AsCl^3 + 2H^2O = (C^6H^5)^2AsO(OH) + 3HCl$$

On peut opérer cette réaction en faisant agir un courant de chlore
sur l'arsénobenzène ou sur le chlorure de diphénylarsine, en présence de l'eau ;

2° Les oxychlorures de la forme $(R^2AsCl^2)^2O$ se décomposent également, quand on les chauffe légèrement avec l'eau, avec formation
d'acides diarylarsiniques.

3° L'eau à 100° exerce la même action sur les produits d'addition,
tels que $(C^6H^5)^2AsCl^2(OC^6H^5)$, obtenus en traitant par le chlore ou
le brome les éthers phénoliques des acides diarylarsinieux. Ainsi, le
composé $(AzO^2 — C^6H^4)^2AsCl^2OC^6H^5$ se dédouble suivant l'équation :

$$(AzO^2 — C^6H^4)^2AsCl^2(OC^6H^5) + 2H^2O = C^6H^5OH + 2HCl +$$
$$(AzO^2C^6H^4)^2AsO(OH)$$

Les acides cacodyliques aromatiques sont solides et cristallisés.
Ils sont stables vis-à-vis l'acide azotique ; mais ils se laissent nitrer
par l'action du mélange nitro-sulfurique. Les dérivés nitrés ainsi
obtenus, traités en solution ammoniacale par l'hydrogène sulfuré,
se transforment en dérivés amidés ; mais, en même temps, le groupe
AsO(OH) se réduit, et l'on obtient finalement un sulfure, que l'eau
bromée transforme en un acide cacodylique à la fois amidé et
bromé et d'autant plus stable que la substitution bromée est plus
complète.

Les acides cacodyliques aromatiques amidés simples ne sont pas
connus.

Les acides diarylarsiniques, qui possèdent des chaînes latérales,
sont tranformés en dérivés carboxylés, par oxydation au moyen du
permanganate en solution alcaline à 5o-6o° ; l'acide di-p-tolylarsinique $(CH^3 — C^6H^4)^2AsO(OH)$ est ainsi converti en acide dibenzarsinique $(CO^2H — C^6H^4)^2AsO(OH)$ (La Coste) (1).

Les acides cacodyliques aromatiques jouent à la fois le rôle de
bases faibles et d'acides faibles.

Acide diphénylarsinique (phénylcacodylique) $(C^6H^5)^2AsO(OH)$. —
Pour préparer cet acide, on fait passer un courant rapide de
chlore sur 20 gr. de chlorure de diphénylarsine placé dans un vase
avec cinq fois son poids d'eau, puis on chauffe pendant quelque
temps à 6o-7o°, sans dépasser cette température.

Quand la dissolution du chlorure de diphénylarsine est complète,

---

(1) La Coste, *Liebig's Annal.*, **208**, p. 3.

on évapore à siccité au bain-marie, on reprend le résidu par l'eau froide; par évaporation spontanée l'acide diphénylarsinique se dépose en masse neigeuse (La Coste, Michaelis, Weber) (1).

Cet acide cristallise en aiguilles fusibles à 173°. Densité $= 1{,}545$. Il est peu soluble dans l'eau froide, soluble dans l'eau chaude et l'alcool, très peu dans le benzène et l'éther.

L'acide nitrique ne l'attaque pas, mais s'y combine, en donnant un *nitrate* F. 125°, se dédoublant par ébullition avec l'eau en acides nitrique et diphénylarsinique. Avec le mélange sulfonitrique, il se forme également le nitrate; mais à la température d'ébullition on obtient le dérivé dinitré. L'acide diphénylarsinique est toxique.

Sels de l'acide diphénylarsinique. — Le *sel d'ammonium* $(C^6H^5)AsO(OAzH^4)$ perd la totalité de son ammoniaque, par exposition sur l'acide sulfurique. Les *sels de sodium* $C^{12}H^{10}AsO^2Na$ *et de baryum* $(C^{12}H^{10}AsO^2)^2Ba$ sont solubles dans l'eau et l'alcool.

Le *sel de plomb* $(C^{12}H^{10}AsO^2)^2Pb$ cristallise dans l'eau bouillante.

Les *sels de cuivre* $(C^{12}H^{10}AsO^2)^2Cu$ et $C^{12}H^{10}O^2AsCu(OH)$ et le *sel d'argent* $C^{12}H^{10}AsO^2Ag$ sont des précipités amorphes.

Acide dinitrodiphénylarsinique $(AzO^2C^6H^4)^2AsOOH$, F. 256°. Michaelis a préparé les sels neutres de Ba, Ag et le sel basique de cuivre $(C^6H^4AzO^2)^2AsOOCuOH$.

Acide hexabromodiaminodiphénylarsinique $(AzH^2C^6HBr^3)^2AsOOH$ obtenu par oxydation, au moyen de l'eau bromée, du sulfure de diaminodiphénylarsine $(AzH^2 — C^6H^4As)^2S$, F. 287°.

Acide phénylparatolylarsinique $\begin{matrix} C^6H^5 \\ CH^3 — C^6H^4 \end{matrix} > AsOOH$, F. 158-160°.

L'acide di-p-tolylarsinique $(CH^3 — C^6H^4)^2AsOOH$, F. 167°.

L'acide dibenzarsinique $(CO^2H — C^6H^4)^2AsOOH$ se produit par oxydation du précédent; il cristallise en feuillets et se décompose sans fondre, par action de la chaleur; son *éther diméthylique* $(CH^3CO^2 — C^6H^4)^2AsOOH$ fond au-dessus de 280°.

L'acide dibenzylarsinique $(C^6H^5 — CH^2)^2AsOOH$ se produit dans la préparation de la tribenzylarsine. Il cristallise dans l'alcool bouillant en feuillets brillants, F. 210° (Michaelis et Paetow) (2).

(1) La Coste et Michaelis, *Liebig's Annal.*, **201**, p. 231 ; Michaelis et Weber, *Liebig's Annal.*, **321**, p. 151.
(2) Michaelis et Paetow, *Liebig's Annal.*, **233**, p. 90.

La chaleur le décompose suivant l'équation :

$$2C^{14}H^{15}AsO^2 = C^6H^5 — CH^2 — CH^2 — C^6H^5 + 2C^6H^5CHO + As^2 + 2H^2O.$$

Il s'unit aux acides chlorhydrique, bromhydrique et iodhydrique, en solution étendue, en donnant des combinaisons peu stables que l'eau décompose. Au contraire, l'action de l'acide chlorhydrique concentré et chaud le détruit, avec formation de chlorure de benzyle et de toluène :

$$(C^6H^5CH^2)^2AsO\,OH + 4HCl = AsCl^3 + C^6H^5CH^2Cl + C^6H^5CH^3 + 2H^2O$$

L'acide nitrique concentré et chaud l'oxyde en acides benzoïque et arsénique.

Il est réduit en solution alcoolique par le zinc, avec formation probable de cacodyle benzylique.

L'hydrogène sulfuré le transforme en acide thiodibenzylarsinique $(C^6H^5 — CH^2)^2AsOSH$.

Combinaisons avec les bases. — *Sel de calcium* $(C^{14}H^{14}AsO^2)^2$ Ca + 6H^2O, *sel de baryum* $(C^{14}H^{14}AsO^2)^2Ba + 8H^2O$; ces deux sels cristallisent dans l'alcool ; *sel d'argent* $C^{14}H^{14}AsO^2Ag$, poudre amorphe.

Combinaisons avec les acides. — *Chlorhydrate* $(C^6H^5 — CH^2)$ AsOOH, HCl, aiguilles, F. 128°.

Bromhydrate, longs prismes.

Nitrate, aiguilles, F. 128-129°.

3° Dérivés sulfurés.

Les dérivés sulfurés connus peuvent se ramener aux quatre types suivants :

1° *Monosulfures* $(R^2As)^2S$;

2° *Bisulfures* $(R^2As)^2S^2$;

3° *Trisulfures* $(R^2As)^2S^3$;

4° *Acides diarylthioarsiniques* R^2AsOSH.

On ne connaît qu'un seul représentant de chacun des trois derniers groupes.

1° **Monosulfures.**

On les obtient (MICHAELIS) (1):

1° En traitant par l'hydrogène sulfuré les chlorures ou les oxydes des arsines secondaires en solution alcoolique. Ainsi se prépare le monosulfure de diphénylarsine :

$$[(C^6H^5)^2As]^2O + H^2S = H^2O + [(C^6H^5)^2As]^2S$$

2° Par l'action du soufre sur un excès d'un cacodyle aromatique ; la tétranitrotétraphényldiarsine, chauffée avec du soufre en solution benzénique, fournit ainsi le monosulfure de dinitrodiphénylarsine :

$$(AzO^2C^6H^4)^2As — As(C^6H^4AzO^2)^2 + S^2 = 2(AzO^2C^6H^4)^2AsS$$

Les sulfures de diarylarsines sont cristallisés, à l'exception du sulfure de phénylparatolylarsine. Ils sont transformés, par l'action de l'acide chlorhydrique concentré, en chlorures d'arsines secondaires

Sulfure de diphénylarsine $[(C^6H^5)^2As]^2S$, F. 67°.

Sulfure de dinitrodiphénylarsine $[(AzO^2 — C^6H^4)^2As]^2S$, F. 156°.

Sulfure de diamidodiphénylarsine $[(AzH^2 — C^6H^4)^2As]^2S$. Ce sulfure s'obtient, en traitant par l'hydrogène sulfuré une solution fortement ammoniacale d'acide dinitrodiphénylarsinique, et précipitant la solution étendue par l'acide chlorhydrique.

Il forme une poudre blanche amorphe F. 110° ; ses sels sont solubles dans l'eau ; *sulfate* $[(AzH^2 — C^6H^4)^2As]^2S.2SO^4H^2$, aiguilles blanches. *Le dérivé acétylé* de la base fond vers 175°.

Le sulfure de phényl-p-tolylarsine :

$$\left(CH^3 — {C^6H^5 \atop C^6H^4} \Big\rangle As\right)^2 S$$

est un liquide huileux.

2° **Bisulfures.**

Le bisulfure de diphénylarsine $[(C^6H^5)^2As]^2S^2$ a seul été obtenu, en traitant par l'hydrogène sulfuré une solution acétique ou ammo-

<hr>

(1) MICHAELIS, *Liebig's Annal.*, **321**, p. 145.

niacale d'acide diphénylarsinique ; il se ramollit dès 60° et fond à 110°
(Michaelis.). Il est soluble dans le sulfure d'ammonium jaune, en
donnant vraisemblablement un sulfarséniate.

3. Trisulfures.

Le trisulfure de dinitrodiphénylarsine $[(AzO^2 — C^6H^4)^2As]^2S^3$, fusible à 69°, se prépare en chauffant, avec un excès de soufre, une
solution benzénique de tétranitrotétraphényldiarsine (cacodyle
nitrophénylique) (Michaelis).

4° Acides diarylthioarsiniques.

L'acide-dibenzylthioarsinique $(C^6H^5CH^2)^2AsOSH$ s'obtient en faisant passer longtemps un courant d'hydrogène sulfuré dans une solution alcaline d'acide dibenzylarsinique, et précipitant ensuite par
l'acide chlorhydrique. Il cristallise dans l'alcool en feuillets nacrés
fusibles à 197-199°, solubles dans le benzène l'alcool, et l'acide acétique (Michaelis et Paetow) (1).

ARSINES TERTIAIRES AROMATIQUES AsR³.

Les arsines tertiaires aromatiques répondent à la formule générales AsR³. Les groupes R peuvent être tous aromatiques ; ou bien,
à côté d'un ou deux groupes aryl, il peut y avoir un ou deux radicaux alcoyles. Les premières arsines sont exclusivement aromatiques,
les autres sont des arsines mixtes. Nous les traiterons séparément.

Arsines purement aromatiques.

Dans ces composés, tous les groupes aryl peuvent être identiques
ou différents.

Formation et préparation. — 1° Les arsines tertiaires aromatiques

---

(1) Michaelis et Paetow, *Liebig's Annal.*, **233**, p. 90.

sont très stables ; aussi se forment-elles dans la décomposition par la chaleur :

a) Des composés arsénoïques :

$$3(C^6H^5)^2As^2 = 2As(C^6H^5)^3 + 4As$$

b) Des cacodyles aromatiques ; le phénylcacodyle, soumis à la distillation sèche, se décompose en arsenic et triphénylarsine :

$$3(C^6H^5)^2As - As(C^6H^5)^3 = 4As(C^6H^5)^3 + As^2$$

c) Des oxydes et des sulfures d'arsines primaires :

$$3C^6H^5AsO = As(C^6H^5)^3 + As^2O^3$$
$$3C^6H^5AsS = As(C^6H^5)^3 + As^2S^3$$

d) Des oxydes d'arsines secondaires ; l'oxyde de di-p-tolylarsine fournit ainsi la tri-p-tolylarsine :

$$3[(CH^3 - C^6H^4)^2As]^2O = 4As(C^6H^4 - CH^3)^3 + As^2O^3$$

e) Des chlorures d'arsines secondaires ; le chlorure de p-tolylarsine donne ainsi naissance à la tri-p-tolylarsine :

$$3(CH^3 - C^6H^4)^2AsCl = CH^3 - C^6H^4AsCl^2 + (CH^3 - C^6H^4)^3As$$

2° L'action du sodium, en milieu éthéré, sur un mélange de chlorure d'arsenic et d'un dérivé halogéné aromatique, fournit également l'arsine tertiaire (1) correspondant à ce dérivé. La trianisylarsine, par exemple, s'obtient en partant du p-bromoanisol :

$$3CH^3O - C^6H^4Br + AsCl^3 + 6Na = 3NaBr + 3NaCl +$$
$$(CH^3O - C^6H^4)^3As$$

Cette réaction sert le plus souvent pour la préparation des arsines symétriques, c'est-à-dire celles dont les trois radicaux R sont identiques.

Les réactions qui suivent s'appliquent indistinctement à l'obtention des arsines tertiaires symétriques ou dissymétriques.

3° Les chlorures et les sulfures d'arsines primaires réagissent sur les dérivés arylés du mercure, d'après les équations suivantes :

(1) Michaelis et Reese, *D. ch. Gesell.*, **15**, p. 1610.

$$RAsCl^2 + Hg(R')^3 = RAs(R')^2 + HgCl^2$$
$$RAsS + Hg(R')^2 = RAs(R')^2 + HgS$$

4° On peut obtenir certaines arsines tertiaires, en partant de quelques-uns de leurs dérivés.

a) Les oxydes de triarylarsines R³AsO sont réduits, en solution alcoolique, par l'acide phosphoreux. La trinotriphénylarsine $(AzO^2C^6H^4)^3As$ se prépare ainsi par réduction de son oxyde (Michaelis) (1).

b) Une solution benzénique de sulfure de β-trinaphtylarsine, maintenue à l'ébullition, en présence de mercure, régénère la p-trinaphtylarsine (2) :

$$(C^{10}H^7)^3AsS + Hg = HgS + (C^{10}H^7)^3As$$

c) Les hydrates de la forme $R^3As(OH)^2$ sont également réduits, par le zinc et l'acide chlorhydrique, en arsines tertiaires.

d) L'hydrate de triphénylméthylarsonium, soumis à l'action prolongée de la chaleur, se scinde suivant l'équation :

$$(C^6H^5)^3(CH^3)AsOH = CH^3OH + As(C^6H^5)^3$$

e) La potasse alcoolique ou l'hydrogène sulfuré décomposent les combinaisons $(R^3As).HgCl^2$ en régénérant AsR³.

Propriétés. — Les arsines tertiaires aromatiques sont solides ; elles cristallisent aisément dans l'alcool, le mélange alcool-éther, le benzène ou l'acide acétique. A l'état pur, elles sont absolument inodores, et ne produisent sur la peau aucune sensation de brûlure. Elles fixent le chlore et le brome en solution dans le chloroforme ou dans le tétrachlorure de carbone, en donnant des chlorures R^3AsCl^2 et des bromures R^3AsBr^2, qui se séparent du solvant soit directement, soit par addition d'éther ; mais parfois le chlore réagit également sur le noyau ; la trinitrotriphénylarsine fournit ainsi le chlorure de trinitrotrichlorotriphénylarsine $(AzO^2C^6H^3Cl)^3AsCl^2$. Si l'action du chlore sur les arsines tertiaires s'opère en présence de chloroforme contenant de l'alcool, on obtient des composés de la

(1) Michaelis, *Lieblg's Annal.*, **321**, p. 141.
(2) Michaelis, *Lieblg's Annal.*, **321**, p. 248.

forme R³AsCl(OH) ou R³AsBr(OH). Toutefois ces oxybromures ne se produisent pas, dans le cas du dibromure de p.-tricumylarsine et de trimésitylarsine.

Les triarylarsines possèdent toutes les réactions générales des noyaux, telles que nitration, sulfonation, transformation des méthyles latéraux en carboxyles; mais, dans toutes ces réactions, il y a oxydation et transformation de R³As en R³AsO. L'acide sulfurique réalise déjà cette oxydation au bain marie, et ne sulfone qu'à l'ébullition; le mélange nitrosulfurique oxyde et nitre à la fois; l'acide azotique ou le permanganate de potassium oxydent les groupes CH³ fixés aux noyaux, en même temps qu'il y a fixation d'oxygène sur l'arsenic.

C'est ainsi qu'on réalise la transformation de la diphényl-p-tolylarsine (C⁶H⁵)²As — C⁶H⁴ — CH³ en oxyde (C⁶H⁵)²AsO — C⁶H⁴ —CO²H de la phényl-p-ditotylarsine C⁶H⁵As(C⁶H⁴CH³)² en oxyde :

$$C^6H^5 - AsO \diagdown \diagup \begin{matrix} C^6H^4 - CO^2H \\ C^6H^4 - CH^3 \end{matrix} \quad \text{ou en oxyde } C^6H^5 - AsO(C^6H^4 - CO^2H)^2$$

de la p-tritotylarsine (CH³ — C⁶H⁴)³As en hydroxyde (OH)²As(C⁶H⁴ — CO²H)³

Dans le cas d'une chaîne latérale isopropylique, l'oxydation peut être moins profonde, et, de même que le paracymène se transforme en :

$$CO^2H - C^6H^4 - COH \diagup \diagdown \begin{matrix} CH^3 \\ CH^3 \end{matrix}$$

de même la tricumylarsine :

$$As\left(C^6H^4 - CH \diagup \diagdown \begin{matrix} CH^3 \\ CH^3 \end{matrix}\right)^3$$

est convertie en oxyde (1) :

$$OAs\left(C^6H^4 - COH \diagup \diagdown \begin{matrix} CH^3 \\ CH^3 \end{matrix}\right)^3$$

En chauffant à 300° de la triphénylarsine et du phosphore

____

(1) Michaelis, *Liebig's Annal.*, **320**, p. 285.

Kraft et Neumann (1) ont obtenu de la triphénylphosphine et de l'arsenic :

$$(C^6H^5)^3As + P = P(C^6H^5)^3 + As$$

Chauffées avec le chlorure d'arsenic, les arsines tertiaires se dédoublent d'après l'équation :

$$R^3As + AsCl^3 = RAsCl^2 + R^2AsCl$$

le chlorure d'arsine primaire prédomine.

L'acide iodhydrique exerce à chaud sur la trianisylarsine une réaction assez curieuse, il se forme d'abord de l'iodure de dianisylarsine $(CH^3O — C^6H^4)^2AsI$, qui, par action prolongée de la chaleur et sous l'influence d'un excès d'acide iodhydrique, se décompose complètement suivant l'équation (Michaelis et Weitz) (2) :

$$(CH^3O — C^6H^4)^2AsI + 2HI = AsI^3 + 2CH^3O — C^6H^5$$

L'anisol peut lui-même être déméthylé et transformé en phénol.

Les triarylarsines sont insolubles dans l'acide chlorhydrique. Elles se combinent au chlorure mercurique, en donnant des combinaisons cristallisées du type $R^3As.HgCl^2$, difficilement solubles dans l'alcool, plus aisément solubles dans l'acide acétique. Leurs solutions alcooliques, additionnées d'acide chlorhydrique et de chlorure de platine, laissent précipiter des chloroplatinates de forme $(R^3AsH)^2PtCl^6$

Triphénylarsine $As(C^6H^5)^3$.

La triphénylarsine se prépare en faisant agir le sodium métallique sur une solution de chlorure d'arsenic et de bromobenzène dans l'éther anhydre (3).

On peut opérer de la façon suivante (4) :

(1) Kraft et Neumann, *D. chem. Gesell.*, **34**, p. 565.
(2) Michaelis et Weitz, *D. chem. Gesell.*, **20**, p. 51.
(3) Michaelis et Reese, *D. chem. Ges.*, **15**, 1610; B. Philips, *ibid.*, **19**, 1031 : Michaelis et Loessen, *ibid.*, **27**, 264.
(4) Michaelis, Ludwig, *Liebig's Annal.*, **321**, p. 160.

Dans un ballon muni d'un réfrigérant à reflux, on introduit 80 gr. de sodium finement divisé qu'on recouvre de 400 cmc. d'éther anhydre ; on y fait couler ensuite un mélange de 55 gr. de trichlorure d'arsenic et de 140 gr. de benzène monobromé ; on refroidit le ballon, en le maintenant dans un mélange réfrigérant pendant environ deux heures, et en ayant soin pendant la première heure d'agiter fréquemment. On abandonne alors le tout pendant 12 heures ; puis on distille l'éther et on obtient une huile qui cristallise par refroidissement ; on peut la purifier par cristallisation dans l'alcool.

Elle cristallise en tables rhombiques appartenant au système triclinique et isomorphe avec la triphénylstibine. Elle fond à 60°; elle bout sans décomposition au-dessous de 360°, dans une atmosphère d'acide carbonique; sa densité est de 1,306. Elle est soluble dans l'éther et le benzène, peu soluble dans l'alcool froid, insoluble dans les acides chlorhydrique et iodhydrique concentrés. Sa solution dans l'alcool étendu, additionnée d'une solution aqueuse de sublimé, laisse déposer un précipité cristallin de *chloromercurate* $(C^6H^5)^3As.HgCl^2$ insoluble dans l'eau, assez soluble dans l'alcool absolu et chaud. Ce chloromercurate est transformé, à chaud, par action de la potasse aqueuse, en hydrate $(C^6H^5)^3As(OH)^2$ avec précipitation de mercure; au contraire, la potasse alcoolique le décompose à froid, en donnant de l'oxyde mercurique et de la triphénylarsine. L'hydrogène sulfuré fournit de même de la triphénylarsine avec formation de sulfure de mercure et d'acide chlorhydrique.

Triarylarsines.	Formules	Points de fusion des Triaryl-arsines.	Chloro-platinates Points de fusion.	Chloro-mercurates Points de fusion.
Triphénylarsine. . . .	$(C^6H^5)^3As$	60°	285°	—
Trinitrotriphénylarsine .	$(AzO^2C^6H^4)^3As$	250°	—	—
Triamidotriphénylarsine	$(AzH^2C^6H^4)^3As$	176°	—	—
(dérivé triacétylé)	$(CH^3—COAzH—C^6H^4)^3As$	233°	—	—
(dérivé tribenzoylé)	$(C^6H^5CO—AzH—C^6H^4)^3As$	271°	—	—
Hexaméthyltriamido-triphénylarsine . . .	$[(CH^3)^2Az—C^6H^4]^3As$	240°	—	—
Trichlorotrinitrotriphé-nylarsine	$(AzO^2—C^6H^3Cl)^3As$	252°	—	—
Trianisylarsine . . .	$[(CH^3O)C^6H^4]^3As$	156°	—	—
Triphénéthylarsine .	$(C^2H^5O—C^6H^4)^3As$	98°	—	—
Diphényl-p.tolylarsine .	$(C^6H^5)^2As—C^6H^4CH^3$	80°	233°	147°
Phényl-dip.tolylarsine .	$C^6H^5—As(C^6H^4CH^3)^2$	101°	256°	110°
m . *tritolylarsine* . . .	$(CH^3—C^6H^4)^3As$	96°	—	174°
p. *tritolylarsine* . . .	$(CH^3—C^6H^4)^3As$	146°	—	246°
Trinitro —	$(AzO^2(CH^3)C^6H^3)^3As$	201°	—	—
Triamido —	$(AzH^2(CH^3)C^6H^3)^3As$	198°	—	—
(dérivé triacétylé)	$(CH^3—COAzH—C^6H^3—CH^3)^3As$	228°	—	—
Phényldi·m. xylylarsine .	$[(CH^3)^2C^6H^3]^2AsC^6H^5$	99°	—	—
m. *trixylylarsine* . . .	$[(CH^3)^2C^6H^3]^3As$	166°	—	257°
p. *trixylylarsine* . . .	$[(CH^3)^2C^6H^3]^3As$	157°	—	236°
Triéthyltriphénylarsine .	$(C^2H^5—C^6H^4)^3As$	78°	—	—
Phényldipseudocumy-larsine	$[(CH^3)^2C^6H^3]^2As—C^6H^5$	138°5	287°	233°
	chloraurate	177°	—	—
Tripseudocumylarsine .	$[(CH^3)^3C^6H^2]^3As$	223°	—	—
p . *tricumylarsine* . . .	$[(CH^3)^3C^6H^2]^3As$	140°	—	243°
Trimésitylarsine. . . .	$[(CH^3)^3C^6H^2]^3As$	170°	—	—
Tripseud obutylphényl-arsine	$[(CH^3)^3C—C^6H^4]^3As$	235°	—	—
α—*trinaphtylarsine.* . .	$(C^{10}H^7)^3As$	252°	—	—
β—*trinaphtylarsine.* . .	$(C^{10}H^7)^3As$	165°	—	247°

Tribenzylarsine $(C^6H^5CH^2)^3As$

Cette arsine se prépare en faisant agir le sodium sur une solution de chlorure d'arsenic et de chlorure de benzyle dans l'éther anhydre, additionné d'un peu d'éther acétiqu. Il se forme, outre la tribenzylarsine et son chlorure $(C^6H^5CH^2)^3AsCl^2$, le trichlorure de dibenzylarsine $(C^6H^5CH^2)^2AsCl^3$. Après avoir évaporé l'éther, on traite le résidu par l'alcool, qui laisse insoluble un mélange de tribenzylarsine et d'oxychlorure de dibenzylarsine $(C^6H^5CH^2)^2AsCl(OH)$, produit par l'action de l'alcool sur le trichlorure. On traite cette partie insoluble par l'alcool ammoniacal bouillant ; par refroidissement la tribenzylarsine cristallise ; l'oxychlorure, au contraire, reste dans la liqueur à l'état de dibenzylarsinate d'ammonium (Michaelis et Paetow) (1).

La tribenzylarsine cristallise dans l'alcool en longues aiguilles clinorhombiques, F. 104°. Elle ne peut être distillée sans décomposition. Elle est insoluble dans l'eau, soluble dans l'éther et le benzène. L'acide nitrique étendu et bouillant l'oxyde avec formation des acides benzoïque et arsénique. *Son chloromercurate* cristallise dans l'alcool en fines aiguilles, F. 159°.

Arsines mixtes AsR^3.

Ces composés renferment à la fois un ou plusieurs groupes gras ou aromatiques. On les obtient par les méthodes suivantes (2) :

1° On fait réagir les chlorures de diarylarsines sur les composés organométalliques du zinc :

$$2(C^6H^5)^2AsCl + Zn(C^2H^5)^2 = ZnCl^2 + (C^6H^5)^2AsC^2H^5$$

On obtient ainsi des arsines renfermant un seul groupe alcoyle ; les deux restes aryles peuvent d'ailleurs être différents.

(1) Michaelis et Paetow, *Liebig's Annal.*, **233**, p. 60.
(2) Michaelis et La Coste, *Liebig's Annal.*, **201**, p. 196-212.

2º Au contraire, il se forme des arsines tertiaires, renfermant deux groupes gras contre un reste aromatique, quand on fait réagir les dichlorures d'arylarsines sur les composés organo-métalliques du zinc en excès :

$$C^6H^5AsCl^2 + Zn(C^2H^5)^2 = C^6H^5As(C^2H^5)^2$$

Ces réactions n'ont été effectuées qu'avec le zinc méthyle et le zinc éthyle ; elles s'opèrent en solution dans l'éther absolu ou le benzène anhydre.

Les arsines tertiaires mixtes sont des liquides très réfringents, insolubles dans l'eau, solubles dans l'acool et le benzène.

Les composés dialcoylés possèdent des odeurs désagréables ; leurs points d'ébullition sont situés entre 200 et 250º.

Les arsines tertiaires monoalcoylées, au contraire, possèdent des odeurs agréables de fruits et bouillent entre 300 et 350º.

Elles se combinent au chlore en donnant des dichlorures R^3AsCl^2.

L'oxydation par le permanganate transforme en carboxyle les groupes CH^3 attachés aux noyaux, mais, en même temps, fixe un atome d'oxygène sur l'arsenic ; on obtient donc un oxyde R^3AsO. C'est ainsi que la diéthylparatolylarsine fournit l'oxyde :

$$CO^2H - C^6H^4 - AsO(C^2H^5)^2$$

qui, réduit par l'acide chlorhydrique et l'étain, fournit l'acide diéthyl-arsinobenzoïque (1) F. 58º dont le sel mercurique $CO^2H - C^6HAs \cdot (C^2H^5)^2HgCl^2$ fond à 171-172º.

Les arsines tertiaires mixtes se combinent aisément à l'iodure de méthyle, aux iodure et bromure d'éthyle en donnant naissance à des sels d'arsoniums quarternaires R^4AsX. La combinaison est plus difficile à réaliser avec les iodures alcooliques à poids moléculaire plus élevé.

Quelques-unes d'entre elles s'unissent à l'acide monochloracétique ou à son éther éthylique, pour donner des bétaïnes ou leurs éthers.

(1) MICHAELIS, *Liebig's Annal.*, **320**, p. 308 ; MICHAELIS et LINK, *Liebig's Annal.*, **207**, p. 205.

Arsines tertiaires aromatiques mixtes.	Formules de constitution.	Points d'ébullition.
Arylarsines dialcoylées.		
Diméthylphénylarsine .	$C^6H^5As(CH^3)^2$	200°
Diéthylphénylarsine. .	$C^6H^5As(C^2H^5)^2$	240°
Diméthyl-p-tolylarsine.	$(CH^3)C^6H^4—As(CH^3)^2$	220°
Diéthyl-p-tolylarsine .	$(CH^3)C^6H^4—As(C^2H^5)^2$	250°
Diarylarsines mono-noalcoylées.		
Méthyldiphénylarsine .	$(C^6H^5)^2As—CH^3$	306°
Ethyldiphénylarsine. .	$(C^6H^5)^2AsC^2H^5$	320°
Ethylphényl-p-tolyl-arsine	$(CH^3—C^6H^4)(C^6H^5)AsC^2H^5$	210-225 ss.50mm

Dérivés halogénés des arsines tertiaires.

Ils répondent à la formule générale R^3AsX^2 ; on a néanmoins préparé quelques composés du type R^3AsX^4 où l'arsenic est hepta-valent ; nous les décrirons à côté des premiers.

On obtient les dérivés R^3AsX^2, par les réactions suivantes (MICHAELIS) (1) :

1° Action des halogènes sur les arsines tertiaires, en solution dans le tétrachlorure de carbone ou le chloroforme bien privés d'eau et d'alcool :

$$R^3As + X^2 = R^3AsX^2$$

Quelquefois, il y a en même temps chloruration du noyau ; c'est le cas de la trinitrotriphénylarsine $(AzO^2C^6H^4)^3As$, qui fournit, par action du brome, le bromure de tribromotrinitrotriphénylarsine :

$$(AzO^2 — C^6H^3Br)^3AsBr^2.$$

(1) MICHAELIS, *Liebig's Annal.*, **321**, p. 141-248.

Avec l'iode, on peut obtenir, outre le diiodure R^3AsI^2 un tétraiodure R^3AsI^4; dans certains cas, on obtient même exclusivement ce dernier. La triphénylarsine, par exemple, traitée par l'iode ne fournit pas de diiodure, mais directement le tétraiodure $(C^6H^5)^3AsI^4$.

2° L'action des hydracides sur les oxydes d'arsines tertiaires ne fournit, pas plus qu'en série grasse, les chlorures correspondants. Néanmoins cette réaction peut être réalisée dans certains cas particuliers. Quand on traite par l'alcool et l'acide chlorhydrique l'oxyde de diphénylcarboxyphénylarsine $(C^6H^5)^2AsO(C^6H^4CO^2H)$, on obtient un dérivé déchloré :

$$\begin{array}{c} CO^2H - C^6H^4 \\ (C^6H^5)^2 \end{array} \!\!\Big\rangle AsO + 2HCl + C^2H^5OH =$$

$$\begin{array}{c} CO^2C^2H^5 - C^6H^4 \\ (C^6H^5)^2 \end{array} \!\!\Big\rangle AsCl^2 + 2H^2O$$

D'autre part l'action de l'acide iodhydrique concentré sur l'oxyde de tribenzylarsine fournit le dérivé diiodé correspondant :

$$(C^6H^5 - CH^2)^3AsO + 2HI + H^2O = (C^6H^5 - CH^2)^3AsI^2$$

Les dérivés halogénés des arsines tertiaires sont généralement bien cristallisés. Chauffés à 280-300°, en tube scellé, ils se dédoublent en dérivé chloré aromatique et chlorure d'arsine secondaire :

$$(C^6H^5)^3AsCl^2 = C^6H^5Cl + (C^6H^5)^2AsCl$$

Cette réaction s'opère également dans certains cas par distillation dans le vide.

Par hydrolyse ménagée, par exemple, par l'action de l'air humide ou de l'eau tiède, les dérivés dihalogénés se transforment en hydrates halogénés (oxychlorures) :

$$R^3AsX^2 \longrightarrow R^3As \!<^{X}_{OH}$$

L'hydrolyse complète, réalisée par ébullition prolongée avec l'eau, ou par action de l'ammoniaque ou de la potasse, les convertit en hydrates $R^3As(OH)^2$ ou en oxydes R^3AsO.

Dérivés halogénés des Arsines tertiaires aromatiques et leurs points de fusion.

NOMS des Arsines génératrices.	FORMULES des dérivés halogénés R^3AsX^2	Dichlorures R^3AsCl^2	Dibromures R^3AsBr^2	Diiodures R^3AsI^2	Tétraio-dures R^3AsI^4
Arsines tertiaires aromatiques simples.					
Triphénylarsine. . .	$(C^6H^5)^3AsX^2$	205°	215°	—	144°
Trinitrotriphénylars.	$(AzO^2 — C^6H^4)^3AsX^2$	—	204°	—	—
Trichlorotrinitrotri-phénylarsine . .	$(AzO^2C^6H^3Cl)^3AsX^2$	228°	209°	—	—
Diphényl-p.tolylars. .	—	—	—	—	—
Diphénylarsinobenzoate d'éthyle . .	$(C^6H^5)^2AsX^2 — C^6H^4 — CO^2C^2H^5$	133°	—	—	—
Phényl-di-p. tolylars .	$C^6H^5AsX^2(C^6H^4 — CH^3)^2$	194°	—	—	—
Phénylarsinodibenzoate d'éthyle . .	$C^6H^5AsX^2(C^6H^4CO^2C^2H^5)^2$	Pt se IF201° 176°	—	—	—
Triparatolylarsine . .	$(CH^3 — C^6H^4)AsX^2$	230°	245°	172°	153°
Trinitrotrichlorotriptolylarsine . . .	$[CH^3(AzO^2)C^6H^2Cl]^3AsX^2$	170°	—	—	—
Dim. xylylphénylarsine	$[(CH^3)^2 — C^6H^3]^2AsX^2C^6H^5$	176°	—	—	127°
Triéthyltriphénylarsine	$(C^2H^5 — C^6H^4)^3AsX^2$	246°	212°	—	—
Dipseudocumylphénylarsine	$[(CH^3)^3C^6H^2]^2AsX^2C^6H^5$	217°	—	—	—
Tripseudocumylarsine .	$[(CH^3)^3C^6H^2]^3AsX^2$	—	225°	—	—
Tricumylarsine. . .	$(C^3H^7C^6H^4)^3AsX^2$	270°	142°	—	—
Trimésitylarsine. . .	$[(CH^3)^3C^6H^2]^3AsX^2$	—	237°	—	—
α-trinaphtylarsine . .	$(C^{10}H^6X)^2AsX^2(C^{10}H^7)$?	144°	180°	—	—
Tribenzylarsine. . .	$(C^6H^5 — CH^2)^3AsX^2$	—	—	95°	—
Arsines tertiaires aromatiques mixtes.					
Diphényléthylarsine .	$(C^6H^5)^2AsX^2C^2H^5$	137°	—	—	—
Phénylparatolyléthylarsine.	$(CH^3C^6H^4)(C^6H^5)AsX^2C^2H^5$	118°	—	—	—

Oxydes des arsines tertiaires R³AsO.

On les obtient (1) : 1° En oxydant les arsines tertiaires par l'acide sulfurique ou par un mélange des acides nitrique et sulfurique ; mais, dans ce dernier cas, il y a simultanément nitration des noyaux aromatiques ; la triphénylarsine fournit ainsi l'oxyde de trinitrotriphénylarsine.

Les arsines tertiaires renfermant des groupes tolyle, xylyle et pseudocumyle, chauffées entre 110° et 170° en tube scellé avec de l'acide azotique de densité 1,3, sont transformées en oxydes ; mais en même temps les groupes CH^3 sont convertis, en tout ou en partie, en CO^2H. Ainsi, la dipseudocumylphénylarsine $[(CH^3)^3C^6H^2]^2As(C^6H^5)$ fournit les oxydes carboxylés suivants :

$$C^6H^5AsO[C^6H^2(CH^3)^2CO^2H]^2 \qquad C^6H^5AsO[C^6H^2(CH^3)(CO^2H)^2]^2$$

et

$$C^6H^5AsO[C^6H^2(CO^2H)^3]^2$$

2° Par action de la potasse sur certains dichlorures et dibromures d'arsines tertiaires, par exemple, sur le dichlorure de trichlorotrinitrophénylarsine :

$$(AzO^2 - C^6H^3\,Cl)^3AsCl^2 + KOH = (AzO^2 - C^6H^3Cl)^3AsO + 2KCl + H^2O$$

Parfois on obtient seulement l'hydrate $R^3As(OH)^2$, ou un mélange d'oxyde et d'hydrate ;

3° Par déshydratation des hydrates sous l'influence de la chaleur ; ainsi s'obtiennent l'oxyde de tryphénylarsine, de dipseudocumylphénylarsine et d'α-trinaphtylarsine ;

4° Par ébullition avec l'eau des chloro et bromohydrates :

$$(C^{10}H^7)^3As(OH)(Br) = HBr + (C^{10}H^7)^3AsO$$

(1) La Coste et Michaelis, *Liebig's Annal.*, **204**, p. 184 ; Michaelis, *Ibid.* **320**, p. 283, et **321**, p. 164-247.

Les oxydes d'arsines tertiaires sont généralement cristallisés. Quelques-uns (l'oxyde de tri-m-xylylarsine, par exemple) s'hydratent directement par action de l'eau. Ils sont réduits par l'acide phosphoreux, en arsines tertiaires correspondantes. Le zinc et l'acide chlorhydrique réduisent les oxydes d'arsines nitrées et les transforment en arsines tertiaires amidées ; l'oxyde de trinitrotriphénylarsine $(AzO^2 — C^6H^4)^3AsO$ est ainsi converti en triamidotriphénylarsine $(AzH^2 — C^6H^4)^3As$.

L'acide azotique se combine aux oxydes d'arsines tertiaires, en donnant des nitrates basiques du type : $R^3As < {OH \atop AzO^3}$; de même, avec l'acide chromique, on obtient des chromates $R^3Az < {OH \atop CrO^3H}$

Par action de l'acide chlorhydrique et de l'alcool sur les oxydes d'arsines qui possèdent, fixés aux noyaux aromatiques, des groupes carboxylés, on éthérifie ces groupes ; mais, en même temps, la fonction oxyde d'arsine est transformée en fonction dichlorure d'arsine tertiaire ; l'oxyde de diphénylcarboxyphénylarsine $(C^6H^5)^2AsO$ $(C^6H^4CO^2H)$ fournit ainsi le dichlorure $(C^6H^5)^2AsCl^2(C^6H^4CO^2C^2H^5)$.

Oxydes de	Formules.	Points de fusion.
Triphénylarsine. . . .	$(C^6H^5)^2AsO$	189°
Trinitrotriphénylar-sine.	$(AzO^2 — C^6H^4)^3AsO$	254°
Trichlorotrinitrotriphé-nylarsine.	$(AzO — ^2C^6H^3Cl)^3AsO$	257°
Diphénylparatolylarsine	$(CH^3 — C^6H^4)AsO(C^6H^5)^2$	81°
Diphényl-p-carboxyphé-nylarsine.	$(CO^2H — C^6H^4)AsO(C^6H^5)^2$	254°
Tri-m-tolylarsine . . .	$(CH^3 — C^6H^4)^3AsO$	170°
Di-m-xylylphénylarsine	$[(CH^3)^2C^6H^3]^2AsOC^6H^5$	120°
Dérivé trinitré . . .	$[(CH^3)^2(AzO^2)C^6H^2]^2AsO — C^6H^4AzO^2$	245°
Phényldicarboxyditolylarsine	$[(CO^2H)CH^3)C^6H^3]^2AsO — C^6H^5$	196°
Phényltétracarboxydiphénylarsine. . . .	$[(CO^2H^2) — C^6H^3]^2AsO — C^6H^5$	213°
Dipseudocumylphényl-arsine	$[(CH^3)^3C^6H^2]^2AsO — C^6H^5$	162°5
Dérivé trinitré . . .	$[(CH^3)^3(AzO^2)C^6H]^2AsO(C^6H^4AzO^2)$	162°
Phényldicarboxydinitrodixylylarsine. . .	$[(CH^3)^2CO^2H(AzO^2)C^6H]^2AsO(C^6H^5)$	199°
Phényltétracarboxydinitroditolylarsine . .	$[CH^3(CO^2H)^2(AzO^2)C^6H]^2AsO(C^6H^5)$	213°
Phénylhexacarboxydinitrodiphénylarsine .	$[(CO^2H)^3AzO^2C^6H]^2AsO — C^6H^5$	275°
Son anhydride . . .		193°
Son éther éthylique .		228°
Tripseudocumylarsine .	$[(CH^3)^3C^6H^2]^3AsO$	120°
Tricumylarsine. . . .	$[C^3H^7 — C^6H^4]^3AsO$	245°
Trimésitylarsine . . .	$[(CH^3)^3C^6H^2]^3AsO$	204°
Tribenzylarsine. . . .	$(C^6H^5CH^2)^3AsO$	220°

Hydrates R³As(OH)².

Ces hydrates correspondent aux oxydes R³AsO. On les obtient par action de l'eau bouillante, de l'ammoniaque ou de la potasse aqueuse sur les chlorures, bromures, chloro et bromohydrates d'arsines tertiaires, ou bien encore par hydratation des oxydes. L'oxyde de tri-m-xylylarsine s'hydrate par simple dilution de sa solution alcoolique.

Ces hydrates sont solides ; ils se combinent à l'acide azotique, en donnant des sels neutres R³As(AzO³)³ que l'eau décompose en sels basiques R³As(OH)AzO³. Quelques-uns cristallisent avec plusieurs molécules d'eau ; l'hydrate de tripseudocumylarsine avec 4H²O, et l'hydrate d'α-trinaphtylarsine avec 2H²O.

Traités en solution alcoolique par l'hydrogène sulfuré, ils fournissent les sulfures R³AsS.

Hydrate de triphénylarsine (1) (C⁶H⁵)³As(OH)². — On l'obtient par l'action de l'eau bouillante sur le chlorure de triphénylarsine. Il fond à 115-116° et perd une molécule d'eau à 105-110°, en se transformant en oxyde (C⁶H⁵)³AsO fusible à 189°; il est soluble dans l'eau et dans l'alcool, difficilement soluble dans l'éther.

Arsines tertiaires aromatiques.	Hydrates. $R^3As(OH)^2$	Nitrates basiques. $R^3As{<}^{AzO^3}_{OH}$	Nitrates neutres. $R^3As{<}^{AzO^3}_{AzO^3}$
Triphénylarsine	116°	161°	100°
Diphényl-p-tolylarsine. . .	68°	125°	—
Phényldi-p-tolylarsine. . .	—	94°	—
Tri-p-tolylarsine.	96°	—	—
Trinitro-p-tolylarsine. . .	—	—	265°
Phényl-di-m. xylylarsine. .	112°	126°	—
Triéthyltriphénylarsine . .	180°	—	—
Tricumylarsine	—	147°	—
Phényldipseudocumylarsine.	114°	—	—

(1) Michaelis et La Coste, *loc. cit.*; Philips, *D. chem. Gesell.*, **19**, p. 1232; Michaelis, *Liebig's Ann.*, **321**, p. 164.

Dérivés halogénés et oxygénés des arsines tertaires.
(Halogénohydrates).

$$R^3As < {}^{OH}_{X}$$

Ces composés peuvent être considérés comme les sels basiques des dihydrates $R^3As(OH)^2$, dont les dérivés dihalogénés seraient les sels neutres. Ils s'obtiennent (1) :

1° Par l'hydrolyse partielle des dérivés dihalogénés des arsines tertiaires. Cette hydrolyse est réalisée, suivant les cas, par des moyens divers : action de l'air humide, de l'eau froide ou chaude, de l'éther aqueux, de l'alcool ;

2° On les obtient également, en faisant agir le chlore ou le brome sur une arsine tertiaire, en solution dans du chloroforme renfermant de l'alcool ;

3° Les composés triarylés vrais ne peuvent généralement pas s'obtenir en dissolvant leurs oxydes dans l'acide chlorhydrique ; cependant l'oxyde de tribenzylarsine fournit ainsi le chlorhydrate correspondant (MICHAELIS et PAETOW) (2).

$$(C^6H^5CH^2)^3AsO + HCl = (C^6H^5CH^2)^3As < {}^{OH}_{Cl}$$

Ces halogénohydrates sont généralement cristallisés ; ils sont décomposés par la potasse ou l'ammoniaque, avec formation d'hydrates $R^3As(OH)^2$ ou d'oxydes R^3AsO.

Si l'on ajoute une solution de bichromate de potasse à une solution de chlorohydrate de triphénylarsine, il se forme aussitôt un précipité jaune rougeâtre qui, après lavage, présente la composition d'un chromate d'oxyde de triphénylarsine (3) :

$$2(C^6H^5)^3AsCl(OH) + Cr^2O^7K^2 + H^2O = 2(C^6H^5)^3As < {}^{OH}_{OCrO^3H} + 2KCl$$

(1) MICHAELIS, *Liebig's Annal.*, **320**, p. 283.
(2) MICHAELIS et PAETOW, *Liebig's Annal.*, **233**, p. 71.
(3) MICHAELIS, *Liebig's Annal.*, **321**, p. 105.

Chlorohydrate de triphénylarsine (1) $(C^6H^5)^3As(OH)Cl$. — Pour le préparer on dissout 20 gr. de triphénylarsine dans 50 gr. de chloroforme commercial (contenant de l'alcool) et on sature de chlore; on chasse ensuite l'excès de chlore par un courant de gaz carbonique, et on ajoute de l'éther anhydre, jusqu'à ce que la liqueur devienne trouble; le chlorohydrate ne tarde pas à cristalliser.

Ce composé fond à 171°; il est facilement soluble dans l'eau froide et dans l'alcool; il forme un chloroplatinate F. 180-182° : $[(C^6H^5)^3As(OH)Cl]^3PtCl^4$

Halogénohydrates des Arsines tertiaires aromatiques	Points de fusion.	
	Chlorohydrates. $R^3As < {OH \atop Cl}$	*Bromohydrates.* $R^3As < {OH \atop Br}$
Triphénylarsine.	171°	—
m.-tritolarsine	205°	190°
Phényl-di-p-tolylarsine . . .	142-143°	—
Tri-p-tolylarsine	185°	—
Phényl-di-m-xylylarsine . . .	186°	—
Tripseudocumylarsine. . . .	—	108°
Phényldipseudocumylarsine. .	173-175°	177°
Trimésitylarsine	100°	—
α-trinaphtylarsine	—	155°
Tribenzylarsine.	162-165°	128-129°
Iodhydrate F. 78°		
Diéthylcarboxyphénylarsine.		
$(CO^2HC^6H^4)(C^2H^5)^2As(OH)Cl$.	162°	—
chloromercurate	132°	—

Sulfures des arsines tertiaires R^3AsS.

Formation. — Ces sulfures se forment : 1° Par action directe du

(1) *Ibid.*, p. 162.

soufre sur les arsines tertiaires, en solution dans le sulfure de carbone (MICHAELIS et LA COSTE); ou encore par action du sulfhydrate d'ammoniaque riche en soufre;

2° Par action de l'hydrogène sulfuré sur les oxydes R^3AsO, les hydrates $R^3As(OH)^3$ ou les chlorohydrates. Le chlorohydrate de tri-p-tolylarsine $(CH^3 — C^6H^4)^3AsCl(OH)$ fournit ainsi le sulfure $(CH^3 — C^6H^4)^3AsS$ (MICHAELIS);

3° En chauffant les chlorures R^3AsCl^2 avec du sulfure jaune d'ammonium;

4° Par action de l'hydrogène sulfuré sur ces mêmes chlorures; le chlorure de diphényl-p-carboxéthylphénylarsine fournit ainsi le sulfure correspondant :

$$(C^6H^5)^2AsCl^2(C^6H^4CO^2C^2H^5) + H^2S = 2HCl + (C^6H^5)^2AsS(C^6H^4CO^2C^2H^5)$$

Propriétés. — Les sulfures des arsines tertiaires sont généralement bien cristallisés. Ils sont solubles dans l'alcool bouillant, peu solubles dans l'alcool froid et les autres solvants usuels. Le mercure les réduit à l'état d'arsines tertiaires.

Sulfures des arsines tertiaires aromatiques.	Points de fusion.
Triphénylarsine	162°
Diphényl-p-tolylarsine	135°
Diphénylarsino-benzoate d'éthyle.	178°
Phényl-di-p-tolylarsine	144°
Tri-p-tolylarsine	170-171°
Tri-m-tolylarsine.	186°
Tri-m-xylylarsine	145°
Tri-p-éthyltriphénylarsine.	123°
Phényldipseudocumylarsine	135°
Tricumylarsine	149°5
Tri-β-naphtylarsine	163°
Tribenzylarsine	212-214°

ARSONIUMS QUATERNAIRES AROMATIQUES (1) R^4AsX.

Comme les arsines tertiaires de la série grasse, les arsines aromatiques vraies ou mixtes peuvent fixer les iodures alcooliques, en donnant des iodures d'arsoniums quaternaires. Au moy n de ces iodures, on peut passer facilement aux hydrates et de ceux-ci aux chlorures et bromures. L'étude de ces dérivés halogénés et de ces hydrates d'arsoniums quaternaires sera poursuivie parallèlement, à cause de l'analogie de leurs propriétés et de leurs transformations.

Il y a lieu de distinguer, parmi ces composés, ceux chez lesquels le *radical additionné* à l'arsine tertiaire génératrice est un radical simple alcoylé ou benzylé (2) ; nous les nommerons *arsoniums quaternaires simples* ; et ceux chez lesquels ce radical additionné possède une fonction spéciale (halogène, alcool, cétone, éther-sel, acide), ou *arsoniums quaternaires complexes.*

I. — Arsoniums quaternaires à fonction simple.

Dérivés halogénés et hydrates.

Modes généraux de formation. — Les *iodures d'arsoniums quaternaires* R^4AsI simples s'obtiennent par action des iodures alcooliques sur les arsines aromatiques tertiaires. L'intensité de la réaction est variable ; elle paraît plus marquée avec les arsines tertiaires mixtes qu'avec les triarylarsines. Dans certains cas, il est nécessaire de chauffer à 100° et au-dessus ; dans d'autres (m-tritolylarsine et iodure de méthyle), la réaction a lieu déjà à froid.

Avec les arsines tertiaires à poids moléculaire élevé, de même qu'avec les iodures alcooliques en C^4 et leurs homologues, la

---

(1) Michaelis et divers, *Liebig's Annal.*, **320**, p. 271-344, et **321**, p. 141-248.
(2) Les dérivés halogénés aromatiques dont l'halogène est fixé au noyau ne semblent pas s'additionner aux arsines tertiaires.

réaction devient difficile, ou même ne se produit plus ; c'est ainsi
que l'iodure d'isobutyle ne se combine pas à la diphényléthylarsine
(Michaelis et Link) et que la paratrixylylarsine fixe bien l'iodure de
méthyle, mais ne réagit pas sur l'iodure d'éthyle (Michaelis) ; d'autre
part l'α-trinaphtylarsine ne donne pas d'arsoniums.

Il convient de signaler, en ce qui concerne les arsines mixtes,
qu'un dérivé peut parfois être obtenu par deux voies différentes.
L'iodure de méthyléthyldiphénylarsonium $(C^6H^5)^2AsI(CH^3)(C^2H^5)$,
par exemple, résulte de l'union, soit de l'iodure d'éthyle à la mé-
thyldiphénylarsine $(C^6H^5)^2AsCH^3$, soit de l'iodure de méthyle à
l'éthyldiphénylarsine $(C^6H^5)^2AsC^2H^5$.

D'autre part, les dérivés du type R^4AsX, dont les quatre radicaux
R sont différents, doivent théoriquement posséder le pouvoir rotatoire. En réalité, un seul corps de ce genre a été préparé, l'iodure
de phényl-p-tolylméthyléthylarsonium (Michaelis et Predari) (1) :

$$CH^3 - \begin{matrix} C^6H^5 \\ C^6H^4 \\ C^2H^5 \end{matrix} > As < \begin{matrix} I \\ CH^3 \end{matrix}$$

La solution alcoolique de cet iodure possède un faible pouvoir
rotatoire ; mais on n'a pu dédoubler ce sel en ses composants actifs
comme Le Bel a pu le faire avec le chlorure d'isobutylpropyléthyl-
méthylammonium (2).

On obtient parfois les *iodures d'arsoniums quaternaires*, soit en
traitant les dérivés chlorés correspondants par l'iodure de potassium, soit encore en dissolvant l'hydrate dans l'acide iodhydrique.
Mais ces modes de formation sont exceptionnels, car, en général,
c'est précisément à partir des iodures que sont obtenus les chlorures, bromures et hydrates l'arsoniums.

Les *chlorures et bromures d'arsoniums quaternaires* ne s'obtiennent généralement pas par action directe des éthers halogénés sur
les arsines tertiaires. Il y a toutefois exception pour le chlorure de
benzyle et le bromure d'allyle, qui donnent directement les chlo-

(1) Michaelis et Predari, *Liebig's Annal.*, **321**, p. 159.
(2) Le Bel, *C. R.*, **112**, p. 724.

rures et bromures correspondants. Dans tous les autres cas, il faut, ou soumettre l'iodure d'arsonium à l'action du chlorure d'argent, ce qui offre l'inconvénient de donner un chlorure mélangé d'iodure, ou mieux dissoudre l'hydrate d'arsonium correspondant dans les acides chlorhydrique ou bromhydrique.

Les *hydrates d'arsoniums* à fonction simple s'obtiennent exclusivement par l'action de l'oxyde d'argent humide sur les iodures correspondants en solution aqueuse ou alcoolique.

Propriétés générales. — A l'exception de quelques hydrates et chlorométhylates, les sels halogénés et les hydrates d'arsoniums quaternaires connus sont cristallisés. Les hydrates d'arsoniums diffèrent ainsi très nettement des hydrates d'ammoniums et de phosphoniums quaternaires, car ces derniers ne sont pas susceptibles de cristalliser. Les hydrates d'arsoniums sont des bases fortement alcalines ; si on évapore leur solution aqueuse à l'air libre, on obtient les bicarbonates correspondants $(C^6H^5)^3AsCH^3 — CO^3H + H^2O$.

Décomposition par la chaleur. — Les iodures, chauffés dans un courant d'anhydride carbonique, se décomposent en arsine tertiaire et iodure alcoolique. Dans le cas des iodoalcoylates d'arsines mixtes, il semble que ce soit l'iodure alcoolique de poids moléculaire le plus élevé qui s'élimine :

$$(C^6H^5)^2As(C^2H^5)(CH^3)I = C^2H^5I + (C^6H^5)^2AsCH^3$$

Les hydrates subissent une décomposition analogue, avec une facilité plus grande encore, puisqu'elle se produit par simple évaporation de leur solution aqueuse :

$$(C^6H^5)^3As(CH^3)(OH) = (C^6H^5)^3As + CH^3OH$$

Avec les hydrates de benzylarsoniums la réaction est un peu différente : il se forme du toluène et l'oxyde d'une arsine tertiaire.

L'hydrate de tétrabenzylarsonium, chauffé avec les alcalis, se dédouble suivant l'équation :

$$(C^6H^5 — CH^2)^4AsOH = (C^6H^5 — CH^2)^3AsO + C^6H^5 — CH^3$$

D'autre part, l'hydrate de méthyltribenzylarsonium se dédouble, par distillation avec les alcalis, en toluène et vraisemblablement en oxyde de méthyldibenzylarsine :

$$(C^6H^5 - CH^2)^3As < {CH^3 \atop OH} = (C^6H^5 - CH^2)^2AsO(CH^3) + C^6H^5CH^3$$

Ici encore, c'est le groupe le plus lourd qui se détache.

Action des halogènes. — Les sels d'arsoniums quaternaires sont capables de fixer 2 atomes de chlore ou d'iode, en donnant des composés dans lesquels l'arsenic fonctionne comme élément heptavalent. L'iodure de triphénylméthylarsonium $(C^6H^5)^3As(CH^3)I$ fournit ainsi le dérivé dichloré $(C^6H^5)^3As(CH^3)ICl^2$. Ces composés sont analogues aux triodures R^4AsI^3 que CAHOURS a signalés en série grasse.

Oxydation. — Les chlorures d'arsoniums quaternaires, possédant des CH^3 fixés aux groupes aromatiques, se laissent oxyder par le permanganate de potassium en solution alcaline, en donnant les dérivés carboxylés correspondants. Le chlorure de triéthyltolylarsonium donne ainsi le dérivé : $CO^2H - C^6H^4As(C^2H^5)^3Cl$.

Les composés ainsi obtenus se comportent comme des chlorhydrates de bétaïnes ; en effet, par action d'une solution aqueuse de carbonate de sodium, ils fournissent les bétaïnes arsenicales correspondantes :

$$\begin{array}{c} C^6H^4AsR^3 \\ | \qquad | \\ CO - O \end{array}$$

Celles-ci régénèrent les sels de bétaïnes par l'action des acides ; chauffées avec la potasse alcoolique, elles subissent un mode de dédoublement particulier représenté par l'équation suivante :

$$\begin{array}{c} C^6H^4As(CH^3)^3 \\ | \qquad | \\ CO - O \end{array} + KOH = (CH^5)^3AsO + C^6H^5CO^2K$$

Le dérivé triéthylé se dédouble de la même manière.

Le chlorure $CO^2H - C^6H^4 - As(CH^3)^3Cl$ se décompose à 400° en anhydride carbonique et chlorure de phényltriméthylarsonium $C^6H^5As(CH^3)^3Cl$.

Les chlorures donnent des chloroplatinates $(R^4AsCl)^2PtCl^4$.

Dérivés des arsines tertiaires aromatiques.

Triphénylarsine.

Chlorométhylate F. 121° (chloroplatinate F. 224-225°). Iodométhylate F. 176° (dichlorure (C⁶H⁵)³AsI(CH³)Cl² F. 144°). Hydrate (C⁶H⁵)³As(CH³)OH F. 125-126°. Iodoéthylate F. 158° (chloroplatinate F. 221°).

Trinitrotriphénylarsine.

Nitrate de trinitrophénylméthylarsonium (AzO³ — C⁶H⁴)³As(CH³)AzO³ F. 195°.

Diphényl-p-tolylarsine.

Chlorométhylate huileux (chloroplatinate F. 209°). Iodométhylate huileux (chloroplatinate F. 220°).

Phényl-di-p.tolylarsine.

Iodométhylate F. 84° (choroplatinate F. 222°). Iodoéthylate F. 125°.

m-Tritolylarsine.

Chlorométhylate huileux.
Iodométhylate F. 181°.
Iodoéthylate F. 130°.
Iodopropylate F. 143°.
Iodoisopropylate F. 162°.
Chlorobenzylate F. 102°.

p-Tritolylarsine.

Chlorométhylate F. 87°.
Iodométhylate F. 179°.
Iodoéthylate F. 158°.
Dichlorure F. 146°.

Triamino-p-tritolylarsine.

Iodométhylate F. 135°.
Chlorobenzylate liquide.

Di-m-xylylphénylarsine.

Iodométhylate F. 184°.
Hydrate F. 122°.
Iodoéthylate F. 157°.

m-Trixylylarsine.

Chlorométhylate huileux (chloroplatinate F. 245°).
Iodométhylate F. 179°.

p-Trixylylarsine.

Iodométhylate F. 175°.
(Chloroplatinate F. 250°).
Hydrate.

Tri-p-éthylphénylarsine.

Iodométhylate F. 126°.

Di-pseudocumylphénylarsine.

Chlorométhylate F. 192°
Iodométhylate F. 179°.
Hydrate (CH³)(OH) F. 151°.

Tricumylarsine.

Iodométhylate F. 103°.
Iodoéthylate F. 138°.

Trimésitylarsine.

Chlorométhylate F. 192°.
Iodométhylate F. 186°.

Tri-pseudobutyltriphénylarsine.

Iodométhylate (décomp. à 125°.)
Hydrate crist. avec $4H^2O$ F. 136°.

Dérivés des arsines mixtes.

Phényldiméthylarsine.

Iodométhylate F. 244°.
(Chloroplatinate F. 219°).

Phényldiéthylarsine.

Chlorométhylate liquide
  (chloroplatinate F. 190°).
Iodométhylate F. 122°
Iodoéthylate F. 112-113°.
(Dichlorure F. 790°).

Diphénylméthylarsine.

Iodométhylate F. 190°.
(Chloroplatinate F. 219°.

Diphényléthylarsine.

Iodométhylate F. 170°
(Chloroplatinate F. 214°; déc.).
Hydrate liquide.
(Picrate F. 930°).
Iodoéthylate F. 184°.

Phényl-p-tolyléthylarsine.

Iodométhylate
F. 150-151° ou 145° (1).
Chlorométhylate
(chloroplatinate F. 214°).
Iodoéthylate F 148°.

p. tolyldiméthylarsine.

Iodométhylate
(chloroplatinate F. 225°).

p. tolyldiéthylarsine.

Iodométhylate F. 220°.
Iodoéthylate F. 230°.
(Chloroplatinate F. 210°)

____

(1) Suivant qu'il a été cristallisé dans l'eau ou l'alcool.

Dérivés de la tribenzylarsine.

Iodométhylate F. 143°. Chlorométhylate F. 201°. (Chloroplatinate F. 175°.) Hydrométhylate liq. Iodoéthylate F. 148°. Iodopropylate F. 145-146°. Iodo-isopropylate F. 143°. Iodo-isoamylate F. 146°.

Chlorure tétrabenzylarsonium R⁴AsCl + H²O F. 160°.

Bromure	—	$R^4AsCl + H^2O$	F. 175°.
Iodure	—	R^4AsI	F. 168°.
Periodure	—	R^4AsI^3	F. 149-150°.

Bétaïnes.

p. *triméthylbenzarsinobétaïne* $(CH^3)^3As\!\!<\!\!\begin{smallmatrix}C^6H^4\\ |\\ O-CO\end{smallmatrix}$. Elle cristallise en feuillets avec 2,5 H²O ; *chlorhydrate* aig. se décomposant à 40° ; *bromhydrate* décomp. 270° ; *chloroplatinate* F. 255° ; *chloraurate* F. 198° ; *nitrate* F. 230°.

p. *triéthylbenzarsinobétaïne* $(C^2H^5)^3As\!\!<\!\!\begin{smallmatrix}C^6H^4\\ |\\ O-CO\end{smallmatrix}$. Plaques hygroscopiques de goût amer ; *chlorhydrate* hygroscopique ; *chloroplatinate* F. 225° ; *chloraurate* F. 165° ; picrate F. 155°.

p. *diéthylméthylbenzarsinobétaïne* $(C^2H^5)^2As(CH^3)\!\!<\!\!\begin{smallmatrix}C^6H^4\\ |\\ O-CO\end{smallmatrix}$. On obtient l'*iodydrate* de cette bétaïne par l'action de l'iodure de méthyle sur la diéthylbenzarsine $(C^2H^5)^2As - C^6H^4 - CO^2H$ F. 131°.

II. — Arsoniums quaternaires à fonction complexe.

Dérivés halogénés et hydrates.

MODES DE FORMATION. — Les *dérivés halogénés* des arsoniums quaternaires, à fonction complexe, s'obtiennent, comme les dérivés halogénés des arsoniums à fonction simple, en faisant réagir certains éthers halogénés sur les arsines tertiaires aromatiques simples ou mixtes. Mais, tandis que, d'une manière générale, et à l'exception du chlorure de benzyle, les iodures alcooliques, parmi les dérivés halogénés simples, semblent jouir exclusivement de la propriété de se combiner aux arsines tertiaires, au contraire, les dérivés chlorés, bromés et iodés à fonction complexe, tels que : *monochlorhydrine du glycol, chlorure de benzylidène, bromure d'allyle, monochloracétone, monobromacétone, l'acide et l'éther monochloracétiques*, peuvent s'additionner aux arsines tertiaires.

Dans toutes ces réactions de fixation, une fonction halogénée seule entre en jeu, toutes les autres fonctions subsistant non modifiées. La triphénylarsine s'unit par exemple à l'iodure de méthylène et à la monochloracétone pour donner respectivement :

$$(C^6H^5)^3As < {}^{CH^2I}_{I} \quad \text{et} \quad (C^6H^5)^3As < {}^{CH^2}_{Cl} - CO - CH^3$$

Les conditions de réaction varient avec les composés en présence ; il suffit, en général, de chauffer l'arsine tertiaire avec le dérivé halogéné à des températures comprises, suivant les cas, entre 50° et 130°.

Quant aux *hydrates*, les uns se forment exclusivement par l'action de l'oxyde d'argent humide sur les iodures correspondants ; les autres, au contraire, résultent indistinctement de l'action du carbonate de soude ou des alcalis sur les dérivés chlorés, bromés ou iodés des arsoniums. Les produits d'addition de l'acide monochloracétique et des acétones monohalogénées avec les arsines tertiaires sont ainsi décomposés par le carbonate de soude, avec formation des hydrates correspondants ; avec l'acide monochloracétique, on obtient des sels d'arsino-bétaïnes :

$$\begin{array}{ccc} R^3As & - & CH^2 \\ | & & | \\ O & - & CO \end{array}$$

Avec les cétones halogénées, il se forme des sels de bétaïnes spéciales : cétoarsinobétaïnes, analogues aux cétophosphines-bétaïnes découvertes par Michaelis et Köhler ; ces sels répondent à la formule $R^3AsCl - CH^2 - CO - R$, et les cétobétaïnes correspondantes seraient :

$$R^3As - CH^2 - C - R$$

$$\underset{O}{\diagdown} \quad \underset{OH}{\diagup}$$

qui se déshydratent par la chaleur en donnant des anhydrides.

Propriétés générales. — Les iodures échangent leur atome d'iode contre un OH, par action de l'oxyde d'argent humide.

L'action de l'iodure de potassium sur les chlorures permet de passer de ceux-ci aux iodures.

Tous les hydrates (hydrates d'arsoniums, bétaïnes vraies et leurs hydrates et cétarsinobétaïnes) donnent, par action des hydracides et même de l'acide nitrique, des sels bien cristallisés.

Les dérivés halogénés peuvent encore fixer deux atomes d'halogène, en donnant des composés dans lesquels l'arsenic est heptavalent.

Les groupements fonctionnels, apportés par le dérivé halogéné complexe, conservent leurs propriétés spéciales. Ainsi, dans l'iodure de triphényliodométhylarsonium $(C^6H^5)^3AsI—CH^2I$, l'iode non fixé à l'arsenic n'est pas susceptible de faire la double réaction avec AgCl fraîchement précipité ; tandis que si l'on fait agir un courant de chlore sur le même composé, en solution acétique, on obtient le remplacement par Cl de l'atome I non fixé à l'arsenic ; mais, en même temps, Cl^2 s'additionne pour donner le dérivé trichloré :

$$(C^6H^5)^3AsI(CH^2I) \longrightarrow (C^6H^5)^3AsICl^2(CH^2Cl)$$

Si l'on chauffe ce dérivé avec une lessive de soude, il passe tout d'abord à la distillation un composé lourd analogue au chloroforme (iododichlorométhane ?), tandis qu'il reste, dans le ballon, de l'hydrate de triphénylarsine (MICHAELIS) (1).

Dans le cas où l'iodure de triphényliodométhylarsonium est traité par le chlorure d'argent fraîchement précipité, on obtient le chlorure correspondant $(C^6H^5)^3AsCl(CH^2I)$, dont l'iode est remplaçable par OH par action de l'oxyde d'argent humide.

Enfin, si le même iodure est agité, en solution aqueuse, avec l'oxyde

---

(1) MICHAELIS, *Liebig's Annal.*, **321**, p. 172.

d'argent, les deux atomes d'iode sont remplacés par 2 OH, et l'on obtient $(C^6H^5)^3As(OH)(CH^2OH)$.

L'homologue de cet hydrate correspond exactement à la choline $(C^6H^5)^3As(OH) — CH^2 — CH^2OH$; c'est une phénylcholine arsenicale; on l'obtient, à l'état de chlorhydrate, par l'action prolongée de la chaleur sur la triphénylarsine et la monochlorhydrine du glycol.

Le chlorure de benzylidène (1) agit exactement comme l'iodure de méthylène; la phényldiméthylarsine donne, en effet, le chlorure de phényldiméthylchlorobenzylarsine :

$$\frac{C^6H^5}{(CH^3)^2} \!\!\!\gg AsCl — (CHCl — C^6H^5)$$

mais, dans ce composé, le Cl fixé au carbone semble facilement remplaçable par OH, de sorte que, par l'action d'une solution aqueuse de chlorure de platine, on obtient le chloroplatinate suivant :

$$\left[\frac{C^6H^5}{(CH^3)^2} \!\!\!\gg AsCl(CHOH — C^6H^5)\right]^2 PtCl^4$$

Les arsoniums quaternaires dérivant des éthers allyliques halogénés peuvent fixer deux atomes de brome et donner des composés de la forme suivante :

$$R^3AsX(CH^2 — CHBr — CH^2Br)$$

Les divers composés qui suivent ont été préparés par Michaelis et ses élèves (2); nous les énumérerons, en les classant d'après la fonction spéciale apportée par le dérivé halogéné en se fixant sur l'arsine tertiaire.

Fonction éthylénique : *Chlorure de tri-p-tolylallylarsonium* $(CH^3—C^6H^4)^3AsCl(CH^2—CH{=}CH^2)$ huileux. (*Chloroplatinate* F. 225°.) *Bromure* F. 82°. *Iodure* F. 141°.

Fonction halogénée : *Chlorure de triphényliodométhylarsonium* $(C^6H^5)^3AsCl(CH^2i)$; F. 208° *iodure* F. 227° (*dérivé dichloré* F. 138°).

(1) Holle, D. Chem. Gesell., **25**, p. 1518.
(2) Michaelis, Liebig's Annal., **321**, p. 141-248.

— *Iodure de p-tritolyliodométhylarsonium* $(CH^3C^6H^4)^3AsI — CH^2I$; F. 215°. — *Bromure de p-tritolyldibromopropylarsonium* $(CH^3 — C^6H^4)^3AsBr — CH^2 — CHBr — CH^2Br$ F. 112°. — *Iodure de phényldiéthyliodométhylarsonium* $(C^2H^5)^2(C^6H^5)AsI — CH^2I$ F. 173°. — *Chlorure de phényldiméthylhydroxybenzylarsonium*; chloroplatinate

$$\left[C^6H^5 — CHOH — AsCl \diagdown \begin{matrix} (CH^3)^2 \\ C^6H^5 \end{matrix} \right]^2 PtCl^4 (Holle)$$

Fonction alcool : *Chlorure de triphénylméthylolarsonium* $(C^6H^5)^2AsCl — CH^2OH$ F. 171° *iodure* F. 171°. — *Chlorure de triphényléthylolarsonium* $(C^6H^5)^3AsCl — CH^2 — CH^2OH$. F. 215° (*chloroplatinate* F. 223°).

Fonction acétone. — 1° DÉRIVÉS DE L'ACÉTONE. *Chlorure de triphénylacétonylarsonium* $(C^6H^5)^3AsCl — CH^2 — CO — CH^3$ F. 172°; *bromure* F. 165°; *iodure* F. 161°; *bétaïne* F. 123°; *anhydride de la bétaïne* F. 194°. — *Chlorure de p. tritolylacétonylarsonium* $(CH^3 — C^6H^4)^3AsCl — CH^2 — CO — CH^3$ F. 170° (*chloroplatinate* F. 210°); *bromure* F. 159°; *iodure* F. 144°; *hydrate* F. 113°.

2° DÉRIVÉS DE L'ACÉTOPHÉNONE. *Chlorure de triphénylacétophénonylarsonium* $(C^6H^5)^3AsCl — CH^2 — CO — C^6H^5$ F. 166° (chloroplatinate F. 191°); *bromure* F. 178°; *iodure* F. 157°; *hydrate* F. 176°; *nitrate* F. 184°. — *Chlorure de p-tritolylacétophénonylarsonium* $(CH^3 — C^6H^4)^3AsCl — CH^2 — CO — C^6H^5$ F. 159° (*chloroplatinate* F. 205°); *bromure* F. 182°; *iodure* F. 148°; *hydrate* F. 160°.

Fonction acide : *Chlorure de triphényléthyloïque-arsonium* $(C^6H^5)^3AsCl — CH^2 — CO^2H$ F. 145° (chloroplatinate F. 194°); *hydrate* F. 125° en se transforman! en *triphénylarsinobétaïne*. — *Chlorure de p-tritolyléthyloïque-arsonium* (*chlorhydrate de tritolylarsinobétaïne* $(CH^3 — C^6H^4)^3AsCl — CH^2 — CO^2H$ F. 146° (chloroplatinate F. 206°). — *Chlorure de phényldiéthyléthyloïque-arsonium* (*chlorhydrate de phényldiéthylarsinobétaïne*) $(C^6H^5)(C^2H^5)^2AsCl — CH^2 — CO^2H$ F. 135° (*chloroplatinate* F. 161°); *éther éthylique*, liquide; *chloroplatinate* F. 125°; *picrate* F. 90°).

COMPOSÉS DIARSÉNIÉS

Les composés de la série aromatique, qui possèdent dans leur molécule deux atomes d'arsenic unis l'un à l'autre, peuvent se ranger en deux classes, suivant que ces deux atomes y sont trivalents ou pentavalents. La première comprend :

1° *Les composés diarylés* de forme $R - As = As - R$ ou *composés arsénoïques* comparables aux azoïques : l'arsénobenzène ou benzène arsénobenzène $C^6H^5 - As = As - C^6H^5$ en est le type. A ce groupe se rattachent naturellement les produits d'addition que l'on obtient en traitant les composés arsénoïques par l'iode. $RIAs - AsRI$.

2° *Les composés tétraarylés ou cacodyles aromatiques* :

$$\frac{R}{R} > As - As < \frac{R}{R}$$

Dans ce groupe le cacodyle phénylique $As^2(C^6H^5)^4$ paraît avoir seul été étudié.

Dans la seconde classe, les deux atomes d'arsenic sont pentavalents et les corps répondent à la formule générale :

$$\underset{\underset{X}{\downarrow}}{R^3As} - \underset{\underset{X}{\downarrow}}{AsR^3}$$

R représentant des radicaux aromatiques identiques et X : Cl.Br.I. ou OH. Ces corps sont donc des dérivés d'hexaaryldiarsoniums.

Nous décrirons donc successivement :

1° Les arsénoïques et leurs produits d'addition ;
2° Les cacodyles aromatiques ;
3° Les sels d'hexaaryldiarsoniums.

1° Composés arsénoïques.

$$R - As = As - R$$

Dans tous les composés connus les radicaux R sont aromatiques et identiques. On les obtient, en réduisant, soit les oxydes d'arsines primaires RAsO, soit les acides monoarylarsiniques R — AsO(OH)^2 ou les anhydrides correspondants R — AsO^2. Ce mode de formation mérite d'être rapproché de la réaction qui donne naissance aux dérivés azoïques aromatiques, par la réduction des dérivés nitrés.

$$2C^6H^5AzO^2 + 2H^2 = 2H^2O + C^6H^5 - Az = Az - C^6H^5$$
$$2C^6H^5AsO^2 + 2H^2 = 2H^2O + C^6H^5 - As = As - C^6H^5$$

L'agent réducteur le plus convenable est l'acide phosphoreux ; la réduction des oxydes est naturellement plus facile que celle des acides arsiniques. Pour les premiers, il suffit, en général, de chauffer au bain-marie l'oxyde en solution alcoolique, avec de l'acide phosphoreux cristallisé ; pour réduire les acides arylarsiniques, il est nécessaire de chauffer au-dessus de 100° et parfois jusqu'à 180°. L'oxyde de diméthylaminophénylarsine $(CH^3)^2Az - C^6H^4AsO$ se laisse parfaitement réduire par l'amalgame de sodium (Michaelis et Rabinerson) (1).

Les composés arsénoïques sont des corps solides, amorphes ou cristallisés. La chaleur les décompose en arsenic et arsines tertiaires :

$$3As^2(C^6H^5)^2 = 2As(C^6H^5)^3 + 4As$$

Néanmoins l'arséno-α-naphtalène se décompose en naphtalène, arsenic et charbon. Ils sont décomposés par le chlore, en donnant naissance aux dichlorures d'arsines primaires :

$$RAs = As - R + 2Cl^2 = 2RAsCl^2$$

Ils peuvent, au contraire, fixer deux atomes d'iode, en donnant des produits d'addition, R — AsI — AsI — R qu'un excès d'iode transforme en iodure d'arsine primaire RAsI^2. Quelques-uns s'oxydent directement à l'air, en se transformant en oxydes d'arsines primaires ; une oxydation plus profonde les convertit tous en acides arsiniques correspondants :

$$RAs = AsR + 5O + H^2O = 2RAsO(OH)^2$$

(1) Michaelis et Rabinerson, *Liebig's Annal.*, **270**, p. 141.

Traités par deux atomes de soufre, ils fournissent les sulfures de monoarylarsines RAsS ; mais si le soufre est en excès, la décomposition est complète ; il se forme un sulfure aromatique et un sulfure d'arsenic.

Arsénobenzène (1) (*benzènearsénobenzène*) $C^6H^5As = As — C^6H^5$. — L'arsenobenzène se formerait, d'après PALMER et DEHN (2) dans l'oxydation de la monophénylarsine. Pour le préparer, on opère de la manière suivante : A une solution alcoolique concentrée d'oxyde de monophénylarsine C^6H^5AsO, on ajoute de l'acide phosphoreux cristallisé et l'on chauffe ; l'arsenobenzène se sépare bientôt à l'état cristallisé (MICHAELIS et SCHULTE) (3). On peut également l'obtenir, en réduisant à 180° l'acide phénylarsinique par l'acide phosphoreux. Ce composé est insoluble dans l'eau et l'éther, peu soluble dans l'alcool, soluble dans le benzène, le chloroforme, le sulfure de carbone et le xylène bouillant.

Il cristallise en aiguilles jaunâtres fondant à 196° et se décomposant à température plus élevée en triphénylarsine et arsenic. En aucun cas, il n'est réductible en monophénylarsine ; quand on le soumet à l'action de l'acide iodhydrique à froid aucune réaction n'a lieu ; à chaud, il y a décomposition en benzène, arsenic et AsI^3. Il fixe deux atomes d'iode, en donnant le diiodoarsénobenzène ; au contraire, le chlore rompt la molécule et fournit du dichlorure de phénylarsine, $C^6H^5AsCl^2$. L'acide nitrique le convertit en acide phénylarsinique $C^6H^5AsO(OH)^2$. Chauffé avec deux atomes de soufre, il se transforme en sulfure de phénylarsine C^6H^5AsS ; mais, si on le fond avec un excès de soufre, la décomposition est complète et l'on obtient du sulfure de phényle et du sulfure d'arsenic. Le sulfure d'ammonium, en solution alcoolique, le décompose également suivant l'équation :

$$3As^2(C^6H^5)^2 + 3H^2S = 6C^6H^6 + As^2S^3 + 4As$$

(1) Ce terme peut prêter à confusion ; arsénobenzène peut en effet désigner le composé $C^6H^5AsO^2$ correspondant au nitrobenzène. On éviterait cet inconvénient, en faisant choix pour ce dernier d'un autre terme, par exemple arsobenzène ou arsinobenzène.

(2) PALMER et DEHN, *D. Chem. Gesell.*, **34**, p. 3500.

(3) MICHAELIS et SCHULTE, *D. Chem. Gesell.*, **14**, p. 912, et **15**, p. 1952.

Chauffé à 150° avec du mercure-éthyle, l'arsénobenzène fournit de la diéthylphénylarsine :

$$C^6H^5As = AsC^6H^5 + 2Hg(C^2H^5)^2 = 2C^6H^5As(C^2H^5)^2 + 2Hg$$

Diiodoarsénobenzène $C^6H^5AsI — AsI(C^6H^5)$. — On l'obtient, soit en réduisant le diiodure de phénylarsine $C^6H^5AsI^2$ en solution alcoolique par l'acide phosphoreux, soit par addition d'iode à l'arsénobenzène. Il cristallise dans l'alcool en aiguilles jaunes déliquescentes et se décomposant à l'air humide, avec formation d'acide phénylarsinique et de diiodure de phénylarsine :

$$(C^6H^5)^2As^2I^2 + O^2 + H^2O = C^6H^5AsI^2 + C^6H^5AsO(OH)^2$$

Par l'action de la chaleur, il subit une décomposition analogue à celle de l'arsénobenzène.

$$3\,(C^6H^5)^2As^2I^2 = 2\,(C^6H^5)^3As + 2AsI^3 + 2As$$

Un certain nombre de composés arsénoïques ont été décrits ; nous les avons rassemblés dans le tableau suivant.

Composés arsénoïques (1).	Points de fusion.	
	Composés arsénoïques	Dérivés diiodes.
		RAsI — AsIR
Arsénobenzène $C^6H^5As = As — C^6H^5$	196°	—
Dinitroarsénobenzène $AzO^2 — C^6H^4 — As = As — C^6H^4AzO^2$	expl.	—
Tétraméthyldiaminoarsénobenzène $(CH^3)^2 — AzC^6H^4 — As = As — C^6H^4Az(CH^3)^2$	202°	—
Tétraéthyldiaminoarsénobenzène $(C^2H^5)^2Az — C^6H^4As = As — C^6H^4Az(C^2H^5)^2$	180°	—
Diméthoxyarsénobenzène (Arséno-Anisol) $(CH^3O)C^6H^4As = AsC^6H^4(OCH^3)$	200°	—
Diethoxyarsénobenzène (Arséno-Phénétol) $(C^2H^5O)C^6H^4 — As = AsC^6H^4(OC^2H^5)$	résineux.	—
o. Arséno-toluène Tétraméthyldiaminoarsénotoluène $(CH^3)^2AzC^7H^6 — As = AsC^7H^6Az(CH^3)^2$	75°	—
m.-Arséno-toluène $CH^3 — C^6H^4 — As = AsC^6H^4 — CH^3$	106°	—
p. Arséno-toluène Dinitroparaarsénotoluène	181°	—
$AzO^2(CH^3)C^6H^3As = AsC^6H^3(CH^3)AzO^2$	165° déc.	—
Arséno m.-xylène $(CH^3)^2C^6H^3As = AsC^6H^3(CH^3)^2$	196°	89°
Arséno p.-xylène	208°	97°
Dinitroarsén-op.-xylène $AzO^2 — C^8H^8 — As = AsC^8H^8AzO^2$	165°	—
Arsénopseudobutylbenzène $(CH^3)^3C — C^6H^4As = AsC^6H^4C(CH^3)^3$	198°	—
Arséno-α-naphtalène $C^{10}H^7As = AsC^{10}H^7$	221°	—
Arséno-β-naphtalène	234°	—

(1) Tous ces composés sont décrits par MICHAELIS, *Liebig's Annal.*, **320**, p. 200-374, MICHAELIS et SCHULTE, *D. Chem. Gesell.*, **15**, 1882, MICHAELIS et LŒSNER, *D. Chem. Gesell.*, **27**, p. 268.

Cacodyles aromatiques.

$$R^2As — AsR^2$$

"La réduction des oxydes d'arsines primaires RAsO et des acides ou anhydrides arsiniques correspondants RAsO(OH)^2 et RAsO^2 donne naissance, comme nous venons de le voir, aux composés arsénoïques. De même, les oxydes d'arsines secondaires R^{2}AsO et les acides diarylarsiniques ou cacodyliques doivent théoriquement produire, par réduction, les cacodyles aromatiques ; en effet, le cacodyle phénylique s'obtient par réduction de l'oxyde de diphénylarsine ; et, d'autre part, Michaelis et Paetow (1) ont obtenu, par l'action du zinc et de l'acide chlorhydrique sur l'acide dibenzylarsinique (C^{6}H^{5}CH^2)^{2}AsO (OH), un composé blanc, insoluble dans les acides et les alcalis et qui est vraisemblablement le *cacodyle benzylique* (C^{6}H^{5}CH^2)^{2}As — As (CH^2 — C^{6}H^5)^2.

Phénylcacodyle (Tétraphényldiarsine) (C^{6}H^5)^{2}As — As(C^{6}H^5)^2 (2). — On l'obtient en faisant bouillir au réfrigérant à reflux une solution alcoolique d'oxyde de diphénylarsine (C^{6}H^5)^{2}AsO, avec un excès d'acide phosphoreux ; après un certain temps le liquide se trouble et le phénylcacodyle se dépose, sous forme d'une huile incolore qui, après quelques heures de refroidissement, se prend en une masse cristalline.

On peut également le préparer, d'après Michaelis et Weber (3), en chauffant, pendant 10 heures en tubes scellés et à la température du bain-marie, une solution alcoolique d'acide diphénylarsinique, avec un grand excès d'acide phosphoreux. Le tube se remplit entièrement d'aiguilles blanches qu'on isole et qu'on fait recristalliser à l'abri de l'air.

Le phénylcacodyle est fusible à 135°, il est légèrement soluble dans l'alcool, moins encore dans l'éther. La distillation sèche le décompose en arsenic et triphénylarsine.

$$3As^2(C^6H^5)^4 = 4As(C^6H^5)^3 + 2As$$

(1) Michaelis et Paetow, *Liebig's Annal.*, **233**, p. 82.
(2) Michaelis et Schulte, *D. Chem. Gesell.*, **15**, p. 1954.
(3) Michaelis et Weber, *Liebig's Annal.*, **321**, p. 148.

Il se combine au chlore, en se transformant en trichlorure de diphénylarsine $(C^6H^5)^2AsCl^3$. Il s'oxyde rapidement à l'air, en se convertissant en anhydride diphénylarsinique $(C^6H^5)^4As^2O^3$; mais, par oxydation lente au moyen d'un courant de gaz carbonique mélangé d'air, il se forme l'oxyde $(C^6H^5)^2AsO$.

Le cacodyle nitrophénylique (*tétranitrotétraphényldiarsine*) $(AzO^2C^6H^4)^2As$ — As $(C^6H^4AzO^2)^2$ s'obtient, par réduction de l'acide dinitrophénylarsinique, en solution acétique, par l'acide phosphoreux. F. 200°. Il fixe le chlore et le brome. Chauffé en solution benzénique, avec une petite quantité de soufre, il se transforme en sulfure de dinitrodiphénylarsine et avec un excès de soufre, en trisulfure de cacodyle aminophénylique (MICHAELIS) (1). Il est réduit, par action prolongée de l'acide phosphoreux, en *cacodyle aminophénylique* (*tétramidotétraphényldiarsine*) $(AzH^2$ — $C^6H^4)^2As$ — As $(C^6H^4AzH^2)$ dont le *dérivé acétylé* se présente sous l'aspect d'une poudre blanche fusible vers 162°.

2° Dérivés des Hexaaryldiarsoniums.

$$XR^3As — AsR^3X$$

On connaît fort peu de dérivés de ce type en série aromatique. PARTHEIL, AMORT et GRONOVER (2) ont tenté de préparer l'iodure d'hexaphényldiarsonium, par l'action de l'iodobenzène sur l'arséniure de mercure As^2Hg^3 ; une réaction se produit avec dégagement d'acide iodhydrique, mais il est impossible d'isoler aucun composé diarsonium. Au contraire, en chauffant l'iodure de benzyle (3 p.) sous pression, au bain-marie, avec l'arséniure de mercure (1 p.) on obtient comme en série grasse (voyez p. 143) un iodure double de diarsonium et de mercure répondant à la formule

$$As^2(C^6H^5 — CH^2)^6I^2 + 2HgI^2.$$

(1) MICHAELIS, *Liebig's Annal.*, **321**, p. 141.
(2) PARTHEIL, AMORT et GRONOVER, *Archiv. der Pharm.*, **237**, p. 145-149.

Ce sel, traité par l'oxyde d'argent humide, fournit l'hydrate correspondant, au moyen duquel on peut préparer le dichlorure.

Hydrate d'hexabenzyldiarsonium $As^2(C^6H^5CH^2)^6(OH)^2$. On l'obtient, sous forme d'un liquide sirupeux très alcalin, d'où se séparent de petites aiguilles. — Le *chlorure* $As^2(C^6H^5CH^2)^6Cl^2 + 4H^2O$ cristallise dans l'eau en aiguilles F. $142^\circ — 142^\circ,5$ et dans le chloroforme, en donnant le composé $As^2(C^6H^5CH^2)^6Cl^2 + 1,5 \ CHCl^3$ F. $138\text{-}140^\circ$; *chloroplatinate* $As^2(C^6H^5CH^2)^6Cl^2 + PtCl^4$ F. $196\text{-}198^\circ$. — *Iodure double d'hexabenzyldiarsonium et de mercure :*

$$As^2(C^6H^5CH^2)^6I^2 + 2HgI^2$$

aiguilles jaunes fusible à 163°.

APPENDICE

Composés dans lesquels l'arsenic n'est pas lié directement au carbone.

Nous étudierons successivement les composés oxygénés et les corps azotés. Les premiers comprennent les éthers arsénieux et les éthers arséniques.

1. Éthers arsénieux des alcools ou phénols monoatomiques

. Les éthers arsénieux des alcools ou phénols monoatomiques répondent tous au type $As(OR)^3$; on ne connaît pas les éthers acides $As(OR)^2(OH)$ et $As(OH)^2(OR)$ ni les anhydrides correspondants : $As^2O(OR)^4$ (pyroarsénites) et $AsO(OR)$ (métaarsénites).

Les arsénites alcooliques ou phénoliques peuvent s'obtenir, par une même méthode générale, consistant à faire réagir le trichlorure d'arsenic (et non l'iodure) sur l'alcool (1) ou le phénol (2) sodés, en présence d'un solvant qui varie suivant le cas : éther anhydre, xylène, etc.

Tandis que le trichlorure de phosphore agit facilement sur les alcools et les phénols, pour donner les phosphites correspondants,

---

(1) Krafts, *Bull. Soc. Chim.* [1], **14**, p. 99.
(2) Fromm, *D. Chem. Gesell.*, **28**, p. 620.

on ne peut obtenir les éthers arsénieux par l'action, même en tube scellé, du trichlorure d'arsenic sur les alcools ou les phénols.

Les arsénites alcooliques peuvent encore être obtenus par certaines méthodes particulières, telles que l'action des iodures alcooliques sur l'arsénite d'argent (KRAFTS) ou encore l'action de l'anhydride arsénieux sur l'éther silicique (KRAFTS).

Les éthers arsénieux des alcools ou phénols monoatomiques sont généralement distillables à la pression ordinaire, ou dans le vide, pour les premiers termes, mais les termes élevés ne sont plus distillables sans décomposition. L'éther tri-β-naphtylique est cristallisé et fond à 113-114°.

L'eau les dissocie avec la plus grande facilité en acide arsénieux et alcool ou phénol correspondants, sans qu'on puisse observer la formation d'éther arsénieux acide, ou d'éther méta ou pyroarsénieux. Le chlore ou le brome dédouble les arsénites phénoliques en trichlorure ou tribromure d'arsenic et en phénol ou encore en trichloro ou tribromophénol.

I. — Éthers arsénieux (monoatomiques).

	Points de fusion.	Densité.
Arsénites alcooliques.		
Arsénite triméthylique $As(OCH^3)^3$	128-129°	1,428 à 10°
Arsénite triéthylique $As(OC^2H^5)^3$	165-166°	1,224 à 0°
Arsénite triisoamylique $As(OC^5H^{11})^3$	288° (déc.)	—
Arsénite tribenzylique $As(OCH^2 — C^6H^5)^3$	décomposable	—
Arsénites phénoliques.		
Arsénite triphénylique $As(OC^6H^5)^3$	275° sous 57^{mm}	1,354 à 20°
Arsénite tri-p.-crésylique $As(OC^6H^4CH^3)^3$	290° sous 20^{mm}	1,270 à 13°

II — Éthers arsénieux des alcools ou phénols plurivalents ou à fonction complexe.

Les arsénites de phénols polyvalents ne sont pas connus; seul, l'arsénite de pyrocatéchine a été indiqué par Fromm (1) et il est à peine décrit.

Parmi les arsénites d'alcools polyvalents, un seul a été décrit, l'*arsénite de glycérine* (2). On l'obtient, en chauffant à 250° une molécule d'anhydride arsénieux avec deux molécules de glycérine. Il forme une masse vitreuse, très déliquescente, décomposable par la chaleur vers 290°. Cet éther est facilement soluble dans la glycérine et l'acool; il est décomposé par l'eau.

On connaît également un éther arsénieux complexe, l'émétique arsénieux ou éther arsénieux de l'acide tartrique ; ce composé (acide tartromonoarsénieux) cristallisé avec H^2O (3); il a été préparé par Pelouze (4).

Le sel ammoniacal

$$CO^2H - CHOH - CH(OAsO) - CO^2AzH^4 + 1/2H^2O$$

s'obtient par addition d'anhydride arsénieux à une solution bouillante de tartrate d'ammonium (Mischerlich (5) Werther (6), par évaporation et refroidissement, il se dépose en cristaux rhombiques (Marignac) (7).

Les sels de potassium $C^4H^4O^6(AsO)K + H^2O$, de sodium $C^4H^4O^6$ $(AsO)Na + 2 1/2H^2O$ et de baryum $[C^4H^4O^6(AsO)]^2Ba + H_2O]$ ont été décrits par Pelouze, Henderson et Ewing (8).

(1) Fromm, *D. Chem. Gesell.*, **28**, p. 623.
(2) Jackson, *Jahresberichte*, 1884, p. 931.
(3) Baudran, *Ann. Chim. Phys.* [7], **19**, p. 549.
(4) Pelouze, *Ann. Chim. Phys.*, **13**, p. 338.
(5) Mitscherlich, *Traité de Chimie.*
(6) Werther, *J. pr.*, **32**, p. 409.
(7) Marignac, *Jahresberichte*, 1859, p. 288.
(8) Henderson et Ewing, *Chem. Soc.*, **67**, p. 103.

Outre ces composés dans lesquels l'acide arsénieux fonctionne comme acide, on a également décrit des combinaisons des acides organiques avec l'anhydride arsénieux ou ses dérivés.

Par l'action du chlorure de benzoyle sur l'anhydride arsénieux à 200°, POHL (1) a obtenu *le composé* As(O — CO — C^6H^5)³ ; ce corps se décompose au contact de l'eau, avec production d'acide arsénieux et d'acide benzoïque.

TARUGI (2) a décrit également le composé $(CH^3COS)^2AsCl$ obtenu par l'action du chlorure d'arsenic sur l'acide thioacétique

$$CH^3 — COSH.$$

II. — Éthers arséniques.

Seuls, les arséniates alcooliques ont été décrits ; on connaît des arséniates d'alcools monatomiques et des arséniates d'alcools polyatomiques ou complexes.

1° Arséniates d'alcools monoatomiques.

Ces éthers s'obtiennent par action des iodures alcooliques sur l'arséniate d'argent (KRAFTS) (3).

Les termes inférieurs distillent aisément, tandis que les termes élevés ne peuvent être distillés, même dans le vide, sans décomposition.

On n'a pu obtenir d'éthers méta ou pyroarséniques.

Les éthers arséniques sont facilement dissociés par l'eau en alcool et acide arsénique.

Éthers arséniques simples

	Points d'ébullition	Densités
Arséniate de triméthyle. AsO $(OCH^3)^3$ ...	213-215	1.559 à 14°,5
— de triéthyle... AsO $(OC^2H^5)^3$ ..	235-238	1.326 à 0°
— de triisoamyle AsO $(OC^5H^{11})^3$..	décomposable	

(1) POHL, *D. Chem. Gesell.*, **22**, p. 974.
(2) N. TARUGI, *Gazetta chimica ital.*, **27** [2], p. 153.
(3) KRAFTS, *Bull. Soc. Chim.* [1], **14**, p. 99.

2° Arséniates d'alcools polyatomiques.

On n'a étudié que les éthers arséniques de la glycérine; l'arséniate neutre n'est pas décrit, mais on connaît les éthers glycéroarséniques monoacide (diéther) et diacide (monoéther).

Acide glycéroarsénique monoéther $C^3H^5(OH)^2 — O — AsO(OH)^2$. — En chauffant pendant 80 heures à 115°, 1 mol. d'acide arsénique avec 1 mol. de glycérine, il s'élimine 1 mol. d'eau et l'on obtient un produit solide faiblement coloré, qui est immédiatement décomposé par l'eau en acide arsénique et glycérine (AUGER) (1).

Acide glycéroarsénique diéther $C^3H^5(OH) < {^O_O} > AsO(OH)$. — On l'obtient en chauffant à 150° sous 20 millimètres un mélange équimoléculaire d'acide arsénique et de glycérine. Après une heure de chauffe, la perte de poids correspond à 2 mol. d'eau. Le produit ainsi préparé est amorphe, blanc et immédiatement hydrolysé par l'eau (V. AUGER).

Glycéroarséniate de chaux. — M. PAGEL (2) a décrit un glycéroarséniate de chaux stable en présence de l'eau, mais ce sel n'a pu être reproduit par V. AUGER. D'après cet auteur, les glycéroarséniates ne pourraient être préparés par voie humide, car ils sont immédiatement hydrolysés par l'eau.

3° Éthers arséniques complexes.

On connaît un dérivé de cet ordre, c'est l'*émétique arsénique de* PELOUZE (3): $CO^2H — CHOH — CH(OAsO^2)CO^2K + 2\,1/2H^2O$.

On le prépare en dissolvant 1 p. d'acide arsénique dans 5 à 6 p. d'eau; on y ajoute un peu moins d'une molécule de tartrate acide de potassium et on porte à l'ébullition. On évapore et fait cristalliser, ou encore on précipite par l'alcool.

C'est un sel très soluble dans l'eau qui ne tarde pas à le dissocier; à 100° il perd son eau de cristallisation.

(1) V. AUGER, *C. R.*, **134**, p. 449.
(2) PAGEL. *Journ. Pharm. Chim.*, 6° série, **13**, p. 449.
(3) PELOUZE, *Ann. Phys. Chim.* [3], **6**, p. 63.

Dérivés de l'anilidarsine $C^6H^5AzH — AsX^2$.

AUSCHUTZ et WEYER (1) ont décrit une série de corps se rattachant à l'anilidoarsine $C^6H^5 — AzH — AsH^2$. Ce composé représente la phénylhydrazine, dont un atome d'azote aurait été remplacé par un atome d'arsenic. Il n'a pas été isolé, mais différents dérivés en ont été préparés.

Dichlorure d'anilidarsine $C^6H^5AzH — AsCl^2$. — Pour obtenir ce chlorure, on verse, peu à peu, une solution d'aniline dans l'éther absolu, dans une solution de chlorure d'arsenic dans le même solvant; on chauffe pendant quelque temps au refrigérant ascendant, on évapore l'éther et l'on fait cristalliser plusieurs fois le résidu dans l'éther absolu. On obtient ainsi une poudre cristalline jaune, fusible à 86-87° et soluble dans le benzène. Ce corps est peu stable ; il se décompose rapidement à l'air humide en aniline, acides arsénieux et chlorhydrique.

Le dibromure d'anilidarsine $C^6H^5AzH — AsBr^2$ se prépare comme le chlorure, en partant du bromure d'arsenic ; il fond à 111-113° et se montre également très sensible à l'action de l'humidité. Traité par le méthylate ou l'éthylate de sodium, en présence d'éther anhydre, et d'alcool méthylique ou éthylique, il fournit les dérivés diméthoxylés et diéthoxylés correspondants.

Dimélhoxyanilidarsine $C^6H^5AzH — As(OCH^3)^2$, liquide bouillant à 55° sous 12 millimètres. L'eau le décompose en aniline, alcool méthylique et acide arsénieux.

Diéthoxyanilidarsine $C^6H^5AzH — As(OC^2H^5)^2$, liquide bouillant à 78° sous 12 millimètres; l'eau le décompose également.

Acide anilidoarsinique $C^6H^5AzH — AsO(OH)^2$ *sel de Na* (2).

Dérivés de la dianilidarsine $(C^6H^5AzH)^2 — AsH$.

Le chlorure et le bromure ont été préparés par AXCHUTZ et WEYER, en faisant réagir les chlorure et bromure d'arsenic (1 mol.) sur un excès (6 mol.) d'aniline, dans l'éther absolu.

(1) ANSCHUTZ et WEYER, *Lieblg's Annal.*, **261**, p. 284.
(2) BÉCHAMP, *Jaresberichl*, 1863.

Ces composés sont peu solubles dans le chloroforme et l'éther froid, insolubles dans le benzène, solubles dans l'aniline. Ils sont rapidement détruits par l'eau.

Chlorure de dianilidarsine $(C^6H^5AzH)^2AsCl$, fusible à 127-128°.

Le *bromure* se décompose à 170-180°.

En faisant réagir $AsCl^3$ sur la phénylhydrazine, en présence d'éther, on obtient le produit d'addition $(C^6H^5AzH — AsH^2)^3AsCl^3$, poudre blanche noircissant à 190°, décomposée à 236° (1).

(1) A. MICHAELIS et F. OSTEN, *Liebig's Ann.*, **270**, p. 123.

TROISIÈME PARTIE

TOXICOLOGIE DE L'ARSENIC

CHAPITRE PREMIER

HISTORIQUE. — CRIMINALITÉ. — STATISTIQUES

L'arsenic est de beaucoup la substance qui, au cours des siècles, a été le plus fréquemment employée dans un but criminel.

On ne paraît pas cependant avoir reconnu tout d'abord son caractère toxique.

Les premiers composés arsenicaux connus, les sulfures : sandaraque (réalgar), arsenic proprement dit (orpiment) furent employés comme médicaments. Dioscoride (1er siècle après J.-C.) en mentionne les propriétés caustiques et épilatoires ; bien plus, Celse et Galien signalent le bienfaisant effet de ces produits, dans les diverses affections de l'appareil respiratoire.

Les premiers observateurs passent sous silence les propriétés toxiques des composés arsenicaux ; les sulfures d'arsenic sont en effet insolubles, et par suite peu toxiques. Cependant Dioscoride indique que le sandaraque et « l'arsenic », pris en breuvage, occasionnent de violentes douleurs dans l'intestin. Néanmoins, l'attention des savants ne paraît s'être portée de ce côté que vers le treizième siècle ;

et Pierre de Abano (1250-1316), professeur à Padoue, semble avoir
le premier bien étudié les symptômes de l'intoxication arsenicale, et,
en particulier, avoir signalé les accidents paralytiques qui en sont
souvent la conséquence (1).

Mais il est probable que, bien avant cette époque, l'emploi criminel de l'anhydride arsénieux ou arsenic sublimé s'était généralisé, et
c'est à lui vraisemblablement que doivent être rapportés, d'après
Orfila (2), les nombreux empoisonnements relatés dans les chroniques
des treizième et quatorzième siècles. Les propriétés toxiques de l'anhydride arsénieux étaient, en effet, parfaitement connues à cette époque. A ce point de vue, il est intéressant de citer, d'après Hœfer (3),
les instructions très curieuses données en 1384 par Charles le Mauvais au ménestrel Woudrelton, pour empoisonner le roi de France,
Charles VI, le duc de Valois et les ducs de Bourgogne et de Bourbon : « Tu vas à Paris, tu porras faire grand service se tu veulx. Se
tu veulx faire ce que je te diroy, je te feroi tout aisé et moult de bien.
Tu feras ainsy ; il est une chose qui se appelle *arsenic sublimal*. Se
un homme en mangeoit aussi gros qu'un poiz, jamais ne vivroit. Tu
en trouveras à Pampelune, à Bordeaux, à Bayonne et par toutes
les bonnes villes où tu passeras ès hôtels des apothicaires. Prends
de cela et fais-en de la poudre, et, quand tu seras dans la maison
du roi, du comte de Valois son frère, des ducs de Berry, Bourgoigne
et Bourbon, tray-toi près de la cuisine, du dressoüer, de la bouteil-
lerie ou de quelques autres lieux où tu verras mieulx ton point ; et,
de cette poudre mets ès potages, viandes ou vins, au cas que tu
pourras faire à ta seureté, autrement ne le fay point. »

A partir du quinzième siècle, les empoisonnements par l'arsenic
deviennent plus fréquents, surtout en Italie. C'est à l'acide arsénieux
qu'ont recours le pape Alexandre VI et les Borgia pour la perpé-
tration de leurs crimes. Une solution arsenicale, l'*Acqua Toffana*,
Acquetta di Napoli, préparée par l'empoisonneuse Toffana, est le
poison qui détermine la mort de plus de six cents personnes, dont les
papes Pie III et Clément XIV. En France, au dix-septième et au

---

(1) Wertheimer, *Dictionnaire de physiologie* de Richet, **1**, p. 679.
(2) Orfil.. *Dictionnaire des Sciences médicales* (Arsenic).
(3) Hœfer, *Histoire de la chimie*, cité par Orfila.

dix-huitième siècle, l'arsenic paraît avoir été fréquemment employé dans les nombreux empoisonnements de cette époque, et notamment par la marquise de Brinvilliers et son amant de Sainte-Croix. La fameuse *poudre de succession* employée par la Voisin était vraisemblablement aussi arsenicale. Enfin, au dix-neuvième siècle, l'arsenic est encore de beaucoup le poison le plus en usage. De 1835 à 1875, d'après Chapuis (1), il s'est produit *en France* 1.850 empoisonnements dont 804 par l'arsenic, qui se répartissent ainsi :

<table>
<tr><td>de 1835 à 1840 : 110</td><td>de 1855 à 1860 : 92</td></tr>
<tr><td>1840 à 1845 : 168</td><td>1860 à 1865 : 37</td></tr>
<tr><td>1845 à 1850 : 179</td><td>1865 à 1870 : 36</td></tr>
<tr><td>1850 à 1855 : 169</td><td>1870 à 1875 : 13</td></tr>
</table>

De 1884 à 1903, le nombre des empoisonnements criminels par l'arsenic, qui se sont produits en France, ne paraît pas être supérieur à 30 (2).

Parmi les causes célèbres du siècle dernier, citons l'affaire Boursier (1823), le procès de Mme Lafarge (1840), l'affaire Lacoste (1843), le procès Hélène Jegado (1851), exécutée en 1852, et l'affaire Danval (1879), sur laquelle l'attention a été rappelée récemment.

Enfin, plus près de nous, deux affaires d'empoisonnements multiples ont particulièrement passionné l'opinion publique : c'est en 1887 une femme, Van der Linden, de Leyde, qui attenta au moyen de l'arsenic à la vie de 102 personnes, dont 27 moururent et 47 furent gravement atteintes, et c'est d'autre part les empoisonnements lents qui se sont produits au Havre, en 1886, 1887, 1888, et restèrent longtemps inaperçus. (*Affaire Pastré-Beaussier*) (3).

Quelles sont les raisons de cette préférence donnée à l'arsenic sur les autres poisons ? Elles sont multiples ; c'est d'abord et avant tout la facilité avec laquelle on peut s'en procurer en grande quantité, à cause des applications nombreuses de ce produit dans les arts et en médecine vétérinaire. A cela, il faut ajouter l'aspect même de l'acide arsénieux, sa faible saveur et son action considérable sous

---

(1) Chapuis, *Traité de toxicologie*, p. 43. Paris, 1882.
(2) Nous devons ce renseignement à M. G. Ogier, que nous sommes heureux de remercier ici.
(3) Ogier, *Traité de toxicologie*, p. 16, 17. 18. Paris, 1899.

un volume restreint ; cette poudre blanche peut être ainsi facilement mêlée à la farine, au sel, au sucre, à la fécule, sans attirer
l'attention des victimes. Les diverses solutions arsenicales sont
également peu sapides et peuvent être de même mélangées aux
boissons, sans en modifier la saveur.

D'autre part, comme nous le verrons, les symptômes de l'intoxication arsenicale même aiguë sont assez variables et peuvent
très bien ne pas attirer l'attention du médecin, à l'esprit duquel
l'idée du crime ne se présente pas tout d'abord, mais qui cherche
à rattacher les troubles qu'il observe à quelque affection connue.
Dans l'empoisonnement lent, les erreurs de diagnostic sont bien plus
fréquentes encore, en raison même de la variabilité des symptômes.

Enfin, au-dessus de toutes ces causes, il faut placer l'impos-
sibilité matérielle où l'on était de retrouver l'arsenic dans le corps
des victimes et, par là, de faire la preuve absolue du crime. Aussi,
à mesure que se créent et se perfectionnent les méthodes de
recherche, voit-on s'abaisser le nombre des empoisonnements par
l'arsenic, comme en fait foi la statistique citée plus haut.

A la fin du dix-huitième siècle et au commencement du dix-
neuvième, Bergmann, Murray et Rose parvinrent à isoler de l'arsenic des déjections et des organes des personnes empoisonnées,
mais on ne connaît encore aucune méthode générale. On
se borne à extraire du tube digestif les particules d'acide
arsénieux, comme en témoigne le rapport des experts Orfila,
Gardy et Barruel dans l'affaire Boursier, en 1823. Ils ont constaté
« dans l'iléon la présence de quelques grains blanchâtres, présentant tous les caractères physiques de l'oxyde blanc d'arsenic, avec
une odeur d'ail dans la volatilisation, prompte dissolution dans
l'eau et précipitation de sulfure jaune produite par la mise en contact de cette dissolution avec l'acide sulfhydrique liquide et l'acide
hydrochlorique »; mais, chose singulière, un des experts, Barruel,
émet l'avis que ces globules, pris d'abord pour de l'arsenic, ne sont
que de petits corps gras. Ainsi, en 1823, on hésitait quand il s'agis-
sait de différencier l'acide arsénieux d'un corps gras (1). Plus tard,
en 1836, Marsh fait connaître sa méthode de recherche si sensible,

____

(1) CHAPUIS, *loc. cit.*

et l'emploi de son appareil généralisé par Orfila marque une époque dans les expertises toxicologiques. Vers la même époque, l'attention des toxicologistes se porte vers la nécessité de détruire les matières organiques des viscères, avant de procéder à la recherche de l'arsenic, par l'appareil de Marsh.

En même temps, l'étude des symptômes de l'intoxication se poursuit régulièrement, et les diverses manifestations du poison sont de plus en plus connues. La science est alors puissamment armée contre les empoisonneurs ; aussi l'arsenic employé jusque-là par les criminels instruits est-il définitivement délaissé par eux, pour passer aux mains d'empoisonneurs d'intelligence et de savoir médiocres. Dès lors, et à partir de la moitié du dix-neuvième siècle, le nombre des empoisonnements par l'arsenic décroît, non seulement en valeur absolue, mais encore par comparaison avec les empoisonnements par d'autres toxiques. Mais si l'empoisonnement criminel devient rare, l'intoxication accidentelle fait son apparition; comme en témoignent l'affaire célèbre des vins empoisonnés d'Hyères (1) et les nombreuses intoxications qui se produisirent, en 1900, en Angleterre, par les bières arsenicales (2).

L'étude de l'intoxication arsenicale a pris ainsi un nouvel intérêt au point de vue symptomatologique, par la variété des accidents observés au cours de ces intoxications multiples, accidents si différents du tableau classique de l'intoxication arsenicale.

Au point de vue chimique, au contraire, les travaux d'Orfila paraissaient avoir amené la question à un point où le progrès n'est plus possible. Et de fait, à part quelques perfectionnements dans les méthodes de destruction des matières organiques, la recherche de l'arsenic en toxicologie ne s'était guère perfectionnée.

---

(1) V. Congit, Affaire des vins empoisonnés d'Hyères. *Annales d'hygiène publique et de médecine légale*, 3ᵉ série, **20**, p. 348 (1888), et Brouardel (conférence faite au Congrès de Madrid), *Ibid.*, mai 1903.

(2) Bordas, Intoxications dues à l'ingestion de bières arsenicales en Angleterre. *Annales d'hygiène publique de médecine légale*, 3ᵉ série, **46**, p. 97 (1901).

Le nombre des cas d'intoxication officiellement constatés s'éleva à 4.182, le nombre des morts fut supérieur à 300. L'enquête démontra que l'arsenic avait été introduit dans la bière par le glucose employé dans la préparation de celle-ci. L'arsenic du glucose provenait lui-même de l'acide sulfurique mis en œuvre pour la saccharification de l'amidon.

On ne s'était point préoccupé de rendre plus sensible la méthode de Marsh, que beaucoup d'expérimentateurs distingués avaient jugée trop sensible peut-être (1). La recherche chimique de l'arsenic paraissait donc avoir perdu beaucoup de son intérêt, quand tout récemment l'attention a été ramenée sur ce sujet, par la démonstration absolue d'un fait capital pour la toxicologie, à savoir : la présence normale de l'arsenic dans le corps humain.

Cette démonstration n'a pu être établie que grâce à un perfectionnement considérable des méthodes de recherche.

Les progrès ainsi réalisés pour la mise en évidence de l'arsenic normal, profiteront largement dans l'avenir aux recherches toxicologiques.

Mais avant d'indiquer comment, à l'heure actuelle, il convient d'opérer, pour rechercher l'arsenic accidentellement ou criminellement introduit dans le corps humain, il est nécessaire d'étudier si l'arsenic existe normalement dans l'organisme, en quelle quantité il s'y trouve et comment il est réparti dans les différents organes.

(1) On peut en citer comme exemples : l'expertise de Bouis (affaire Danval); bien qu'ayant trouvé de l'arsenic dans le corps de Mme Danval, Bouis conclut formellement que celle-ci n'a pas été empoisonnée par l'arsenic, et, dans l'affaire de Mme Lafarge, la boutade célèbre de Raspail offrant de trouver de l'arsenic partout, même dans le fauteuil du président.

CHAPITRE II

L'ARSENIC NORMAL

La question de l'existence de l'arsenic, à l'état normal, dans le corps de l'homme, s'est naturellement posée, le jour où un expert eut isolé d'un cadavre de faibles traces d'arsenic.

La présence de ces doses minimes établissait-elle la preuve de l'empoisonnement, ou devait-on la rapporter à de très petites quantités d'arsenic existant normalement dans le corps de l'homme ? Telle est la question, qui fut le point de départ de nombreux travaux et de vives discussions. Celles-ci prirent fin en 1841 quand la commission de l'Académie des sciences, composée de Thénard, Dumas, Boussingault, et Regnault et nommée pour donner son avis sur ce sujet, l'eut formulé en les termes suivants : « Quant à l'arsenic que l'on avait annoncé dans le corps de l'homme à l'état normal, toutes les expériences que nous avons faites, tant sur la chair musculaire que sur les os, nous ont donné des résultats négatifs. » Cette conclusion fut adoptée par tous les savants et notamment par Orfila, promoteur de l'opinion contraire ; et, lorsqu'il advint, dans la suite, de trouver de faibles traces d'arsenic dans le corps humain, on les rapporta à l'ingestion de diverses substances alimentaires ou médicamenteuses, faiblement arsenicales.

A partir de cette époque, l'absence de l'arsenic dans le corps de l'homme est considérée comme une vérité démontrée, un axiome sur lequel s'appuient toutes les expertises.

Tel était l'état de la question quand, en 1899, Armand Gautier, mettant en œuvre une méthode permettant de retrouver jusqu'à 1,200 de milligramme d'arsenic perdu dans 200 grammes de matière organique, affirma de nouveau et démontra l'existence de l'arsenic dans l'économie animale.

Divers savants reprirent les expériences de A. Gautier en opérant sur des glandes thyroïdes, organes plus spécialement riches en arsenic d'après cet auteur; les uns : Hödlmoser, Ziemke, Cerny, mirent en doute la présence de l'arsenic normal; d'autres, au contraire, parmi lesquels Lepierre, Imbert et Badel, Schlagdenhauffen et Pagel, confirmèrent les résultats de A. Gautier.

Ces résultats contradictoires appelaient de nouvelles expériences. Gabriel Bertrand les entreprit. Il apporta aux méthodes de recherche connues jusqu'alors de tels perfectionnements, qu'il devint possible de déceler dans 100 ou 200 grammes de matière organique une quantité d'arsenic aussi faible qu'un demi-millième de milligramme. Ainsi armé, il rechercha l'arsenic dans un nombre considérable d'espèces animales différentes, depuis les spongiaires jusqu'aux vertébrés supérieurs, et trouva cet élément dans toute la série. Ainsi fut confirmée de façon éclatante l'existence de l'arsenic dans l'économie animale.

Les premiers expérimentateurs, et notamment Couerbe, Orfila, Devergie et Raspail, qui avaient cru à l'existence de l'arsenic normal, avaient admis que cet élément se trouve répandu indistinctement dans toutes les parties du corps. Au contraire, d'après A. Gautier, l'arsenic est, chez l'homme et les animaux, spécialement réparti dans certains organes et en particulier dans la glande thyroïde, qui en renfermerait environ le 1,127.000 de son poids. Il s'en trouve également de faibles quantités dans la peau et les phanères (poils, cheveux, ongles et cornes), le thymus, la glande mammaire et le lait.

Au contraire, dans les limites de sensibilité de la méthode employée à cette époque (1) par A. Gautier, il n'en existe pas ou

(1) L'auteur a utilisé dans la suite une méthode permettant de retrouvre

des quantités moindres que 1/200 de milligramme pour 200 à 300 grammes de matières dans le foie, la rate, les reins, les capsules surrénales, les muscles, les testicules, la matière séminale, la glande pituitaire, les glandes salivaires, le pancréas. Et, fait extrêmement important au point de vue toxicologique, le petit et le gros intestin en sont totalement dépourvus. En opérant sur les petit et gros intestins d'une femme, représentant un poids de matière égal à 560 grammes, A. Gautier n'a pu obtenir le moindre anneau d'arsenic.

La recherche a été également négative avec les urines ; dans les fèces, au contraire, il a trouvé une trace très faible d'arsenic, provenant vraisemblablement des aliments. Le sang normal n'en renferme point, il en existe au contraire des quantités appréciables dans le sang menstruel.

Ces résultats sont résumés dans le tableau suivant :

ARSENIC EN MGR. POUR 100 GR. D'ORGANE FRAIS

Glande thyroïde.	0,75.
Glande mammaire.	0,13 et au-dessous.
Cerveau.	Quantité très variable ou nulle.
Thymus	Quantité très sensible non dosé
Poils, cheveux, cornes. . . .	
Peau.	
Lait.	Traces décroissantes.
Os.	
Foie, reins, muscles, testicules, etc.	Absence complète.

Et, d'après Armand Gautier, dans la glande thyroïde même, l'arsenic serait localisé dans les nucléines. On sait que celles-ci résistent à la digestion pepsique. Or, si l'on soumet une glande thyroïde de mouton à la digestion pepsique et que l'on examine séparément les peptones et le résidu non digestible, on constate que les premières ne renferment pas trace d'arsenic, tandis que les nucléines contiennent la totalité de ce métalloïde.

moins d'un millième de milligramme d'arsenic perdu dans une masse de 100 grammes et plus de matières organiques.

Armand Gautier est ainsi amené à conclure qu'il existe dans la thyroïde des nucléines arsenicales ou arsénucléines. C'est à celles-ci qu'il faudrait rapporter en partie le rôle physiologique important de la glande thyroïde. Quand la maladie altère ou détruit en totalité cette glande, l'organisme est privé de l'arsenic qui lui est nécessaire, et alors apparaissent, en particulier, les troubles du myxœdème, qui frappent spécialement trois organes renfermant de l'arsenic à l'état normal, la thyroïde, le cerveau et la peau.

La thyroïde serait donc, en quelque sorte, le magasin de réserve d'où l'arsenic serait réparti à certains organes déterminés; or, comme une thyroïde humaine ne renferme guère que o mgr. 17 d'arsenic, soit le quatre cent millionième environ du poids moyen du corps humain (67 kilogrammes), c'est à la présence de cette minuscule quantité que la santé serait liée d'une manière absolue.

L'arsenic s'éliminerait chez la femme par le sang menstruel, et chez l'homme par la peau, les poils et les cheveux ; son élimination par le sang menstruel et les dépendances de la peau qui apparaissent chez certains animaux au moment des amours, permettrait de penser qu'il joue un rôle important dans le rut des animaux. Telle est, brièvement exposée, l'intéressante et très ingénieuse théorie de A. Gautier.

Il convient néanmoins d'ajouter que la localisation de l'arsenic dans la glande thyroïde est contestée par Gabriel Bertrand.

D'après ce dernier, la glande thyroïde ne serait pas un organe spécialement riche en arsenic, et, d'autre part, aucun organe n'en serait complètement dépourvu : le foie, les muscles, les testicules de divers animaux en renfermeraient. Schlagdenhauffen et Pagel avaient également établi la présence de l'arsenic dans les testicules et les ovaires en opérant sur les organes de taureau, de vache, de bouc et de cheval. D'autre part, dans un mémoire récent (1), A. Gautier reconnaît comme trop élevées les quantités d'arsenic indiquées par lui comme existant dans la glande thyroïde, et, de plus, annonce avoir trouvé ce métalloïde, en très petite quantité, il est vrai, dans les testicules, les muscles et le lait des mammifères.

Ces faits semblent confirmer l'hypothèse de Gabriel Bertrand,

(1) A. Gautier, *C. R*, **137**, p. 300, 1902.

d'après laquelle l'arsenic existerait dans toutes les cellules vivantes et serait, au même titre que le carbone, l'azote, le soufre ou le phosphore, un élément fondamental du protoplasma.

L'existence de l'arsenic dans toutes les parties de l'œuf des oiseaux (1/200 de milligramme environ pour un œuf de poule dont la moitié environ dans le jaune) apporte à cette vue un appui incontestable (G. BERTRAND).

Quelle que soit d'ailleurs la théorie adoptée, un fait n'en demeure pas moins acquis, l'existence de l'arsenic normal, fait dont l'importance au point de vue médico-légal ne saurait échapper, et sur lequel nous aurons plus tard à revenir.

Comment l'organisme renouvelle-t-il sa provision d'arsenic ? Par les aliments et, en particulier, par le sel. L'arsenic existant dans les roches primitives passe dans les eaux et les terres arables, qui le transmettent à certains végétaux (A. GAUTIER). STEIN l'a trouvé dans la paille de seigle, les pommes de terre, les choux et les navels.

La fréquente répétition des mêmes noms nous oblige à réunir, à la fin de ce chapitre, les indications bibliographiques qui s'y rapportent.

Commission de l'Académie des Sciences (*C. R.*, **12**, p. 1076, 1841).

ARMAND GAUTIER. Sur l'existence de l'arsenic chez les animaux et sa localisation dans certains organes (*C. R.*, t. **129**, p. 929-936, 1899, et *Bull. Soc. chim.*, **23**, p. 4, 1900).

ARMAND GAUTIER. Localisation, élimination et origine de l'arsenic chez les animaux (*C. R.*, **130**, p. 284, 1900).

ARMAND GAUTIER. La fonction menstruelle et le rut des animaux. Rôle de l'arsenic dans l'économie (*C. R.*, **131**, p. 361, 1900).

HÖDLMOSER. Enthalten gewisse Organe des Körpers physiologischer Weise Arsen (*Zeitschr. für physiol. Chem.*, **34**, p. 329, 1901).

PAGEL. De l'arsenic normal chez les animaux (Thèse de pharmacie, Nancy, 1900).

ZIEMKE. *Apotheker Zeitung*, **17**, 1902.

CERNY. Ueber des Vorkommen von Arsen im thierischen Organismus (*Zeitschr. für physiol. Chem.*, **34**, p. 408, 1902, et *Bull. Soc. chim.*, **28**, p. 656, 1902).

GABRIEL BERTRAND. Sur la recherche et sur l'existence de l'arsenic dans l'organisme (*Annales de l'Inst. Pasteur*, **16**, p. 553, 1902, et *Bull. Soc. chim.*, **27**, p. 847, 1902).

Armand Gautier. L'arsenic existe normalement chez les animaux et se localise surtout dans leurs organes ectodermiques (*C. R.*, **134**, p. 1394, 1902).

Gabriel Bertrand. Nouvelles recherches sur l'arsenic de l'organisme. Présence de ce métalloïde dans la série animale (*Annales de l'Inst. Pasteur*, **17**, p. 1, 1903).

Gabriel Bertrand. Sur la recherche et sur la preuve de l'existence de l'arsenic chez les animaux (*Ann. de chim. et de phys.*, 7º série, **29**, p. 1, 1903).

Armand Gautier. L'arsenic existe-t-il normalement dans tous les organes de l'économie animale ? (*C. R.*, **137**, p. 295, 1903).

Armand Gautier. Localisation de l'arsenic normal chez les animaux et les plantes ; ses origines (*C. R.*, **135**, p. 833, 1902, et *Bull. Soc. chim.*, **29**, p. 31, 1903).

Gabriel Bertrand. Sur l'existence de l'arsenic dans l'œuf des oiseaux (*C. R.*, **136**, p. 1083, 1902, et *Bull. Soc. chim.*, **29**, p. 790).

Stein. *Journ. für prakt. Chem.*, **51**, p. 302, et **53**, p. 37.

Armand Gautier. Arsenic dans les eaux de mer, dans le sel gemme, le sel de cuisine, les eaux minérales, etc. (*C. R.*, **137**, p. 232, 1903).

Gabriel Bertrand. Emploi de la bombe calorimétrique pour démontrer la présence de l'arsenic dans l'organisme (*C. R.*, **137**, p. 266, 1903).

CHAPITRE III

L'INTOXICATION PAR L'ARSENIC
SES CAUSES, SES EFFETS

ÉTUDE DU POISON

1° Formes toxiques. — Nous allons passer en revue rapidement les diverses formes toxiques de l'arsenic, en envisageant surtout leur toxicité et uniquement les propriétés ayant un intérêt quelconque en toxicologie.

L'arsenic métalloïdique, en raison de son insolubilité, ne semble pas être toxique, quand il est bien pur. BAYEU a pu en faire absorber 4 grammes à un chien sans observer d'accidents. Par contre, si l'arsenic a été exposé à l'air humide, il peut devenir toxique par suite de sa transformation en anhydride arsénieux ; c'est à cette action qu'il faut rapporter l'emploi de l'arsenic étalé en grande surface et humecté d'eau pour tuer les mouches.

L'*anhydride arsénieux* (*arsenic, mort aux rats*) est de beaucoup la substance à laquelle les empoisonneurs ont donné la préférence pour les raisons exposées plus haut. Il est extrêmement toxique. Bien que soluble dans 80 p. 100 d'eau, l'acide arsénieux étant très difficilement mouillé par l'eau, surnage malgré sa densité et ne se dissout qu'avec une extrême lenteur. Aussi retrouve-t-on fréquemment dans le tube digestif des personnes empoisonnées par ce toxique, de petits grains d'acide arsénieux, qu'il est facile d'isoler et de caractériser. La solubilité dans l'alcool à 50 p. 100 est sensiblement la même que dans l'eau ; il est donc possible que ce poison puisse être administré dans diverses liqueurs alcooliques. D'autre part, ses meilleurs solvants étant les liqueurs alcalines, on doit envisager le cas où le toxique aurait été dissous dans une eau alcaline, comme l'eau de Vichy. Par contre, le moindre contact de l'acide arsénieux avec un corps gras solide réduit non seulement la solubilité de 1/15 à 1/20, mais retarde encore sa dissolution (BLONDLOT)(1) ; aussi le toxique jeté dans une soupe que surnagent des corps gras, demeure-t-il à la surface, sous forme d'une poudre blanche qui, dans certains cas, a éveillé l'attention et la suspicion des victimes (2).

Les arsénites de potassium (liqueur de Fowler), de sodium, de cuivre (vert de Scheele), l'acéto-arsénite de cuivre ou vert de Schweinfurth sont également très toxiques. Il en est de même des cendres vertes (mélange de sulfate et d'arsénite de cuivre), des verts anglais, minéral, Véronèse, Neuwied, qui contiennent de l'arsénite de cuivre.

L'acide arsénique et les arséniates de potassium et de sodium représentent également des poisons violents. Ils sont solubles dans l'eau. L'arséniate de sodium, outre ses emplois en thérapeutique (liqueur de Pearson), est encore utilisé pour l'impression des toiles peintes. Le vert de *Mitis*, arséniate de cuivre, employé en peinture a été également utilisé dans un but criminel (3).

Quant aux *sulfures d'arsenic*, on admet généralement qu'ils ne sont pas toxiques quand ils sont tout à fait purs. V. Schroff a pu donner 10 grammes d'orpiment à un lapin, sans observer d'intoxication. Mais il convient de tenir compte du fait que l'orpiment renferme souvent des quantités considérables d'acide arsénieux. Guibourt a analysé des échantillons d'orpiment qui en contenaient jusqu'à 80 p. 100. L'application sur une tumeur du sein d'une pommade à base d'orpiment a déterminé la mort d'une jeune fille cinq jours après. Cet orpiment contenait 22 p. 100 d'anhydride arsénieux (4).

---

(1) BLONDLOT, Thèse. Faculté de Lyon, 1860.
(2) HUGOUNENQ, *Traité des poisons*, p. 113. Paris, 1891.
(3) BERGERON, DELENS et L'HÔTE, Empoisonnement par le vert de Mitis. *Annales d'hyg. publ. et de méd. légale*, 3ᵉ série, t. III, p. 23, 1880.
(4) CHABENAT et LEPRINCE, Empoisonnement subaigu par l'arsenic à l'aide d'une pommade arsenicale. *Ibid.*, **24**, 360 (1889).

Enfin, d'après Ossikovsky (1), l'orpiment se transformerait partiellement en anhydride arsénieux, en présence des matières organiques en putréfaction.

L'hydrogène arsénié est un gaz d'un pouvoir toxique considérable. On sait que Gehlen, le chimiste suédois, est mort, en 1815, pour en avoir respiré quelques bulles. Les intoxications par ce gaz sont presque toujours accidentelles et se produisent, en général, par l'hydrogène impur, qui renferme toujours une certaine proportion d'hydrogène arsénié.

Un grand nombre de composés organiques de l'arsenic sont également des toxiques puissants, mais ne présentent pas d'intérêt au point de vue toxicologique. L'un d'eux, la diéthylarsine $AsH(C^2H^5)^2$ a, au contraire, une importance considérable, à cause des conditions mêmes dans lesquelles il se produit.

2° **Pouvoir toxique.** — La toxicité des composés arsenicaux n'a été bien étudiée que pour l'acide arsénieux et les arsénites. Les arsénites, en raison de leur solubilité plus grande, sont plus actifs. On admet généralement que l'acide arsénique et ses sels ont un pouvoir toxique sensiblement égal à celui de l'acide arsénieux et des arsénites (à dose d'arsenic égale). Encore les avis des expérimentateurs sont-ils très partagés.

D'après Lachèze (2), l'ingestion de 0 gr. 006 d'acide arsénieux déterminerait des accidents de peu de gravité; avec 1 à 3 centigrammes surviendraient des symptômes d'empoisonnement, et 10 centigrammes suffiraient pour donner la mort. D'après Flandin et Danger, la dose mortelle est de 0 gr. 07 ; Tardieu indique 0 gr. 10 à 0 gr. 15, enfin Orfila 0 gr. 20. Par contre, Orfila rapporte un cas de guérison après l'ingestion de 2 grammes d'acide arsénieux.

En opérant, sur des chiens, par injections intraveineuses, Rouyer (3) a trouvé qu'une dose de 0 gr. 0006 d'acide arsénieux par

(1) Ossikovsky, *Journ. für prakt. Chem.*, **22**, p. 348.

(2) Lachèze, *Annales d'hygiène pub. et de méd. légale*, 1re série, **17**, p. 334 (1834).

(3) Rouyer, *Essai sur les doses toxiques et les contrepoisons des composés arsenicaux*, Thèse Nancy 1876.

kgr. est suffisante pour faire apparaître des symptômes d'empoisonnement ; o gr. oo25 par kgr. déterminent toujours des accidents
graves et souvent la mort, au bout de 24 heures; avec o gr. oo3 par
kgr. la mort est certaine dans un intervalle de 8 heures. Ces
nombres sont vraisemblablement trop élevés. G. BROUARDEL (1)
a trouvé, comme dose mortelle d'acide arsénieux, pour des cobayes o gr. oo13 en injection sous-cutanée, o gr. oo16 en injection intrapéritonéale, résultats rapportés à 200 grammes d'animal.
Chez le lapin, pour 100 grammes d'animal, la dose mortelle est de
o gr. oo1 en injection sous-cutanée et o gr. ooo7 en injection
intraveineuse. Chez ces deux animaux, quand l'arsenic est introduit *per os*, la dose mortelle rapportée à 100 grammes d'animal
varie de o gr. oo2 à o gr. oo3.

Il n'est donc point possible, d'après ce qui précède, de fixer
d'une manière certaine la dose minima d'acide arsénieux qui,
introduite par le tube digestif, soit capable de donner la mort,
parce que le rapport entre la dose ingérée et la quantité de toxique
réellement absorbée peut être très variable.

Il est arrivé d'ailleurs fréquemment que des doses considérables
d'acide arsénieux ont pu être ingérées sans amener la mort, parce
que les premiers vomissements qui se produisent généralement
dans l'intoxication aiguë avaient éliminé la presque totalité du
poison. L'action toxique est liée d'ailleurs à diverses circonstances:
elle est plus rapide quand le toxique a été pris à l'état de jeûne,
plus lente, au contraire, quand il a été absorbé avec des aliments.
Encore la nature des aliments intervient-elle.

D'après CHAPUIS (2) les matières grasses exercent une action con-
sidérablement retardatrice. Au contraire, PAPADAKIS (3), ayant donné
à des chiens de l'acide arsénieux réparti dans du beurre, n'a point
généralement observé de retard dans l'apparition des premiers
symptômes, ou si le retard se produit, il n'est pas plus fréquent qu'avec
d'autres substances, telles que le pain et le café. Par contre, l'albu-

(1) G. BROUARDEL, *l'Arsenicisme*, p. 15. Paris, 1897.
(2) CHAPUIS, Influence des corps gras sur l'absorption de l'arsenic. *Annales
d'hygiène publ. et de médecine légale*, 5e série, t. III, p. 411 (1880).
(3) PAPADAKIS. Thèse Paris, 1883. Cité par WERTHEIMER, *Dict. de physiologie* de RICHET.

mine hâterait notablement chez les chiens l'apparition des premiers symptômes, les vomissements.

Dans l'appréciation des doses toxiques de composés arsenicaux, il importe également de tenir compte d'un facteur important, l'habitude. On sait que les habitants de certaines régions de la basse Autriche, de la Styrie et du Tyrol prennent quotidiennement de l'arsenic, sous forme d'orpiment ou d'acide arsénieux, dans le but de se donner de l'embonpoint et de la vigueur. Cette singulière habitude se contracte pendant la jeunesse, les quantités de toxique d'abord ingérées n'excèdent pas 1, 2 à 3 centigrammes et sont successivement augmentées jusqu'à atteindre o gr. 30, o gr. 40, et dans certains cas, 1 gramme et même 1 gr. 50.

Ces faits longtemps mis en doute ont été établis par de nombreuses observations, et notamment par la suivante :

Au congrès des naturalistes qui s'est tenu à Gratz, en 1875, KNAPP a présenté deux arsenicophages qui, en présence des membres de la section de médecine, ingérèrent l'un o gr. 30 de sulfure d'arsenic, l'autre o gr. 40 d'acide arsénieux et dans l'urine desquels la présence de l'arsenic fut constatée (1).

Le mécanisme de l'accoutumance à l'arsenic est inconnu; SERENA (2) dans des expériences faites sur des chiens a montré que le sérum des animaux accoutumés ne possède aucune action immunisante ni neutralisante ; il ne se formerait donc point d'antitoxine analogue à celles qui se produisent, dans l'empoisonnement expérimental, avec le venin des serpents et certains bacilles. D'après les recherches de BESREDKA (3) au contraire, il y aurait production d'une antitoxine.

Dans certains pays, on donne également de l'arsenic aux animaux domestiques pour les engraisser et leur donner belle apparence. La tolérance de certains animaux pour ce toxique est considérable ; les moutons, en particulier, sont très réfractaires et supporteraient impunément 30 grammes d'acide arsénieux.

(1) WERTHEIMER, *Dict. de physiologie* de RICHET, **1**, p. 707.
(2) SERENA, *Il Policlinico*, **7**, p. 372 et *Revue d'Hygiène*, **27**, p. 103.
(3) BESREDKA, *Annal. de l'Institut Pasteur*, **13**, p. 203. 1903.

CAUSES D'INTOXICATION

Intoxication par l'arsenic. — Les causes de l'intoxication arse-nicale peuvent être professionnelles, accidentelles ou criminelles.

1° *Les intoxications professionnelles* sont observées chez les ouvriers qui fabriquent ou manipulent, en grande quantité, l'acide arsénieux ou les matières colorantes arsenicales telles que les verts de SCHEELE et de SCHWEINFURTH. L'empaillage des animaux par le savon de BÉCŒUR (1), la fabrication des papiers peints et cartons colo-rés au moyen des verts arsenicaux, donnent souvent lieu à des intoxications chroniques. On a noté aussi des cas d'arsenicisme dans les fabriques de fuchsine, où l'on emploie l'acide arsénique comme oxydant.

HOFMANN et LUDWIG (2) citent un cas de mort chez une personne qui se servait de fuchsine pour teindre les fleurs artificielles. Les fleurs étaient plongées dans des solutions bouillantes de fuchsine et mises à sécher dans l'habitation. D'après ces auteurs, la plupart des fuchsines renferment de 1 à 3 p. 100 d'anhydride arsénieux.

Les causes d'*intoxications accidentelles* peuvent être très variées. L'arsenic peut notamment s'introduire dans l'économie par l'inter-médiaire des *aliments* ou des *médicaments* ou même *par l'air*.

L'eau peut être accidentellement arsenicale, quand les nappes souterraines ont été contaminées par les produits de certaines usines. Les intoxications qui se sont produites au voisinage de la fabrique de fuchsine de Pierre-Bénite (3) en fournissent des exemples frappants.

Le pain, dans la préparation duquel était entré de l'acide arsé-nieux, a causé des centaines d'intoxications à Saint-Denis (4), en 1880 et à Wurzbourg, en 1869.

---

(1) Préparation contenant 32 parties d'acide arsénieux, 32 de savon sec, 12 de carbonate de potassium, 4 de chaux vive et 1 de camphre.

(2) HOFMANN et LUDWIG, *Rev. d'hygiène*, **1**, p. 79, 1879.

(3) CHEVALLIER, *Annal. d'hygiène publ. et de méd. lég*, 2° série, **25**, p. 15 (1866).

(4) *Revue d'hygiène*, **2**, p. 417 (1880).

Pour le vin et la bière, il nous suffira de rappeler l'affaire des vins empoisonnés d'Hyères et celle des bières arsenicales de Manchester (1).

Le glucose, qui entre souvent dans la préparation des bonbons et des confitures peut rendre ces produits arsenicaux, s'il a été lui-même obtenu à partir d'un acide sulfurique contenant de l'arsenic.

Les verts arsenicaux, quand ils sont employés pour colorer des produits alimentaires, peuvent amener des accidents. VAN DE VYVÈRE (2) a rapporté le cas d'une fillette de 6 ans, empoisonnée pour avoir mangé du pain d'épices sur lequel des feuilles étaient peintes au moyen de l'arsénite de cuivre, une de ces feuilles contenait o gr. 36 de toxique.

WALLACE (3) a trouvé dans certaines cartes à jouer, dont le dos était coloré en vert, jusqu'à 5 gr. 37 d'acide arsénieux, pour un jeu entier et HOGG rapporte un cas de psoriasis rebelle du bout des doigts produit par le maniement d'un jeu de cartes ainsi colorées.

CANCERON (4) cite un cas d'intoxication chez un enfant, qui avait absorbé par mégarde un fragment de crayon de couleur verte. Ce crayon renfermait 1 gr. 72 p. 100 d'acide arsénieux.

BARADUC (4) a observé des éruptions chez une personne portant des chaussettes teintes en rouge au moyen de rosaniline renfermant de l'arsenic.

POEHL (6) a signalé plusieurs cas d'intoxication qui se sont produits à Saint-Pétersbourg, par l'usage d'ustensiles étamés à l'aide d'un étain renfermant de l'arsenic.

2° *La médication arsenicale*, quand elle n'est point réglée avec prudence, peut également amener des accidents. HUTCHINSON (7) a observé le fait chez une dame qui s'étant bien trouvée de prendre

---

(1) Voyez p. 231.
(2) *Annal. d'hygiène publ. et de méd. lég.* (3) **1**, p. 370 (1870).
(3) *Revue d'hygiène,* **2**, p. 350 (1880).
(4) *Ibid.,* **2**, p. 533 (1880).
(5) *Ibid.,* **3**, p. 140 (1881).
(6) Cité par G. POUCHET, Présence de l'arsenic dans l'étamage des ustensiles destinés à l'usage alimentaire. *Annal. d'hygiène publ. et de méd. lég.,* 3° série, **84**, p. 113 (1890).
(7) *Annal. d'hygiène publ. et de méd. lég.* (3), **48**, p. 270.

quatre gouttes de liqueur de Fowler trois fois par jour, continua
pendant un an ce traitement, sans consulter son médecin. Nous
avons cité plus haut un cas d'empoisonnement produit par l'application d'une pommade à base d'orpiment. D'autre part, de nombreux médicaments insuffisamment purs sont souvent arsenicaux.
Il convient de citer particulièrement le sulfate de soude, le phosphate de chaux, le kermès, le sous-nitrate de bismuth et surtout
la glycérine.

Joroschky (1) a observé les symptômes de l'intoxication arsenicale chez un diabétique ayant pris des quantités considérables de
glycérine. Et J. Bougault (2) a trouvé récemment, dans certaines
glycérines destinées aux usages pharmaceutiques, une quantité
d'arsenic correspondant à o gr. o5 d'acide arsénieux par litre.

3° L'air peut également servir de véhicule à la substance toxique ;
Delpech (3) cite le cas d'un amateur de chasse qui, ayant réuni,
dans son appartement, un grand nombre d'animaux, empaillés à
l'aide d'une préparation arsenicale, fut intoxiqué par les poussières
qui contenaient de l'arsenic. Divers cas analogues ont été signalés
chez les gardiens des musées zoologiques.

II. Brown (4) cite un cas d'intoxication causé par le séjour habi-
tuel dans une chambre tapissée avec un papier arsenical.

Hoco (5) a observé de nombreux cas de conjonctivites produites
par les poussières arsenicales qui se dégagent des papiers de teinture colorés en vert.

On a rapporté également aux poussières les accidents souvent
observés chez les personnes habitant des appartements tapissés de
tentures ou de papiers colorés à l'aide de produits arsenicaux ou
simplement peints avec des couleurs arsenicales. Mais déjà en 1839,
Gmelin avait noté l'odeur alliacée qui se produit dans les pièces
basses et humides, et Bassedow, en 1846, avait observé que, dans ce
cas, on trouvait toujours les tentures moisies ; enfin Selmi avait
rapporté l'odeur alliacée à la formation de l'hydrogène arsénié.

(1) Cité par Wertheimer, *Dict. de physiologie* de Richet, 1, p. 670.
(2) J. Bougault, *Journ. de phys. et de chim.*, 6e série, 15, p. 627 (1902).
(3) Delpech, *Annal. d'hygiène publ. et de méd. lég.*, 2e série, 33, p. 314 (1870).
(4) *The Sanitary Record* (1870), p. 242.
(5) *Ibid.* (1870), p. 257.

D'après Fleck (1), dans une chambre tendue en vert de schwein-furth, l'air peut renfermer de l'arsenic sous forme d'hydrogène arsénié. La colle d'amidon donnerait de l'hydrogène sulfuré qui formerait avec l'arsenic de l'hydrogène arsénié.

Layet a montré que les papiers verts ne doivent pas être seuls incriminés, mais également certains papiers colorés en bleu (arséniate de cobalt), en jaune (sulfure d'arsenic), rouge (mordants arsenicaux, arséniate de soude ou d'alumine) (2).

Enfin, les belles recherches de Gosio, confirmées par celles de Sanger, Bolas, Brunner, Abel et Buttenberg (3) ont démontré que les accidents doivent être rapportés à la présence dans l'air d'un gaz toxique que P. Biginelli a démontré être de la diéthylarsine. Comment ce gaz prend-il naissance ?

Production de diéthylarsine par les arsénio-moisissures. — Gosio (4) a démontré que certaines moisissures, parmi lesquelles il convient de ranger le *Mucor mucedo*, les *Aspergillus glaucus et virens* et le *Penicillium brevicaule*, vivent parfaitement dans des milieux renfermant quelques millièmes d'arsenic. Leur développement ne présente rien de particulier, quand le milieu nutritif ne contient que des matières albuminoïdes ; au contraire, en présence des hydrates de carbone, et, en particulier, de l'amidon et du sucre, la vie de la moisissure s'accompagne de la production d'un gaz possédant une odeur d'ail très marquée et qui n'est autre que de la diéthylarsine.

Nous étudierons plus loin (voyez p. 319) les conditions les plus favorables à la vie de ces arsenio-moisissures ; mais, pour montrer comment des tapisseries l'arsenic peut passer dans l'air sous la forme d'un gaz toxique, il importe dès à présent de relater une expérience de Gosio. « Je cultivais, dit-il, la moisissure (le mucor mucedo) sur des tranches de pomme de terre exemptes d'arsenic ; au fond du tube étranglé contenant la pomme de terre, il y

(1) Fleck, *Zeitschr. f. Biolog.* (1872) ; *Progrès médical*, 1878, p. 747.
(2) Voyez Layet, *Revue sanitaire de Bordeaux*, p. 137 (1885).
(3) R. Abel et P. Buttenberg, *Zeitschrift für Hygiène*, 32, p. 449 (1899) et *Revue d'hygiène*, 22, p. 353 (1900).
(4) Gosio, *Archives italiennes de biologie*, 18, p. 252 et 298 (1892) ; *Rivista d'igiene e sanità publica*, p. 601 et 603 (1900) ; *Revue d'hygiene*, 120, p. 74 (1901).

avait un tampon de coton hydrophile, éloigné d'environ 4 centimètres et imprégné d'une solution faible d'arsenic. Avec le temps, on vit la moisissure se propager vers le bas, jusqu'à ce qu'eut lieu une véritable invasion du mycelium dans le tampon, de manière que, après un certain temps, il n'était plus possible de distinguer le coton du tissu végétant. » Et Gosio conclut : « *Ainsi le mucor peut décomposer les couleurs d'arsenic des tapisseries, même quand le végétal vit sur la face de la tapisserie qui est tournée contre le mur; ses filaments végétatifs peuvent s'insinuer par les pores du papier et atteindre de cette manière la superficie colorée.* » C'est donc par le lent développement de la moisissure, aux dépens de la colle de pâte qui a servi à fixer le papier coloré, que prend naissance le gaz toxique dans l'air de certains appartements. La persistance de l'odeur alliacée dans ces locaux s'explique également par ce fait que les cultures d'arsenio-moisissures, dans une bouillie de pomme de terre renfermant 3 à 4 pour 1000 d'acide arsénique, dégagent une odeur alliacée encore sensible après plusieurs mois.

A côté de ces causes diverses d'intoxications accidentelles, il convient de citer les accidents souvent produits par l'hydrogène préparé au moyen de zinc arsenical. Waechter (1) a fait connaître quatre cas d'intoxications, dont une mort chez des marchands de ballons d'enfant. Maljean et Crone (2) en citent un certain nombre chez les aérostiers militaires. D'après Granjux (3), ces accidents sont le résultat ou d'une faute accidentelle ou de l'imprudence des aérostiers qui vérifient l'arrivée du gaz au moyen de l'odorat. Quelque rapide que soit cette opération, elle peut, si elle est répétée plusieurs fois dans un temps assez court, être la cause d'accidents graves parfois suivis de mort. Clayton (4) a publié onze cas d'intoxications, dont une mort, chez des ouvriers se livrant à la préparation du chlorure de zinc par l'action de l'acide chlorhydrique sur l'oxyde de zinc.

Intoxications criminelles. — Nous avons suffisamment indiqué dans ce qui précède les composés mis en œuvre dans l'intoxication

(1) Cité par Wertheimer, *Dict. de physiologie* de Richet, **1**, p. 709.
(2) Cités par Durand. Intoxication des aérostiers par l'hydrogène arsenié. *Annales d'hygiène pub. et de méd. lég.*, 3º série, **44**, p. 35 (1900).
(3) *Ibid.*, *Id.*
(4) *Revue d'hygiène*, **23**, p. 568 (1901).

criminelle et les raisons de la préférence donnée à l'acide arsénieux. En dehors des cas très spéciaux de l'hydrogène arsénié et de la diéthylarsine, le poison est presque toujours introduit dans le corps par la voie stomacale ; on a relaté cependant des cas d'empoisonnement par les plaies.

DEVERGIE (1) rapporte que l'amirauté anglaise, ayant essayé de faire usage, pour la construction de ses navires, de bois imprégnés d'une solution d'acide arsénieux, afin de les préserver des vers, dût y renoncer, à cause des accidents graves qui survenaient chez les ouvriers, à la suite des blessures les plus légères. Deux cas de mort se produisirent chez des ouvriers qui s'étaient enfoncé une écharde sous la peau.

D'autre part, CHAPUIS (2) rapporte plusieurs cas curieux d'empoisonnement par les muqueuses génitales.

Quelle que soit la voie de pénétration du poison dans l'organisme, il y manifeste sa présence, quand il a été pris à doses toxiques, par des troubles organiques plus ou moins profonds, qui sont les effets de l'intoxication arsenicale. Ces effets se traduisent par des manifestations qui en sont les symptômes.

EFFETS DE L'INTOXICATION

1° *Symptômes.* — Il n'entre pas dans le cadre de cet ouvrage d'étudier les diverses manifestations qui suivent l'absorption de petites doses longtemps répétées d'acide arsénieux (3). Nous nous bornerons à indiquer les symptômes généralement observés dans l'intoxication aiguë, les seuls qui puissent intéresser, indirectement d'ailleurs, l'expert chimiste.

D'après ORFILA (4), aucun symptôme n'est absolument constant ; il n'est donc point possible de décrire l'ensemble des troubles fonc-

---

(1) CHAPUIS, *Traité de toxicologie*, p. 54 et 55 (Paris, 1882).
(2) *Ibid.* p. 54 et 55.
(3) Voir, au sujet de l'intoxication lente, BROUARDEL., *Bull. de l'Acad. de Méd.* (3ᵉ série), **21**, p. 915 (1889) et G. BROUARDEL, *l'Arsenicisme*. Paris, 1897. Voir aussi BONDAS, *Annales d'hygiène et de méd. lég.*, 3ᵉ série, **46**, p. 97 (1901).
(4) ORFILA, *Dict. des sc. méd.* (art. *Arsenic*).

tionnels produits par l'acide arsénieux, il faut se borner à les énumérer. Après l'ingestion d'une dose toxique d'acide arsénieux, les premiers symptômes apparaissent, après un temps qui peut varier de une demi-heure à 4 heures ; le patient perçoit une saveur âcre dans la bouche et une sensation de brûlure, qui gagne bientôt tout le tube digestif et se montre particulièrement vive dans la région stomacale. Il éprouve une soif intense, de la constriction du pharynx et de l'œsophage, des nausées. Alors se produisent des vomissements continuels.

Ensuite, surviennent de violentes coliques, avec diarrhées muqueuses ou séreuses, et souvent des selles riziformes, analogues à celles que l'on observe dans le choléra asiatique. La peau, tantôt chaude et couverte d'éruptions diverses, telles que tâches pétéchiales, papules, plaques d'urticaire, etc., se montre parfois glacée et cyanosée. La sécrétion urinaire est diminuée, parfois suspendue. Les membres sont le siège de crampes très douloureuses. Le pouls est faible et irrégulier, la tendance à la syncope est très marquée. La mort survient de 5 à 24 heures après l'apparition des premiers symptômes.

Il n'y a point nécessairement de relation entre la dose de poison ingérée et la gravité des accidents observés; en effet, il arrive qu'après l'ingestion de doses énormes d'acide arsénieux, les premiers vomissements rejettent, avec les matières alimentaires, la presque totalité du poison. On estime à 50 p. 100 le nombre des intoxications arsenicales aiguës qui n'ont point une issue fatale.

Plus généralement la mort ne survient que dans l'intervalle de deux à dix jours (intoxication subaiguë). Dans ce cas, les troubles gastro-intestinaux indiqués plus haut apparaissent d'abord, puis surviennent des éruptions cutanées diverses, telles que plaques d'urticaire, taches pétéchiales, vésicules, papules et pustules. Les crampes douloureuses, dont les membres sont le siège, s'accompagnent de fourmillement, avec parfois diminution ou perte de la sensibilité ou même paralysie.

Parfois les symptômes observés sont très différents. ONFILA cite trois observations de ETTMÜLLER, CHAUSSIER et LABORDE. Dans la première, une jeune fille mourut douze heures après l'ingestion d'une quantité notable d'acide arsénieux, sans avoir vomi, ni avoir proféré une plainte ; dans la deuxième, la mort fut précédée seulement de quelques syncopes ; enfin, dans la troisième, LABORDE n'a observé chez la femme qu'il traitait, qu'une tristesse profonde et des vomissements sans souffrance, puis une somnolence au milieu de laquelle la mort survint neuf heures après l'ingestion du poison.

Dans l'empoisonnement par l'hydrogène arsénié, les symptômes sont un peu différents. Ils consistent en céphalée, prostration générale, vertige, dyspnée. On observe aussi des douleurs gastriques avec vomissements incessants, de la diarrhée profuse. L'urine est rare, avec hémoglobinurie et hématurie ; on observe aussi parfois des selles sanguinolentes et de l'ictère. La mort survient après quelques jours.

Ces troubles profonds, observés au cours de l'empoisonnement arsenical, ne surviennent pas sans être accompagnés de lésions internes que révèle l'autopsie et dont la connaissance est très importante pour le toxicologiste.

2° *Lésions anatomiques.* — Bien qu'elles ne soient ni constantes, ni spécifiques, les lésions anatomiques consécutives à l'empoisonnement arsenical n'en méritent pas moins une étude attentive. On observe souvent un état de conservation du cadavre réellement extraordinaire. Ce caractère a même été considéré pendant longtemps comme spécifique de l'empoisonnement arsenical, mais des observations nombreuses ont montré qu'il n'en est rien. Il n'est pas douteux toutefois que, dans le cas où la quantité d'acide arsénieux ingérée a été considérable, cette substance ne puisse agir comme un antiseptique énergique et assurer la conservation du cadavre et surtout des organes qui ont reçu le contact du poison. Citons, parmi les nombreuses observations faites sur cette question, la suivante de HUGOUNENQ : (1) sur un sujet enseveli depuis huit mois, il retrouva l'estomac remarquablement conservé, présentant la coloration rosée de la muqueuse comme si la mort remontait à quelques heures ; d'ailleurs cet estomac renfermait une dose élevée d'acide arsénieux. On remarque souvent sur la peau des éruptions, diverses plaques livides, taches pétéchiales, etc. A l'intérieur, on n'observe en général rien de particulier dans la bouche, le pharynx

---

(1) HUGOUNENQ, *Traité des poisons*, p. 122 (Paris, 1891).

ni l'œsophage ; ces parties n'en méritent pas moins un examen très attentif. On trouvera souvent, soit à l'œil nu, soit en s'aidant de la loupe, de petits grains blancs ou jaunâtres, adhérents à la muqueuse, ou logés dans l'intervalle des dents, ou les cavités des dents cariées. Ces granulations peuvent être constituées par de l'anhydride arsénieux ou du sulfure d'arsenic, selon qu'elles sont de couleur blanche ou jaune. Elles se retrouvent surtout sur la muqueuse de l'estomac.

L'estomac ne présente parfois d'autre lésion que le ramollissement de cette muqueuse, mais le plus souvent celle-ci est injectée et couverte partout où l'acide arsénieux a séjourné de plaques ecchymotiques, de forme plus ou moins arrondie. Ces plaques, d'un rouge violacé ou noirâtre, sont produites par une infiltration sanguine sous-muqueuse et peuvent être assez étendues. Les ulcères, la gangrène et les perforations se rencontrent rarement.

On observe des lésions analogues dans l'intestin ; la muqueuse de l'intestin grêle est tuméfiée surtout au voisinage du canal cholédoque ; les villosités sont dilatées et dépourvues de leur épithelium.

Les poumons présentent souvent à leur surface des ecchymoses sous-pleurales larges et diffuses que l'on rencontre également et presque constamment sous le péricarde et l'endocarde.

Le foie et la rate présentent une notable augmentation de volume. L'un des indices les plus importants de l'intoxication arsenicale, consiste dans la dégénérescence graisseuse des cellules du foie et du rein, cette altération se produit assez rapidement pour qu'on puisse la constater sur le foie dans les empoisonnements aigus. Ce caractère n'est pas spécial à l'arsenic, on le retrouve également dans l'intoxication par le phosphore et l'antimoine, et il n'est pas sans intérêt d'observer que ces trois éléments, phosphore, arsenic et antimoine qui déterminent la dégénéressence graisseuse des tissus appartiennent à la même famille chimique.

Antidotes et traitements.

Est-il possible d'enrayer la marche de l'empoisonnement arsenical ? Dans l'intoxication aiguë par l'arsenic, on peut intervenir de différentes manières pour arrêter la marche de l'empoisonnement. Il est indiqué d'abord de vider l'estomac, soit au moyen de la pompe stomacale, soit en provoquant ou en favorisant les vomissements. Dans ce but, on emploiera l'ipéca à l'exclusion de l'émétique, dont les effets hyposténisants accentueraient les effets toxiques de l'arsenic (1). Il faut également tenter de neutraliser le poison. L'antidote classique est le sesquioxyde de fer hydraté dont l'emploi a été proposé en 1834 par BUNSEN et BERTHOLD (2). Il forme avec l'acide arsénieux, les arsénites, l'acide arsénique et les arséniates des combinaisons basiques insolubles. Ce composé n'agit qu'autant qu'il est à l'état gélatineux et hydraté, aussi est-il nécessaire, soit de le conserver sous l'eau à une température de 10 à 15°, ou mieux de le préparer extemporanément par l'action de l'ammoniaque sur une solution de chlorure ou de sulfate ferrique. Il est nécessaire d'en administrer des quantités considérables ; on le fait prendre, en général, par deux à quatre cuillerées toutes les dix minutes, jusqu'à amélioration de l'état du patient et l'on provoque les vomissements après chaque dose ingérée de manière à éviter qu'une partie de l'arsénite de fer basique formé ne soit redissoute à la faveur de l'acidité du suc gastrique.

D'après des travaux récents, notamment ceux de L. DE BUSSCHER (3) le sesquioxyde de fer n'aurait aucune valeur comme antidote. Loin d'atténuer les effets de l'intoxication par l'acide arsénieux, il les rendrait plus rapides.

On peut également faire usage de la magnésie calcinée, proposée par BUSSY, en 1846, de sulfure de fer hydraté (BOUCHARDAT et SANDRAS) que l'on obtient par l'action du sulfure de sodium sur la solution d'un sel ferrique.

En Allemagne, et dans quelques autres pays, on administre souvent un mélange préparé en ajoutant à 15 grammes de magnésie délayés dans 250 grammes d'eau, une solution de 30 grammes de sulfate ferrique dans 250 grammes d'eau. On obtient ainsi un mélange

(1) HUGOUNENQ, *Traité des poisons*, p. 120 (Paris, 1891).
(2) BUNSEN et BERTHOLD, *Eisenoxydhral ein Gegengift der arsenigen Säure*, Göttingen, 1834.
(3) L. DE BUSSCHER, *La Semaine Médicale*, 1903, p. 7.

qui renferme de l'hydrate ferrique, de la magnésie et du sulfate de magnésie, et que l'on administre par six à douze cuillerées par quart d'heure. L'arsenic, insolubilisé à l'état d'arsénite de magnésie et de fer, est éliminé grâce à l'action purgative du sulfate de magnésie. Le même mélange, additionné de charbon animal, constitue l'antidote de JEANNEL.

Ces divers antidotes peuvent rendre les plus grands services s'ils sont administrés à temps ; mais si l'intervention est tardive et que l'absorption ait eu lieu, il faudra favoriser le plus possible l'élimination du poison par l'emploi des diurétiques, comme le vin blanc et l'eau de seltz en quantités notables. Le nitrate de potasse proposé aussi par ORFILA doit être rejeté car, contrairement à l'opinion courante, il ne provoque pas la diurèse (HUGOUNENQ) (1).

Passage du poison dans l'organisme. — Élimination. Localisation.

L'arsenic absorbé par les muqueuses, les plaies, le tissu musculaire sous-cutané, passe rapidement dans l'urine, où on peut le déceler quelques minutes après l'absorption. Il s'y trouve à la fois sous forme minérale (arsénite ou arséniate), directement précipitable par l'hydrogène sulfuré et sous forme de combinaisons organiques d'où l'arsenic ne peut être mis en évidence qu'après destruction préalable des matières organiques. D'après SELMI (1), il s'y trouverait en partie sous forme d'une arsine volatile. L'élimination de l'arsenic sous forme minérale peut se continuer longtemps après que l'administration de l'arsenic a cessé, GAILLARD (2) a trouvé de l'arsenic dans l'urine, quarante jours et WOOD (2), quatre-vingt-treize jours après l'ingestion du toxique. D'après ROUSSIN, l'élimination par l'urine peut être intermittente.

L'arsenic peut s'éliminer également par les diverses glandes et en particulier par la glande mammaire, comme l'ont établi BROUARDEL et POUCHET (3).

(1) HUGOUNENQ, *Traité des poisons*, p. 122 (Paris, 1891).
(2) Cités par WERTHEIMER, *Dict. de physiologie* de RICHET, **1**, p. 699.
(3) BROUARDEL et POUCHET, *Annal. d'hygiène pub. et de méd. lég.*, **14**, p. 73 (1885).

En donnant, à des femmes nouvellement accouchées, des quantités régulièrement croissantes de liqueur de Fowler, de 2 à 12 gouttes par jour, ils ont toujours constaté la présence de l'arsenic dans le lait. Dans une expérience, après que l'absorption eut été maintenue à 12 gouttes pendant six jours, ils trouvèrent que 100 grammes de lait renfermaient 1 milligramme environ d'arsenic.

L'élimination de l'arsenic par le lait est donc absolument certaine, et l'on conçoit toute l'importance de ce fait au point de vue toxicologique. La question s'est posée à propos de l'affaire Renard : un individu tente d'empoisonner sa femme nourrice au moyen de l'acide arsénieux. La femme est prise de vomissements et de diarrhée, mais se rétablit. L'enfant, âgé de deux mois, succombe au contraire après quarante-huit heures. L'expertise fut confiée à MM. Brouardel et Pouchet. La quantité d'arsenic trouvée dans le corps de cet enfant atteignait 5 milligrammes. L'intoxication par l'arsenic fut ainsi démontrée. En effet, l'expérience relatée plus haut montre que le lait d'une femme ayant absorbé une quantité notable d'arsenic renferme au moins 1 milligramme pour 100 grammes. D'autre part, un enfant de deux mois absorbe environ 600 grammes de lait par vingt-quatre heures, soit 6 milligrammes d'arsenic. Cette quantité, suivant les experts, est suffisante pour amener des accidents graves et même la mort chez un enfant de cet âge (1).

Les recherches de Selmi (2) ont également établi le fait que l'arsenic passe dans le lait. D'après cet auteur, il s'y trouverait presque exclusivement dans la matière grasse.

L'arsenic s'élimine également par les cheveux, les poils, les ongles et les productions épidermiques en général. Brouardel et Pouchet ont extrait, de 100 grammes de cheveux d'une personne intoxiquée, 1 à 2 milligrammes d'arsenic. Bergeron, Delens et L'Hôte en ont trouvé une dose beaucoup plus considérable encore (o gr. 1 pour

---

(1) La localisation de l'arsenic dans le corps de cet enfant était différente de celle qu'on observe habituellement. Les muscles, le tissu cellulaire, le foie et le tissu nerveux en renfermaient des traces notables; au contraire les os et cartilage, la peau et les cheveux n'en contenaient point (Brouardel et Pouchet, *Annales d'hygiène et de médecine lég.*, **14**, p. 73 (1885).

(2) Selmi, *Archives italiennes de biologie*, **5**, p. 23 (1884).

9 grammes de cheveux), à la suite d'un empoisonnement par le vert de Mittis.

Les cheveux, poils et ongles, par lesquels s'élimine l'arsenic normal sont donc aussi la voie de sortie de l'arsenic accidentellement introduit dans l'organisme.

Puisque l'arsenic introduit dans l'organisme s'élimine lentement, il doit nécessairement s'accumuler, se réfugier dans certains organes, et il est fort important pour le toxicologiste de connaître cette répartition ou localisation de l'arsenic. Malheureusement, les résultats trouvés par les différents auteurs ne sont pas tous très concordants.

Orfila établit le premier que, dans l'intoxication aiguë, la localisation se fait dans les organes suivant l'échelle décroissante : foie, rate, cœur, vessie, poumons, cerveau, et insista sur l'importance de ce fait au point de vue toxicologique, étant donnée la résistance du foie à la putréfaction. Cette opinion était partagée par les toxicologistes de cette époque, et notamment Devergie, Flandin et Danger.

D. Scolosuboff (1) est arrivé à des résultats tout différents. Ses expériences ont porté sur des chiens et des lapins.

Nous citerons deux d'entre elles :

Un chien de 11 kilogrammes reçut en injection sous-cutanée 0 gr. 10 d'acide arsénieux (à l'état d'arsénite) et mourut en dix-sept heures et demie. 100 grammes de cerveau frais renfermaient 1 mgr. 17 d'arsenic, alors que 200 grammes de foie fournissaient un anneau indosable.

Un bouledogue, ayant reçu pendant trente-quatre jours par la voie stomacale des doses croissantes d'acide arsénieux (à l'état d'arsénite de soude), depuis 0 gr. 005 jusqu'à 0 gr. 150, fut sacrifié en bon état de santé. Le dosage de l'arsenic, dans les divers organes de ce chien, fournit les résultats suivants, rapportés à 100 grammes d'organe frais.

	Quantité d'arsenic trouvée	Résultats rapportés à la quantité d'As du muscle
Muscle..	0 gr. 00025	1
Foie.	0 gr. 00271	10,8
Cerveau.	0 gr. 00885	36,5
Moelle..	0 gr. 00933	37,3

(1) D. Scolosuboff, *Bull. Soc. chim.*, **24**, p. 124 (1875).

Dans l'empoisonnement aigu comme dans l'intoxication chronique, l'arsenic se localiserait donc spécialement dans le tissu nerveux, et, en particulier, dans les empoisonnements aigus, le foie pourrait ne pas contenir d'arsenic, alors que le cerveau en renfermerait de notables quantités.

Ogier (1) paraît se ranger à l'opinion de Scolosuboff, au moins en ce qui concerne l'empoisonnement lent ou subaigu.

Les résultats de nombreux expérimentateurs, au contraire, confirment l'opinion d'Orfila. Ludwig (2), ayant dosé l'arsenic dans les organes d'un homme mort à la suite d'une intoxication arsenicale, trouva les résultats suivants rapportés à 100 grammes de matières :

	Quantité d'arsenic trouvée	Résultats rapportés à la quantité d'arsenic du muscle.
Muscle.	0 gr. 00012	1
Foie.	0 gr. 00338	18,1
Rein.	0 gr. 00515	42,9
Cerveau.	0 gr. 00004	0,33

Dans l'empoisonnement aigu ou chronique, on peut également retrouver l'arsenic dans les os; mais c'est dans le foie qu'il persiste le plus longtemps. Ludwig l'a retrouvé dans le foie d'un chien sacrifié quarante jours après la dernière ingestion de toxique. Dans certains cas aigus, les reins peuvent être plus riches que le foie lui-même.

Bergeron, Delens et L'Hôte (3) ont dosé l'arsenic dans les divers organes d'une jeune fille de 17 ans, ayant succombé cinq jours après l'absorption de 50 grammes de vert de Mittis. Ils ont trouvé les résultats suivants :

	Poids d'arsenic contenu dans 100 gr. d'organe frais.	Résultats rapportés à l'arsenic du muscle.
Muscle.	0 gr. 25	1
Foie.	1 gr. 4	5,6
Rein.	0 gr. 4	1,6
Cerveau. . . .	0 gr. 2	0,8
Cheveux.	1 gr. 1	4,4

(1) Ogier, *Traité de chimie toxicologique*, p. 289 (Paris, 1899).
(2) Ludwig, *Journ. pharm. et de chim.*, 5ᵉ série, 6 (1882).
(3) Bergeron, Delens et L'Hôte, *Annales d'hygiène publ. et de méd. lég.*, 3ᵉ série, 3, p. 23 (1880).

Garnier (1) cite un grand nombre de résultats obtenus par divers observateurs qui établissent le fait de la localisation de l'arsenic dans le foie.

L'arsenic se localise aussi dans le tissu osseux, comme nous l'avons vu plus haut. Roussin, en 1863, avait d'ailleurs déjà montré que les os des lapins qui avaient ingéré de l'arséniate calcique contenaient de l'arsenic.

D'après P. Brouardel et G. Pouchet, et contrairement à l'opinion de Ludwig, l'arsenic disparaît du foie alors qu'il existe encore dans le tissu osseux. Ces savants ont trouvé dans certains cas d'empoisonnement lent de l'arsenic dans les os, après huit à dix semaines, alors qu'après la troisième semaine le foie n'en contenait plus. C'est surtout dans les os riches en tissu spongieux, comme le crâne, l'omoplate et surtout les vertèbres, que se localise l'arsenic. On n'en trouve point, après un certain temps, dans le fémur, ni les os à tissu compact ; au contraire ces os en renferment de petites quantités dans l'intoxication aiguë. La présence de l'arsenic dans le crâne et les vertèbres a été constatée un mois après l'ingestion d'arsenic chez une victime de l'empoisonnement lent du Havre (2).

Si l'on compare entre eux les résultats qui précèdent, on trouve qu'à part Scolosuboff, les divers expérimentateurs sont d'accord pour admettre la localisation de l'arsenic dans le foie. Il faut d'ailleurs noter que les expériences de Scolosuboff ont été faites sur des animaux (chiens et lapins) capables de supporter des doses d'acide arsénieux de 15 à 18 fois mortelles pour l'homme, et que la localisation de l'arsenic chez ces animaux la même que chez l'homme. Scolosuboff a d'ailleurs noté que les animaux sacrifiés ne présentaient point de dégénérescence graisseuse du foie, et l'on sait que chez l'homme la stéatose du foie est un caractère très important de l'intoxication arsenicale. Quoi qu'il en soit, il serait intéressant de reprendre ces expériences avec les méthodes de travail

(1) Garnier, Localisation de l'arsenic dans le foie, *Annales d'hygiène publ. et de méd. lég.*, 3ᵉ série, **9**, p. 310 (1883).

(2) P. Brouardel et G. Pouchet, Relation médico-légale de l'affaire Pastré-Beaussier. *Annales d'hygiène et de méd. lég.*, 3ᵉ série, **26**, p. 137, 356, 400 (1885).

que A. Gautier et G. Bertrand ont mises entre les mains des chimistes.

Toutes imparfaites que soient les études sur la localisation de l'arsenic, elles sont, néanmoins de la plus grande utilité, pour former la conviction de l'expert, sur le point de savoir si l'empoisonnement a été aigu ou lent. Dans le premier cas, si la mort suit de près l'ingestion du toxique, on retrouvera une notable quantité d'arsenic dans le tube digestif et les matières vomies. Le foie, la rate, le rein et l'urine en renfermeront également des quantités appréciables, mais relativement beaucoup plus faibles. On peut donc considérer la disproportion, entre les quantités d'arsenic trouvées dans le contenu du tube digestif et celles réparties dans tous les autres organes comme un caractère de l'empoisonnement aigu.

Au contraire, dans l'empoisonnement lent, par l'administration longtemps répétée de petites quantités d'arsenic, ce rapport sera renversé. La quantité de toxique trouvée dans les divers organes : foie, rein, cerveau, moelle, muscles, os, cheveux, etc., sera toujours considérable, par rapport à la faible dose présente dans le tube digestif.

Dans ce qui précède, nous avons étudié les différentes formes toxiques de l'arsenic, les causes et les effets de l'intoxication arsenicale, effets se manifestant extérieurement par des troubles organiques ou symptômes, et se traduisant d'autre part par des lésions anatomiques que l'autopsie seule peut révéler. Nous connaissons également dans quelles conditions s'opère le passage du toxique à travers l'économie, les organes où il séjourne de préférence et par quelles voies il s'élimine. Ces connaissances nous permettent maintenant d'aborder avec fruit l'étude du problème posé par la question suivante :

Comment reconnaît-on l'empoisonnement par l'arsenic ?

Pour arriver à établir cette question de diagnostic médico-légal, il faut, dit Tardieu (1), « l'ensemble de preuves sur lesquelles doit toujours, en matière d'empoisonnement, s'appuyer le médecin-

(1) Tardieu et Roussin, *Étude médico-légale de l'empoisonnement*, p. 337, (Paris, 1867).

légiste : *les symptômes observés pendant la vie, les données fournies par l'autopsie et les résultats de l'analyse chimique* ».

Ces trois ordres de preuves sont indispensables, pour former une conviction. La seule étude des symptômes ou des lésions anatomiques, ni même l'analyse chimique, dont les résultats absolus sont cependant si importants, pris isolément, ne sauraient suffire.

En effet, même la démonstration de la présence de l'arsenic dans les organes, hormis le cas où sont trouvées des doses massives, n'apporte pas toujours la preuve formelle de l'empoisonnement.

Au contraire, si cette démonstration vient appuyer le diagnostic établi sur l'étude attentive des symptômes et l'observation des lésions anatomiques, elle donne à cet édifice de preuves une solidité qui le rend inébranlable. C'est pour cette raison que, dans toute expertise médico-légale, au médecin-légiste on adjoint, comme collaborateur, un expert-chimiste.

Le champ de ces deux experts est parfaitement délimité ; néanmoins, ils ont souvent, l'un et l'autre, le plus grand avantage, pour la direction à donner à leurs recherches, à connaître réciproquement les résultats de leurs travaux. Ainsi, la connaissance des symptômes observés avant la mort et des résultats de l'autopsie pourront donner au chimiste l'idée de diriger ses recherches dans un sens déterminé. C'est pourquoi, en étudiant plus haut les effets de l'arsenic ingéré à doses toxiques, nous avons décrit en quelques mots les symptômes observés pendant la vie et les lésions que présentent les divers organes après la mort.

Il nous reste donc à étudier, avec quelque détail, les méthodes dont peut disposer l'expert-chimiste pour l'analyse chimique toxicologique, dans le cas spécial de la recherche de l'arsenic.

CHAPITRE IV

RECHERCHE TOXICOLOGIQUE DE L'ARSENIC

Considérations générales. — Une expertise toxicologique comporte toujours avant la recherche chimique une opération préliminaire très importante, le prélèvement des matières suspectes. Nous n'exposerons point ici les règles que l'on doit suivre dans cette opération, non plus que la manière de procéder aux exhumations, ni les précautions à prendre, pendant les recherches analytiques. Pour cet ensemble de conditions qui s'appliquent à toutes les expertises, nous renverrons le lecteur aux divers traités de toxicologie.

Les matières confiées à l'examen du chimiste-expert peuvent être très variées. Dans certains cas, par exemple, quand la mort n'a point suivi la tentative d'empoisonnement, on remet à l'expert des poudres ou liqueurs suspectes, des restes d'aliments ou de médicaments, des matières vomies, des cheveux, des excréments de l'urine.

Au contraire, quand l'empoisonnement a eu une issue fatale, outre les diverses matières dont il vient d'être question, l'expert reçoit, par les soins de l'autorité judiciaire, des organes ou fragments d'organes de la victime. En somme, les substances soumises à son examen sont, ou bien des composés chimiques définis, ou bien des matières organiques renfermant des quantités variables de toxique, quantités toujours faibles comparées à la masse de matière organique.

Dans le premier cas, la recherche ne présente aucune difficulté spéciale. La substance est soumise à toutes les réactions que comporte la marche habituelle de l'analyse qualitative. Quand les éléments qui la constituent sont déterminés, on établit la proportion de chacun d'eux par le dosage, de manière à fixer la composition et, en particulier, la teneur en arsenic du produit suspect. Pour cette partie de l'expertise, on utilisera les réactions et procédés indiqués dans la partie analytique de ce travail, page 331.

Dans le second cas, au contraire, la présence de masses relativement considérables de matières organiques complique les opétations et nécessite l'emploi d'une méthode spéciale à la recherche toxicologique.

Choix des organes à soumettre à l'analyse.

Nous avons indiqué plus haut, en dehors du cadavre, les matières qui devront faire l'objet de l'investigation de l'expert. Nous avons insisté en particulier sur l'intérêt que présente la recherche de l'arsenic dans les matières vomies, qui renferment souvent une quantité considérable de toxique. Quant aux organes, outre le tube digestif et son contenu, l'expert examinera séparément le foie, les reins, le cerveau, les cheveux et les os, qui, nous l'avons vu, sont susceptibles de retenir des quantités parfois notables d'arsenic. On recherchera également l'arsenic dans les copeaux provenant des planches inférieures du cercueil. Il y aura toujours intérêt, en vue de répondre à certaines questions, à prélever de la terre au voisinage du cercueil.

Nous allons étudier le cas le plus compliqué de la recherche de l'arsenic dans les viscères. Les divers modes opératoires que nous allons indiquer s'appliqueront a fortiori aux produits moins riches en matières organiques, telles que la salive, l'urine, le sang, le lait, les aliments, les matières vomies, etc.

Essais préliminaires. — L'expert portera tout d'abord ses investigations sur l'appareil digestif. Il séparere l'œsophage et l'estomac, les ouvrira dans le sens de la longueur, en recueillant avec précaution les matières qui peuvent s'écouler. Les muqueuses seront ensuite soumises à un examen attentif. Parfois l'expert découvrira dans

les replis de la muqueuse des ecchymoses, portant incrustées
en leur centre un ou plusieurs grains blanchâtres d'acide arsénieux. Ces fragments seront recueillis avec soin. L'un de ces
grains sera soumis à l'essai suivant : dans la pointe fermée d'un
petit tube de verre étiré, on introduit la substance et, au-dessus,
dans l'étranglement du tube, on dispose un peu de charbon de
bois récemment calciné. On chauffe ce dernier au rouge, puis on
porte le feu sous la substance. L'acide arsénieux se volatilise, ses
vapeurs se réduisent au contact du charbon incandescent, et
l'arsenic métalloïdique produit par cette réduction vient se déposer
un peu au delà du charbon, dans une région froide du tube, sous la
forme d'un anneau miroitant. En coupant le tube, on peut recueillir
cet anneau et caractériser l'arsenic par ses diverses réactions
(voyez page 332) et notamment par sa transformation sous l'influence
de l'hydrogène sulfuré en un sulfure jaune insoluble, dans l'acide
chlorhydrique soluble dans l'ammoniaque, etc.

 Cet essai préliminaire est important. Il indique dans quelle
direction la recherche doit être conduite ; il fait connaître, en
outre, la forme sous laquelle le poison a été ingéré. Il ne dispense pas cependant l'expert de recherches plus approfondies.

RECHERCHE DE L'ARSENIC DANS LES VISCÈRES

Il importe de bien établir, tout d'abord, les conditions dans
lesquelles nous nous plaçons. Nous écartons le cas le plus général,
où, aucun indice sur la nature du poison n'étant connu, l'expert
doit se livrer à la recherche de tous les toxiques sans distinction : minéraux ou végétaux, fixes ou volatils. Nous supposons,
au contraire, que les éléments de l'instruction ou la nature
des symptômes observés chez la victime, ont fait penser à un
empoisonnement par l'arsenic, et que la justice demande simplement à l'expert de constater la présence de l'arsenic dans certaines matières et de formuler son avis sur diverses questions s'y
rattachant.

De nombreuses méthodes ont été observées pour servir de guide
à l'expert. L'une d'elles est d'un emploi absolument général ; elle

donne d'excellents résultats, quelles que soient la texture des matières organiques (organes, tissus, papiers peints (1), glycérine (2), etc.) et leur teneur en toxique. De plus, elle permet de rechercher en même temps que l'arsenic presque tous les poisons minéraux fixes. C'est la méthode classique en toxicologie. Nous la décrirons tout d'abord en nous bornant à envisager tout ce qui touche à la recherche de l'arsenic.

La méthode classique.

Elle comprend trois groupes distincts d'opérations :

1° Les matières organiques sont d'abord détruites, dans des conditions telles que l'arsenic passe à l'état de composé oxygéné soluble dans l'eau ;

2° Dans la solution ainsi obtenue, l'arsenic est ensuite précipité à l'état de sulfure par l'hydrogène sulfuré ;

3° Enfin, ce sulfure est transformé par oxydation en acide arsénique que l'on introduit dans l'appareil de Marsh.

L'ordre logique exigerait donc que *la destruction des matières organiques, la précipitation par l'hydrogène sulfuré et la recherche de l'arsenic par l'appareil de Marsh* fussent successivement étudiées. Néanmoins, pour des raisons multiples, il nous paraît préférable d'exposer tout d'abord la méthode de Marsh. En particulier, pour être introduit dans l'appareil de Marsh, un liquide doit réaliser certaines conditions indispensables. Et la connaissance de ces conditions éclairera la nature des divers traitements que l'on fait subir aux matières organiques, en vue de l'extraction de l'arsenic qu'elles renferment.

MÉTHODE DE MARSH

Cette méthode est basée sur le principe suivant : Si, dans un appareil renfermant de l'acide sulfurique étendu et du zinc, on introduit une solution d'un composé oxygéné de l'arsenic, il y a

(1) SANGER, *Amer. Journ.*, **13**, p. 432.
(2) LANGMUIR, *Amer. Chem. Soc.*, **24**, p. 183.

production d'hydrogène arsénié gazeux qui se dégage avec l'excès d'hydrogène. La présence de l'hydrogène arsénié peut être mise en évidence par plusieurs moyens :

1° Le mélange gazeux peut être enflammé, les produits de sa combustion dans l'air sont l'eau et l'acide arsénieux, facile à recueillir et à caractériser. FLANDIN et DANGER ont construit sur ce principe un assez curieux appareil (1). Au contraire, si l'on écrase la flamme au moyen d'un corps froid, une soucoupe de porcelaine, par exemple, une partie de l'arsenic échappe à l'oxydation et se dépose sur la soucoupe, sous forme d'une tache miroitante, facile à caractériser (méthode des taches de MARSH).

2° Si l'on chauffe, dans un tube, de l'hydrure d'arsenic gazeux, même mêlé à un grand excès d'hydrogène, il y a décomposition du premier de ces gaz, avec formation d'un dépôt ou anneau d'arsenic (méthode des anneaux).

3° L'hydrogène arsénié agit sur le sublimé d'après l'équation suivante :

$$6\ HgCl^2 + 2\ AsH^3 = 3\ Hg^2Cl^2 + 2As + 6HCl.$$

Un papier imprégné d'une solution de sublimé et plongé dans une atmosphère d'hydrogène arsénié devient d'un jaune citron, qui passe ensuite au jaune brun pâle ; au contraire, avec l'hydrogène antimonié la tache est d'un brun gris (MAYENÇON et BERGERET) (2).

4° Une solution de nitrate d'argent en excès décompose totalement l'hydrogène arsénié ; de l'argent métallique se précipite et la liqueur renferme de l'acide arsénieux : cette réaction, proposée par LASSAIGNE et utilisée par REICHARDT (3), est encore employée utilement, pour la recherche de l'arsenic en présence de l'antimoine.

5° L'oxydation de l'hydrogène arsénié par diverses autres substances, notamment par l'acide azotique (MEILLET), par le chlore (MALAPERT), par le chlorure d'or (JACQUELAIN), a été également proposée (4).

(1) Voyez OGIER, *Traité de chimie toxicologique*, p. 297 (Paris, 1899).

(2) MAYENÇON et BERGERET, *C. R.* **79**, p. 118.

(3) REICHARDT, *Arch. der Pharm.* (1880) et *Journ. Pharm. et Chim.*, 5ᵉ série, **3**, p. 247 (1881).

(4) Voyez CHEVALLIER ET BARSE, *Manuel pratique de l'appareil de MARSH*, Paris, 1843.

De toutes ces réactions, les deux premières sont presque exclusivement employées dans les recherches toxicologiques ; mais nombreux sont les appareils qui ont été successivement proposés pour les mettre en œuvre.

Appareil primitif de Marsh.

L'appareil proposé par Marsh, en 1836 (1), est très simple. Sur un bloc de bois (fig. 1) est fixé verticalement un tube recourbé *aa* d'environ o m.02 de diamètre et dont les deux branches sont inégales. La plus longue mesure o m. 21 et reste ouverte. La plus courte,

Fig. 1. — Appareil primitif de Marsh.

longue d'environ o m.13, est fermée par un bouchon, que traverse un robinet, *b*, terminé en pointe fine. Une lame de zinc est retenue à la partie inférieure de la petite branche à l'aide d'une baguette de verre. Le robinet *b* étant ouvert, on introduit dans la grande branche le liquide suspect, additionné d'acide sulfurique, et l'on ferme le robinet, dès que le liquide arrive à ce niveau. Le zinc ne tarde pas à être attaqué et l'hydrogène produit refoule le liquide dans l'autre branche ; la réaction cesse dès que le zinc n'est plus en contact avec la liqueur acide. On ouvre alors le robinet, on allume

(1) La communication de Marsh parut en octobre 1836 dans *The Edinburg. new Philosophical Journal* et fut traduite en français, *Journal de pharmacie et de chimie*, **23**, p. 553 (1837).

le gaz et l'on écrase la flamme à l'aide d'un morceau de porcelaine ou de verre froid. On peut obtenir ainsi un nombre considérable de taches.

En plaçant la flamme à l'intérieur d'un tube large, il se dépose des cristaux d'acide arsénieux sur la surface interne de ce tube. Cet appareil, malgré ses nombreuses imperfections, permettait cependant, d'après Liebig, d'obtenir avec un demi-milligramme d'acide arsénieux, une surface d'un demi-pouce carré d'une couche noire et miroitante d'arsenic.

Dans la production des taches d'arsenic, une notable quantité d'hydrogène arsénié est complétement brûlée et échappe à la recherche. Liebig (1) et Berzélius (2), pour remédier à cet inconvénient, ont proposé de déterminer la décomposition de l'hydrogène arsénié, en le faisant passer dans un tube horizontal, chauffé en un point. On obtenait ainsi, au delà de la partie chauffée, un anneau d'arsenic. De nombreuses modifications à l'appareil de Marsh, permettant de produire à volonté des taches ou des anneaux, furent successivement proposées (Mohr, Orfila, Chevalier, etc.) (3).

Appareil de l'Académie des Sciences (1841).

L'appareil dont fit usage, en 1841, une commission de l'Académie des sciences, composée de Thénard, Dumas, Boussingault et Regnault, présente un grand intérêt, en ce qu'il réunit tous les perfectionnements apportés aux dispositifs antérieurement décrits (Mohr, Orfila, Chevalier, etc.), et réalise une forme qui a reçu dans la suite peu de changements.

Il se compose d'un flacon à col droit A (fig. 2) muni d'un bouchon à deux trous. L'un de ces trous donne passage à un tube droit B de o m.01 de diamètre descendant jusqu'au fond du flacon; dans l'autre, on engage un tube courbé muni d'une boule C, ce tube vient déboucher dans un gros tube D garni d'amiante. Celui-ci est lui-

(1) *Annal. der Chem. u. Pharm.*, **23**, p. 207 (1837).
(2) *Jahresbericht* (1837).
(3) Voyez Chevallier et Barse, *Manuel pratique de l'appareil de Marsh* (Paris, 1843).

même relié à un tube en verre peu fusible, de 2 à 3 millimètres de diamètre intérieur. Ce tube, de plusieurs décimètres de longueur est entouré de clinquant sur environ o m. 10 et se termine par une pointe effilée. Voici maintenant le mode opératoire : On introduit dans le flacon quelques lames de zinc et une quantité d'eau suffisante

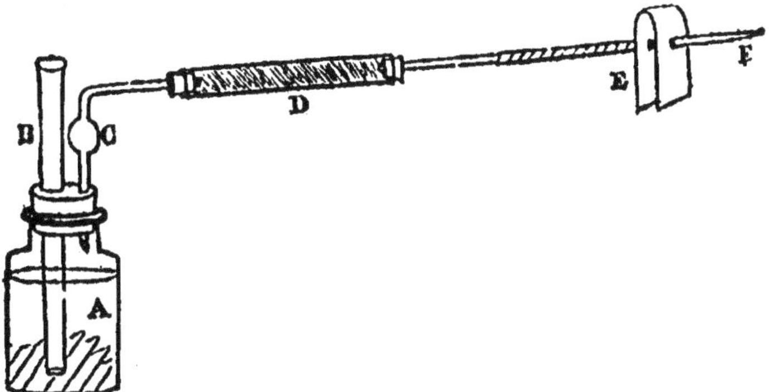

Fig. 2. — Appareil de l'Académie des Sciences.

pour fermer le tube de sûreté et enfin un peu d'acide sulfurique. Dès que l'hydrogène produit a chassé l'air de l'appareil, on porte au rouge, au moyen de charbons ardents, la partie du tube entourée de clinquant ; un petit écran E empêche le tube de s'échauffer à une distance trop grande de ce point. On introduit ensuite la liqueur suspecte par le tube ouvert, au moyen d'un entonnoir effilé, en la faisant glisser le long des parois, de manière à éviter l'entraînement de l'air dans le flacon. Si le dégagement du gaz se ralentit, on introduit une petite quantité d'acide sulfurique et « l'on fait marcher l'opération lentement et d'une manière aussi régulière que possible ».

Si le gaz renferme de l'arsenic, l'anneau vient se former un peu au delà de la partie chauffée. Pour contrôler la marche de l'appareil, on peut allumer le jet de gaz qui s'échappe par la pointe effilée et essayer de recueillir des taches sur une soucoupe en porcelaine. On en obtient, d'après la commission, si la partie chauffée est trop courte ou insuffisamment chauffée, ou si le tube est trop large. On peut encore, pour condenser les dernières traces d'arsenic, recourber le tube et faire dégager le gaz dans une solution de nitrate d'argent.

L'arsenic déposé dans le tube, sous forme d'anneau, peut être ensuite détaché et caractérisé. La sensibilité de cet appareil correspond, d'après les membres de la commission, à 1/50 de milligramme. On est arrivé depuis à reculer notablement cette limite jusqu'à un millième et même un demi-millième de milligramme, grâce à une étude critique attentive des conditions de fonctionnement de cet appareil.

Conditions de fonctionnement de l'appareil de Marsh.

Diverses causes empêchent le dégagement de l'hydrogène arsénié. 1° La présence de *produits nitreux* transforme l'hydrure gazeux en hydrure solide non volatil (BLONDLOT)(1), il faut donc priver avec soin d'acide azotique les liquides qui doivent être introduits dans l'appareil de Marsh. Il faut de même éviter la présence des composés chlorés, de l'acide sulfureux et de l'hydrogène sulfuré ; ce dernier peut prendre naissance dans l'action du zinc sur l'acide sulfurique, si on laisse la température s'élever quelque peu. L'hydrogène sulfuré ainsi produit retient dans l'appareil de Marsh une partie de l'arsenic à l'état de sulfure ; de plus, en passant dans le tube chauffé au rouge, il se décompose en soufre qui se combine plus ou moins avec l'arsenic, de sorte que les anneaux sont constitués par un mélange d'arsenic, de soufre et de sulfure d'arsenic. On évite la formation d'hydrogène sulfuré, en refroidissant le flacon dans lequel se produit l'attaque du zinc par l'acide sulfurique et en évitant d'introduire de trop fortes quantités de matières réagissantes, de manière à limiter la chaleur dégagée.

2° Il est très important de n'introduire dans l'appareil de Marsh que des liqueurs incolores *complètement privées de matières organiques*. Aussi doit-on toujours précipiter l'arsenic par l'hydrogène sulfuré et détruire de nouveau les matières organiques qui ont pu se précipiter avec lui (A. GAUTIER).

(1) BLONDLOT, *Annales de chim. et de phys.*, 3ᵉ série, **68**, p. 186 (1863).

Nous verrons, à propos de la destruction des matières organiques, comment il convient d'opérer pour obtenir des produits bien exempts de matières organiques.

D'après L. Barthe et R. Péry (1), si l'on introduit de l'acide cacodylique dans un appareil de Marsh, en activité, on observe une odeur alliacée, due vraisemblablement à la formation d'oxyde de cacodyle par réduction d'acide cacodylique :

$$2AsO(CH^3)^2OH + 2H^2 = 3H^2O + (CH^3)^4As^2O$$

Il suffit de la présence de 1/100 de milligramme de cet acide pour observer cette odeur. On obtient cette réaction quand, ayant incomplètement détruit des matières organiques renfermant de l'acide cacodylique, on a recours directement à l'appareil de Marsh, sans précipiter préalablement l'arsenic à l'état de sulfure.

3° Il faut éviter d'une manière absolue l'introduction *des sels de cuivre* dans l'appareil de Marsh. A. Gautier (2) a montré, en effet, qu'il se forme, dans ce cas, un arséniure de cuivre qui n'est plus que très difficilement transformé en hydrogène arsénié. Pour éviter l'introduction du cuivre pouvant rester dans le précipité de sulfure d'arsenic (notamment dans les empoisonnements par les verts arsenicaux), il conseille de traiter les sulfures bien lavés, obtenus en liqueur très acide, par le carbonate d'ammoniaque au 1/20 en liqueur étendue et tiède.

On doit également, d'après le même auteur, s'abstenir pour favoriser l'action toujours lente, et parfois nulle, de l'acide sulfurique pur sur le zinc pur, de faire usage, comme on l'a recommandé souvent, de sulfate de cuivre. Au contraire, le chlorure de platine peut être parfaitement utilisé dans ce but ; une goutte d'une solution de chlorure de platine au 1/30 suffit pour obtenir une attaque régulière (A. Gautier).

Il faut verser le chlorure de platine dans l'appareil avant d'ajouter le liquide suspect ; sans cette précaution, l'addition de chlorure de platine pourrait déterminer une attaque très rapide du zinc

(1) L. Barthe et R. Péry, *Journ. Pharm. et Chim.* [6], XIII, p. 210, 1901.
(2) A. Gautier, *Bull. Soc. chim.*, **24**, p. 260 (1875).

avec production très abondante d'hydrogène arsénié dont une partie échapperait à l'action décomposante de la chaleur. On peut d'ailleurs substituer au chlorure de platine un fragment de platine qui peut servir indéfiniment.

D'après O. Rosenheim (1), la présence du sélénium dans l'appareil de Marsh empêche aussi le dégagement d'hydrogène arsénié.

4° A. Gautier (2) a également montré que la *dilution de l'acide sulfurique* ne doit pas dépasser un certain degré et qu'en particulier on doit renoncer à l'emploi, proposé par Dragendorff, de l'acide sulfurique étendu de 8 ou 10 fois son volume d'eau. L'opération est alors trop lente et des pertes d'arsenic sont à craindre.

5° Nous avons déjà dit que, dans l'emploi de la méthode des taches, on peut perdre des quantités relativement notables d'arsenic ; par conséquent, toutes les fois qu'il s'agit, soit d'une recherche quantitative, soit de déceler de faibles quantités d'arsenic, on aura recours à la *formation des anneaux.*

6° La *dessication du gaz est indispensable* ; elle ne peut être réalisée sans inconvénient ni par le chlorure de calcium, autrefois employé, ni au moyen de la potasse sèche. Le chlorure de calcium, sous l'influence des gouttelettes acides entraînées, peut fournir de l'acide chlorydrique, ce qui occasionnerait une perte d'arsenic à l'état de chlorure ; quant à la potasse, outre qu'elle décomposerait l'hydrogène antimonié, elle ne serait point dépourvue d'action sur l'hydrure d'arsenic gazeux comme l'ont établi Kuhn et Soeger (3). Il est préférable de faire passer le gaz à travers une colonne de coton hydrophile, préalablement chauffée à 110-120°. La cellulose ainsi deshydratée arrête, non seulement les gouttelettes liquides entraînées mécaniquement, mais retient énergiquement la vapeur d'eau sans agir sur la composition du gaz (G. Bertrand) (4).

7° Le *gaz doit être privé d'oxygène.* Les anciens expérimentateurs ne purgeaient l'appareil d'air que dans le but d'éviter une explosion lors de l'allumage. D'après Gabriel Bertrand (5), il est néces-

---

(1) O. Rosenheim, *Chem. News,* **83**, p. 277 (1901).
(2) A. Gautier, *Bull. Soc. chim.,* **24**, p. 260 (1875).
(3) Kuhn et Soeger, *D. Chem. Gesell.,* **23**, p. 1758.
(4) G. Bertrand, *Bull. Soc. chim.,* **27**, p. 852 (1902
(5) *Loc. cit.*

saire, pour mettre en évidence de très faibles quantités d'arsenic, d'éliminer les plus petites traces d'oxygène ; sans cette précaution, l'arsenic très oxydable, même en présence d'hydrogène, se transforme en acide arsénieux qui peut passer inaperçu. On réalise cette condition, en faisant passer dans l'appareil, au début de l'opération, un courant d'hydrogène ou d'anhydride carbonique.

8° Le *dégagement gazeux doit s'opérer très lentement* pour qu'aucune trace d'hydrogène arsénié n'échappe à la décomposition.

9° Il est également nécessaire que la portion du tube soumise à l'action de la chaleur ait une longueur suffisante. Ces deux conditions sont d'ailleurs étroitement liées l'une à l'autre.

Avec une longueur de 20 à 25 centimètres, en réglant convenablement le courant gazeux, A. Gautier (1) a pu retrouver, à 1/10 de milligramme près, la quantité d'arsenic correspondant à o gr. oo5 d'acide arsénieux qu'il avait introduit dans l'appareil de Marsh. Bien plus, avec des longueurs de 10 à 15 centimètres, A. Gautier (2) et G. Bertrand (3) ont pu déceler des quantités de l'ordre des millièmes de milligramme. Au contraire Dié (4), avec un courant un peu rapide, ne put, malgré l'emploi d'une grille de 74 centimètres, condenser que 70 p. 100 de l'arsenic introduit (100 milligrammes d'acide arsénieux avaient été placés dans l'appareil).

La quantité d'arsenic en présence intervient également aussi, et quand elle est un peu notable il est bon de chauffer le tube sur plusieurs zones successives, séparées par des régions non chauffées.

10° Le *dégagement du gaz doit, de plus, être très régulier* pour que l'anneau se dépose au même endroit du tube du commencement à la fin de l'opération.

11° Il est également indispensable, pour retrouver des traces minimes d'arsenic, de condenser les vapeurs de cet élément sur un espace aussi restreint que possible, et, par conséquent, de former l'anneau à l'intérieur d'un tube de diamètre très réduit ; et, pour éviter que

(1) A. Gautier, *Bull. Soc. chim.*, **24**, p. 261 (1875).
(2) A. Gautier, *Bull. Soc: chim.*, **29**, p. 641 (1903).
(3) G. Bertrand, *Ann. chim. et phys.*, 7ᵉ série, **29**, p. 21 (1903).
(4) Voyez Ogier, *Traité de chimie toxicologique*, note de la page 309.

l'anneau ne s'étale sur une grande surface et ne devienne, par suite, peu visible, par défaut d'épaisseur, il est bon de favoriser la condensation par l'emploi d'un petit réfrigérant placé à une faible distance de la partie chauffée (G. Bertrand).

Ces précautions permettent d'obtenir des anneaux visibles avec de minimes quantités d'arsenic ; de plus, comme ces anneaux ont été formés dans des conditions identiques, on peut juger de la quantité qu'ils contiennent, en comparant l'intensité de leur coloration à celle d'un anneau produit avec une quantité connue d'arsenic.

12° La Commission de l'Académie des sciences avait déjà observé qu'il y avait avantage à introduire dans l'appareil de Marsh *des liqueurs concentrées* « quand il s'agit de rendre sensible de très petites traces d'arsenic ». G. Bertrand (1) a rappelé récemment l'attention sur ce sujet et fait la remarque suivante : Quand on chauffe l'hydrogène arsénié, la tension de dissociation de ce gaz étant considérable au rouge, il y a séparation presque complète ; néanmoins la décomposition est limitée ; elle s'arrête quand le mélange gazeux renferme une quantité d'hydrure d'arsenic exactement égale à celle qui prendrait naissance par l'action de l'hydrogène sur l'arsenic, dans les mêmes conditions de pression et de température. A ce moment la décomposition s'arrête ; par le refroidissement, la vapeur d'arsenic se condense, et l'hydrure d'arsenic non décomposé se dégage avec l'excès d'hydrogène. Par conséquent, si l'on dilue cet hydrure dans une quantité convenable d'hydrogène, ce mélange passera, sans être décomposé, dans le tube porté au rouge. C'est ce qui arrive, quand le liquide acide, introduit dans l'appareil de Marsh, renferme une quantité insuffisante d'arsenic. L'hydrogène se dégage avec une vitesse invariable, en rapport avec la quantité d'acide présenté dans l'appareil. Au contraire, l'hydrogène arsénié se produit avec une extrême lenteur et sa proportion dans le mélange peut être inférieure à la limite de dissociation dont nous avons parlé. La production de l'anneau devient par suite impossible.

Pour éviter cette cause de perte, il suffit donc, comme l'indique G. Bertrand (2), de concentrer dans un faible volume de liquide la

(1) G. Bertrand, *Annales de chim. et de phys.*, 7° série, **29**, p. 15 (1903).
(2) *Loc. cit.*

faible trace d'arsenic que l'on veut déceler, et en même temps, d'éviter l'emploi d'une trop forte proportion d'acide sulfurique qui dégagerait trop d'hydrogène.

A. Gautier et G. Bertrand ont décrit des appareils et des modes opératoires où sont réalisées les diverses conditions que nous venons d'examiner et qui leur ont permis de mettre en évidence les faibles traces d'arsenic existant dans les organes à l'état normal.

Appareil de Armand Gautler (1).

« Dans un flacon A à trois tubulures (fig. 3) de 80 centimètres cubes de capacité environ, et placé dans un cristallisoir rempli d'eau, on introduit 20 grammes de zinc pur grenaillé. On assujettit au flacon A les trois tubes r, T et l par de bons bouchons de liège neufs. Le tube central T servira à verser la liqueur arsenicale. L'extrémité inférieure de ce tube central est très légèrement échancrée par le bas et touche le fond du flacon A. Ce tube T porte en haut une boule et un robinet de verre.

« Le tube latéral r pénètre aussi jusqu'au fond du flacon; il est relié par un caoutchouc à pince p à un tube courbé, plongeant dans le verre vide V de 100 centimètres cubes de capacité environ. Le troisième tube l sert au dégagement de l'hydrogène. Une petite boule est soufflée sur sa branche verticale. L'extrémité inférieure de ce tube est taillée en biseau; elle dépasse à peine le bouchon. La partie horizontale est renflée et reçoit, sur une longueur de 10 centimètres environ, une bourre de coton bien sec C, un peu tassée. Le tube lC est uni par un bouchon de liège au tube semi-capillaire horizontal b, qui passe au-dessus de la rampe à gaz F, destinée à chauffer au rouge naissant, sur une longueur de 12 à 15 centimètres, les gaz qui sortiront de l'appareil. Ce tube est lui-même relié par un caoutchouc désulfuré, portant une pince q, au tube courbé à angle droit qui termine l'appareil; sa branche verticale plonge dans le verre v contenant 1 à 2 centimètres cubes d'acide sulfurique. Le tube horizontal semi-capillaire bq, en verre

(1) Gautier, *Bull. Soc. chim.*, **27** (1902), p. 1030.

peu fusible, est entouré de clinquant sur tout le parcours correspondant à la rampe à gaz F. Immédiatement après avoir quitté là rampe à gaz qui doit le chauffer, ce tube traverse deux pièces métalliques mobiles. La première *e* est un léger écran formé de deux feuilles de clinquant ; il est destiné à protéger la partie extérieure de ce tube contre le rayonnement du foyer F. L'autre pièce est un petit curseur de laiton R qu'on avance vers l'écran *e* presque à le

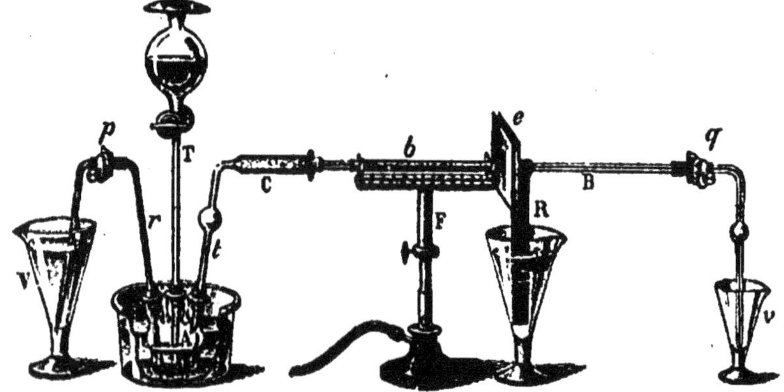

Fig. 3. — Appareil de Armand Gautier.

toucher, curseur formé d'un tube de 6 à 7 millimètres de long, soudé par en bas à une lame épaisse du même métal, trempant dans un verre rempli d'eau ou de glace pilée.

« Pour se servir de cet appareil, toutes les pièces étant bien fixées et le flacon A baignant dans l'eau froide, on ouvre les pinces *p* et *q* ; on remplit entièrement d'eau distillée le flacon A, puis fermant la pince *q*, on verse par le tube à robinet T de l'acide sulfurique étendu de 6 volumes d'eau et refroidi, mêlé d'une goutte de chlorure de platine au 1/30. Le dégagement d'hydrogène commence aussitôt. Ce gaz refoule l'eau par le tube *rp* dans le verre V. On ferme alors la pince *p*, on ouvre *q* et on laisse un instant l'hydrogène se dégager et barbotter à travers l'acide sulfurique du verre *v*. L'appareil étant alors entièrement privé d'air, on allume la rampe F et on introduit dans la boule du tube central T la solution suspecte de contenir l'arsenic. On ouvre ensuite légèrement le robinet T, de façon à laisser la liqueur acide pénétrer lentement dans le flacon A. En général, deux heures sont nécessaires pour y introduire la totalité de cette liqueur et deux heures encore pour y faire pénétrer les liqueurs acides du lavage formées d'acide sulfurique étendu d'abord au 1/10, puis au 1/6 et refroidi. Lorsqu'il s'agit de millièmes de milligramme, l'opération doit être poursuivie durant quatre à cinq heures. La vitesse de dégagement des gaz en V, à travers l'acide sulfurique, guide l'opérateur et permet de ne jamais laisser pénétrer l'air dans l'appareil.

« Quant à l'écran e et au curseur R, leur rôle consiste à refroidir le tube semi-capillaire bq aussitôt qu'il quitte la rampe à gaz. Le curseur R, formé d'un tube de cuivre muni d'un appendice assez épais trempant dans l'eau froide ou glacée, a pour effet de condenser sur une faible étendue l'arsenic en vapeurs très diluées qui sortent de l'appareil, vapeurs qui, sans cette précaution, s'étendraient en un anneau souvent imperceptible, surtout si ces gaz sont humides. Grâce à cette pièce métallique, on obtient sur la largeur du curseur des anneaux continus de 6 à 7 millimètres de long, bien homogènes et bien visibles, avec 1/500 et même 1/1000 de milligramme d'arsenic. »

Appareil de Gabriel Bertrand (1).

L'appareil (fig. 4) comprend un flacon F de 90 centimètres cubes environ de capacité, où se produit la réduction du composé arsenical par le zinc et l'acide sulfurique. Ce flacon est muni d'un tube de sûreté terminé par un entonnoir E, sur lequel est fixé, au moyen d'un bouchon, une ampoule à robinet A, au moyen de laquelle on introduit le liquide arsenical. Ce dispositif permet de contrôler la vitesse d'écoulement du liquide; en outre, il agit comme purgeur et empêche l'entraînement de l'air dans l'intérieur de l'appareil dans le cas où il se formerait un chapelet de bulles au-dessous du

(1) G. BERTRAND, *Ann. de chim. et phys.*, 7ᵉ série, **29**, p. 18 (1903).
M. Gabriel BERTRAND a bien voulu mettre à notre disposition les clichés qui nous ont permis de reproduire, outre son appareil, l'appareil primitif de Marsh et celui de l'Académie des Sciences. Nous tenons à lui exprimer notre gratitude.

robinet. Le tube L, de 0m. 35 de longueur et de 0m. 015 de diamètre, est rempli de coton hydrophile préalablement chauffé à 110-120° et destiné à dessécher les gaz. A ce tube fait suite un tube à analyse (1) en verre vert, peu fusible, dont le diamètre intérieur n'excède pas

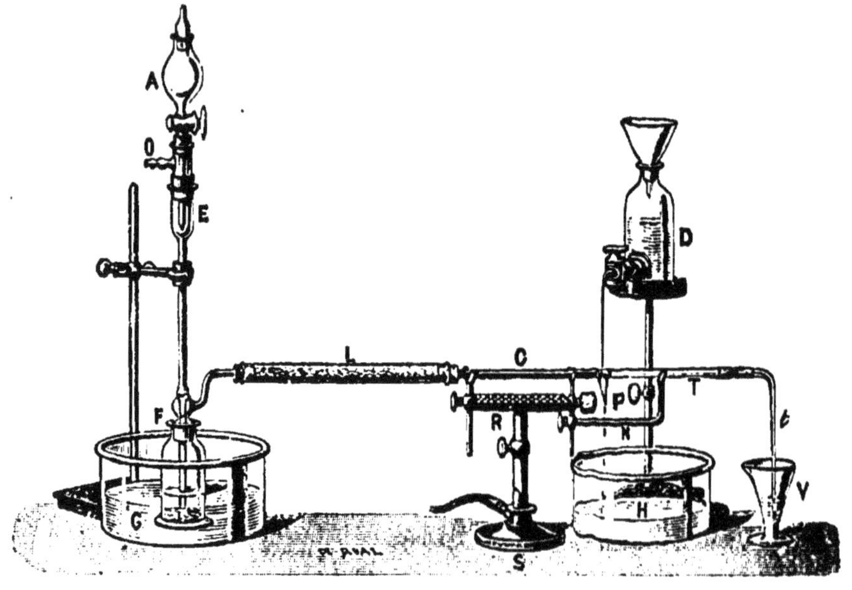

Fig. 4. — Appareil de Gabriel Bertrand.

1 millimètre et dont la paroi est épaisse d'environ 2 millimètres, de manière à éviter les déformations. Ce tube est entouré de clinquant sur une longueur de 10 centimètres dans la partie C, qui repose, par l'intermédiaire de deux petites fourches mobiles, au-dessus d'une petite rampe à gaz R, d'égale longueur. Une tige N, à hauteur réglable, soutient le tube T et l'empêche de se courber sous l'influence même de son poids, quand il est ramolli par la chaleur. A une distance de 2 à 3 millimètres de la chemise de clinquant, on

(1) On doit faire usage de tubes à analyse très propres. Il est bon d'en préparer d'avance une provision : on coupe des fragments de 0 m. 30 environ, on les lave avec soin à l'acide sulfurique chaud, puis à l'eau régale, puis successivement à l'eau distillée, à l'alcool et à l'éther ; enfin on les sèche parfaitement, on les étire et on les ferme à chaque extrémité : ils se conservent ainsi parfaitement propres jusqu'au moment du besoin.

dispose un petit réfrigérant P ; il consiste en une petite feuille de papier à filtrer, de 5 centimètres de largeur, que l'on enroule trois à quatre fois autour du tube, en laissant pendre une extrémité libre sur une longueur de 1 à 2 centimètres. On laisse tomber, goutte à goutte, sur ce papier l'eau du flacon D; l'excès d'eau s'écoule par l'extrémité libre de la bande et est reçu dans le vase H (1). Enfin le tube T se raccorde au tube coudé *t* qui plonge dans le vase V renfermant de l'eau. Par ce moyen, on peut vérifier au début l'étanchéité de l'appareil et contrôler la vitesse et la régularité du dégagement gazeux. Tous les bouchons que comporte l'appareil sont en liège.

Pour faire usage de cet appareil, on prépare d'abord un peu de zinc platiné. A cet effet, on introduit 10 à 20 grammes de zinc pur en grenaille dans environ 30 centimètres cubes d'eau, teintée légèrement en jaune, par l'addition de une ou deux gouttes de solution de chlorure de platine. Dès que le zinc est devenu d'un gris noirâtre, on décante le liquide, on lave le zinc avec un peu d'eau distillée et on l'introduit dans le flacon F. On monte alors les diverses parties de l'appareil comme l'indique la figure et, pour chasser l'air, on fait passer par la tubulure *o* un bon courant d'acide carbonique ou d'hydrogène pur. Il est préférable, d'après G. BERTRAND, d'employer l'acide carbonique. Ce gaz, grâce à sa densité élevée, arrive au fond du flacon et déplace plus rapidement et plus complètement l'air que ne le pourrait faire l'hydrogène.

Quand cette opération est terminée, on verse sur le zinc, au moyen de l'ampoule A, 10 centimètres cubes d'acide sulfurique au cinquième. La réaction est très vive, et l'hydrogène détermine le plus souvent un excès de pression dans l'appareil, à cause de l'écoulement limité du gaz par le tube capillaire. On profite de cet instant pour porter au rouge sombre le tube à analyse et régler le réfrigérant. Après 10 à 15 minutes, l'effervescence est presque entièrement calmée, et l'appareil, complètement privé d'oxygène et d'anhydride carbonique, est prêt à servir.

La solution dans laquelle on recherche l'arsenic est alors intro-

---

(1) L'usage du petit réfrigérant n'est plus nécessaire quand les quantités d'arsenic sont supérieures à 1/100 de milligramme.

duite très lentement dans le flacon F, par l'intermédiaire de l'ampoule. Dès qu'elle s'est écoulée, on lave l'ampoule en plusieurs fois, d'abord avec 20 centimètres cubes d'acide sulfurique à 10 p. 100 puis avec 10 centimètres cubes d'acide au cinquième, en prenant soin de laisser tomber les liquides goutte à goutte dans l'appareil. On règle ainsi facilement le dégagement gazeux. La vitesse convenable est de 4 à 5 centimètres cubes par minute ; on peut ramener facilement la mesure de cette vitesse à la numération des bulles qui barbottent dans l'eau du verre V.

L'anneau apparaît dans la partie refroidie dans un temps variable entre 5 minutes et une heure, suivant la vitesse du courant gazeux et la quantité d'arsenic présente dans le liquide à essayer. L'opération est généralement terminée en deux ou trois heures.

Il est important, si l'on veut conserver un anneau, de le maintenir dans l'hydrogène sec ; sans cette précaution, l'arsenic s'oxyde même assez rapidement à la température ordinaire, et l'anneau noir disparaît, pour faire place à une trace blanchâtre d'acide arsénieux peu ou pas visible. On évite cet inconvénient en opérant de la manière suivante :

Quand on juge l'opération terminée, on détache le tube coudé ; l'on ferme à la lampe l'extrémité libre du tube T et l'on éteint la rampe de gaz. Après refroidissement, on sépare le tube à analyses du filtre à coton et on obture rapidement l'extrémité ouverte de ce tube en la plongeant un instant dans un bain de paraffine fondue. Le tube ainsi plein d'hydrogène est scellé à la lampe, en opérant de manière à ne pas laisser rentrer d'air entre l'anneau et la partie chauffée.

La sensibilité de l'appareil de G. BERTRAND est extraordinaire. Avec un millième de milligramme d'arsenic, l'anneau est visible sur 2 à 3 millimètres de longueur ; avec un demi-millième de milligramme, l'anneau est encore très net ; avec des quantités encore plus faibles, telles que un cinquième de millième de milligramme, on obtient encore un faible enduit grisâtre.

Pureté des réactifs.

Il est d'abord de toute évidence que l'acide sulfurique et le zinc doivent être rigoureusement exempts d'arsenic.

Pour purifier le zinc, on le fond dans un creuset, on projette dans la masse fondue 1 à 1,5 p. 100 de chlorure de magnésium anhydre et l'on agite la masse ; il se dégage du chlorure de zinc, entraînant avec lui tout l'arsenic (Lhôte)(1). G. Bertrand(2) conseille de fondre du zinc ordinaire dans un creuset avec du chlorure d'ammonium ; on brasse vivement le mélange avec un bâton de bois vert. L'arsenic se dégage sous forme de chlorure avec un peu de zinc et tout le chlorure d'ammonium ; on distille ensuite le produit dans une cornue en rejetant les premières portions, et l'on coule le reste dans l'eau froide. Si l'on peut se procurer dans le commerce du zinc pur, il sera néanmoins prudent de le refondre et de le couler en grenailles, de manière à obtenir un produit homogène qui sera essayé à l'appareil de Marsh.

Pour priver d'arsenic l'acide sulfurique, on le dilue avec 4 p. 100 d'une solution de sulfate d'argent à 1 ou 2 p. 1000, on ajoute un peu d'acide sulfureux et l'on fait bouillir jusqu'à disparition d'odeur. On sature ensuite d'hydrogène sulfuré et on laisse reposer en flacon bouché pendant vingt-quatre heures ; on filtre alors le précipité de sulfure d'argent qui entraîne tout l'arsenic. On porte à l'ébullition le liquide filtré, pour chasser l'hydrogène sulfuré, on filtre de nouveau, et l'on concentre dans la porcelaine ou le platine (G. Bertrand).

Production des taches.

Il est toujours préférable, avons-nous dit, de recourir à la production des anneaux plutôt qu'à la formation des taches. Toutefois, on peut avoir recours à cette dernière méthode, quand il s'agit

(1) L'Hote, *C. R.*, p. 1491 (1884).
(2) *Annales de chim. et de phys.*, 7ᵉ série, **29**, p. 19 (1903).

de faire un essai qualitatif rapide, dans une matière qui renferme des quantités d'arsenic un peu appréciables. Dans ce cas, on supprime la rampe à gaz et l'on fait passer le gaz à travers un tube effilé à son extrémité ou muni d'un orifice en platine. L'hydrogène est enflammé, il brûle avec une flamme d'un blanc bleuâtre et production de fumées blanches d'acide arsénieux, quand il renferme des quantités notables d'hydrure d'arsenic ; mais, à la longue, la flamme prend une teinte jaune que lui communique le verre de la pointe effilée.

On produit les taches en écrasant la flamme avec un corps froid, lame de verre, ou mieux, soucoupe de porcelaine, en ayant soin de ne pas maintenir longtemps la flamme sur un même point de la soucoupe, pour éviter que, par échauffement, la tache ne se volatilise.

Mais l'arsenic ne possède pas seul la propriété de donner des taches ou des anneaux; il la partage avec un autre élément, l'antimoine. Il importe donc de savoir caractériser les taches et anneaux d'arsenic (1).

Caractères différentiels des taches et des anneaux d'arsenic et d'antimoine (2).

Les taches et anneaux d'arsenic se distinguent aisément de ceux d'antimoine par leurs propriétés physiques et certaines réactions.

1° Les taches d'arsenic sont d'un noir brillant, celles d'antimoine sont d'un noir terne ; les premières sont en outre plus volatiles que les secondes. Cette propriété se vérifie facilement sur les anneaux. Si l'on chauffe dans un courant d'hydrogène un anneau d'antimoine, il subit une fusion partielle, que l'on peut constater à la loupe, et se reforme à une très faible distance du point chauffé;

(1) Dans la plupart des anciens appareils on recourait à la formation des taches pour contrôler la marche de l'opération. Le jet enflammé ne devait pas produire de taches si l'opération était bien réglée.

(2) DENIGÈS, *Journ. phys. et chim.*, 6° série, **14**, p. 443 (1901), a indiqué deux méthodes très sensibles permettant de caractériser dans l'anneau d'arsenic de très petites quantités d'antimoine.

l'arsenic, au contraire, se volatilise sans fondre, et l'anneau se reforme beaucoup plus loin que dans le premier cas.

2° Les taches d'arsenic sont facilement solubles dans l'hypochlorite de soude ; celles d'antimoine restent inaltérées. Avec une tache renfermant les deux éléments, la tache se dissout lentement sur les bords où se localise l'arsenic et reste inaltérée au centre.

3° L'anneau d'arsenic se volatilise quand on le chauffe dans un courant d'air, et, dans les parties froides du tube, on retrouve de l'anhydride arsénieux qui se présente à la loupe sous forme de petits octaèdres brillants. Dans les mêmes conditions, l'anneau d'antimoine se transforme en oxyde d'antimoine.

4° Si l'on fait passer un courant d'hydrogène sulfuré sec sur un anneau d'arsenic, en chauffant l'anneau dans le sens opposé au courant gazeux, il se forme du sulfure d'arsenic jaune ; dans les mêmes conditions, l'antimoine fournit un sulfure d'un jaune orangé. Si l'anneau renferme à la fois les deux éléments, les sulfures sont nettement séparés : celui d'arsenic, étant plus volatil, se trouve placé le plus loin de la partie chauffée. Un courant de gaz chlorhydrique sec passant sur ces sulfures, y produit les effets suivants : le sulfure d'arsenic reste inaltéré, et celui d'antimoine disparaît. En faisant passer un peu d'ammoniaque, on dissout le sulfure d'arsenic. Ces diverses opérations peuvent être effectuées sur les taches; on humecte celles-ci avec quelques gouttes de sulfure d'ammonium et on évapore ; la plaque de verre ou de porcelaine sur laquelle se sont ainsi formés les sulfures est placée au-dessus d'un verre contenant de l'acide chlorhydrique fumant, les taches étant tournées vers le liquide. On observe la disparition de la tache jaune dans le cas de l'antimoine, et sa persistance au contraire dans le cas de l'arsenic (1).

5° Denigès (2) oxyde à chaud les taches suspectes par l'acide azotique et à la solution chaude ajoute 3 à 5 gouttes d'une solution nitrique de molybdate d'ammoniaque (3), il se forme un précipité

<hr>

(1) Fresenius, *Traité d'analyse chimique qualitative*, 9ᵉ édition française, p. 253.

(2) Denigès, *C. R.*, **111**, p. 824.

(3) Pour préparer ce réactif, on dissout à une douce chaleur 10 grammes de molybdate d'ammoniaque (heptamolybdate hexamonique) et 25 grammes

jaune d'arsenio-molybdate d'ammoniaque, insoluble dans l'acide azotique. La sensibilité atteint 1/50 à 1/100 de milligramme. Ce précipité se présente au microscope sous forme d'étoiles à branches triangulaires, généralement au nombre de six et disposées dans des plans rectangulaires selon les axes d'un cube.

Ces cristaux apparaissent très nettement au microscope polarisant quand l'analyseur et le polariseur sont à l'extinction. L'antimoine ne donne rien de semblable.

Le phosphore donne également du phosphomolybdate d'ammonium dont les propriétés sont identiques à celles de l'arséniomolybdate; mais le phosphore ne peut point se trouver dans les taches.

6° On peut également oxyder l'arsenic par l'acide azotique et caractériser l'acide arsénique formé par l'action de l'azotate d'argent. En opérant sur quelques taches seulement, la réaction est assez délicate ; on produit les taches au fond d'une petite capsule en porcelaine ; on les dissout dans quelques gouttes d'acide azotique et l'on chauffe pour terminer l'oxydation et évaporer l'excès d'acide. On ajoute au résidu une goutte d'ammoniaque, ou mieux, on maintient quelque temps la capsule renversée au-dessus d'une goutte d'ammoniaque. On chauffe ensuite pour chasser l'excès d'ammoniaque, et l'on verse sur le résidu une goutte de nitrate d'argent qui fait apparaître la coloration rouge brique de l arséniate d'argent. L'antimoine ne fournit aucun précipité.

7° Les taches d'arsenic soumises à l'action des vapeurs d'iode deviennent jaunes, puis brunes par suite de la formation d'iodure d'arsenic. Dans les mêmes conditions, l'antimoine fournit une tache orangée. Si l'on transforme ces iodures en sulfures par l'addition de quelques gouttes de solution aqueuse d'hydrogène sulfuré, l'iodure d'arsenic fournit une tache jaune de sulfure que l'ammoniaque fait disparaître ; le sulfure d'antimoine, au contraire, n'est point dissous par l'ammoniaque.

8° Quand la quantité d'arsenic est un peu notable, on peut, pour le

d'ammoniaque dans 100 centimètres cubes d'eau. Après refroidissement, on ajoute peu à peu, et en agitant, 100 centimètres cubes d'acide azotique pur (D. = 1,20). On porte au bain-marie pendant dix minutes, on laisse refroidir, on abandonne 48 heures, et on filtre ensuite au papier lavé à l'acide azotique. On conserve dans des flacons bouchés à émeri.

séparer de l'antimoine, employer un des procédés décrits page 356.
On peut notamment oxyder l'anneau par l'acide chlorhydrique et
le chlorate de potassium. Ajouter à la solution refroidie de l'acide
tartrique de l'ammoniaque, du chlorure d'ammonium, puis la mix·
ture magnésienne ; l'arsenic se précipite à l'état d'arséniate ammoniaco-magnésien. La liqueur filtrée est ensuite rendue acide et
soumise à l'action de l'hydrogène sulfuré qui précipite l'antimoiné
à l'état de sulfure (L. GARNIER) (1) (L. BARTHE) (2).

Dosage de l'arsenic par l'appareil de Marsh.

L'appareil de Marsh se prête facilement au dosage de faibles
quantités d'arsenic, qui ne pourraient être déterminées d'une manière satisfaisante par aucune autre méthode (3). A. GAUTIER (4) a
montré, en effet, que tout l'arsenic introduit dans l'appareil de
Marsh se retrouve dans l'anneau. Pour des quantités d'arsenic
atteignant un demi-milligramme et plus, le dosage se fait par pesée.
A cet effet, on isole la partie du tube où se trouve l'anneau et on
le pèse avec soin au 1/10 de milligramme. On dissout ensuite
l'anneau dans un peu d'acide azotique ; on lave soigneusement le
tube avec de l'acide azotique, puis de l'eau ; enfin on le sèche à
l'étuve et on le pèse avec les précautions habituelles ; la différence
entre les deux pesées fait connaître le poids d'arsenic.

La solution obtenue, en traitant l'anneau par l'acide nitrique, peut
être utilisée, soit pour effectuer les diverses réactions de l'arsenic,
soit pour préparer un nouvel anneau qui pourra servir de *pièce à
conviction*.

Si la quantité d'arsenic est inférieure au 1/2 milligramme et surtout si elle est de l'ordre des centièmes ou des millièmes de milligramme, la pesée de l'anneau n'est plus possible, il faut recourir
à la méthode des comparaisons. Pour cela on prépare une série

(1) L. GARNIER, *Journ. Ph. et Ch.* [5], **28**, p. 97.
(2) L. BARTHE, *Ibid.* [6], **15**, p. 104.
(3) Quand la quantité d'arsenic est relativement notable, on peut employer
les méthodes générales indiquées page 336.
(4) A. GAUTIER, *Bull. soc. chim.*, **24**, p. 260 (1875).

d'anneaux types, obtenus en introduisant dans l'appareil de Marsh des volumes déterminés de solutions arsenicales titrées très étendues. Ces anneaux servent de termes de comparaison pour apprécier, par l'intensité de la teinte, la quantité d'arsenic contenue dans un anneau donné.

Il est important pour cela de prendre toutes les précautions indiquées plus haut, pour l'obtention d'anneaux réguliers, formés toujours dans les mêmes conditions et ne s'étalant pas sur un trop grand espace.

Ce dosage n'est évidemment qu'approximatif : chose curieuse, il est d'autant plus précis que les quantités d'arsenic sont plus faibles.

Jusqu'à 5 millièmes de milligramme, il est facile d'évaluer les anneaux à un demi-millième près, parce qu'il y a une grande différence quand on passe d'un anneau à l'autre ; au-dessus de cette quantité, il est préférable de faire un nouvel essai en opérant sur une quantité moindre de matière (G. Bertrand).

D'ailleurs, quand il s'agit d'apprécier des quantités si petites, l'intérêt de la recherche réside dans la démonstration de la présence de l'arsenic plutôt que dans la détermination exacte de sa quantité. Et cette question est plus intéressante en physiologie qu'en toxicologie.

Ogier (1) conseille, pour obtenir des anneaux aisément comparables, de les produire dans des tubes de petit diamètre et bien semblables. Ces tubes sont fermés à la lampe à chaque extrémité, de manière à leur donner à tous une longueur égale. On les plonge verticalement dans un bain de sable, en laissant émerger seulement les extrémités où viennent se rassembler les anneaux.

L'étude de la méthode de Marsh nous a montré que la recherche et le dosage de traces très minimes d'arsenic sont aisés, si l'on observe étroitement toutes les conditions que nous avons indiquées.

(1) Ogier, *Traité de chimie toxicologique*, p. 308 (Paris, 1899).

L'une d'elles, particulièrement importante, veut que l'appareil de Marsh ne reçoive qu'une solution absolument dépourvue de matières organiques. Dès lors, comment des viscères, masses considérables de matières organiques renfermant de faibles quantités d'arsenic, extraire la totalité de cet élément, et comment l'obtenir en une solution réalisant toutes les conditions exigées pour l'emploi de la méthode de Marsh? On arrive à ce résultat par l'emploi de réactions violentes qui détruisent la matière organique. Dans certains cas, la destruction est complète et l'on obtient un produit, qui, repris par l'eau, peut être introduit directement dans l'appareil de Marsh. Le plus souvent, la destruction n'est pas absolue, il est alors nécessaire de séparer l'arsenic des traces de matières organiques qui l'accompagnent, en le précipitant à l'état de sulfure.

DESTRUCTION DES MATIÈRES ORGANIQUES

S'il est facile, au moyen de l'appareil de Marsh, de caractériser la présence de l'arsenic dans ses diverses combinaisons minérales, il n'en est plus de même, quand ces composés sont mélangés ou combinés à des quantités considérables de matières organiques. L'arsenic est alors retenu avec beaucoup d'énergie, et il est indispensable de détruire ces matières organiques, pour pouvoir le déceler à l'aide de ses réactions qualitatives. Cette propriété, que l'arsenic partage d'ailleurs avec tous les poisons métalliques, a été l'écueil contre lequel se sont brisés les efforts des premiers toxicologistes.

En 1836, Hombron et Soulié (1) écrivaient : « Les matières vomies, les liquides contenus dans le canal digestif et les dissolutions provenant des décoctions aqueuses de l'estomac, du sérum, de caillots de sang, de la bile de chiens robustes empoisonnés par 2 gr. 20 d'acide arsénieux, dissous dans 64 grammes d'eau et introduits dans l'estomac, ne fournissent point d'arsenic à l'analyse. »

Aussi la science toxicologique de cette époque consistait-elle uniquement dans la recherche du toxique dans les substances alimentaires, et parfois aussi dans les matières vomies et l'urine.

(1) Cités par A. Chapuis, *Précis de toxicologie*, p. 118 (Paris, 1882).

Orfila reconnut le premier que l'arsenic contracte avec les matières organiques des combinaisons insolubles. Ayant ajouté de l'acide arsénieux à une substance organique, il ne put retrouver d'arsenic dans la décoction aqueuse filtrée de cette substance. La nécessité de la destruction des matières organiques était ainsi démontrée.

En 1839, Orfila indique le premier procédé de destruction applicable à la recherche de l'arsenic. Cette méthode, basée sur la calcination des matières avec le nitrate de potassium, fut reprise et modifiée par Woehler et Siebold en 1847. Elle est encore employée aujourd'hui dans quelques cas spéciaux.

De nombreux réactifs ont été proposés depuis Orfila.

En 1840, Barse, puis en 1841, Flandin et Danger (1) préconisent l'acide sulfurique comme agent de destruction des matières organiques, mais on reproche justement à ce procédé de laisser perdre une quantité notable d'arsenic (1/2 à 1/3, d'après Malaguti et Sarzeau), soit par volatilisation à l'état du chlorure (2), soit par insolubilisation à l'état de sulfure qui reste dans le résidu charbonneux.

Une méthode proposée, en 1839, par Orfila (3) consiste à détruire les matières par l'acide nitrique; elle ne présente point cet inconvénient, mais l'opération est difficile à conduire, à cause de la destruction brusque, et souvent de l'inflammation des matières. Filhol (4), en 1848, substitue à cet acide un mélange des acides sulfurique et nitrique, et enfin A. Gautier, en 1875, par l'emploi raisonné de ces deux acides, crée la méthode le plus généralement suivie à l'heure actuelle.

Le chlore, d'abord employé par Orfila comme simple agent de décoloration, est utilisé comme agent de destruction par Jacquelain (5), Devergie (6), Woehler (7). En 1838, Duflos et Millon

(1) Flandin et Danger, *C. R*, **12**, p. 1089 (1841).
(2) Grâce à la petite quantité de chlorures contenus dans les matières animales.
(3) Orfila, *Traité de toxicologie*, **1**, p. 494 (Paris, 1852).
(4) Filhol, *Journ. de pharm. et chim.*, 3e série, **14**, p. 404 (1848).
(5) Jacquelain, *C. R.*, **16**, p. 28.
(6) Devergie, *Médecine légale*, **3**, p. 392.
(7) Woehler et Siebold, *Das forensich chemische Verfahren bei Arsenik-vergiftungen* (Berlin, 1847).

substituent au chlore les gaz chlorés obtenus par l'action de l'acide chlorydrique sur le chlorate de potassium ; ce procédé, modifié par Fresenius et Babo (1844), puis par Abreu (1849) (1) et enfin par Ogier, rend actuellement les plus grands services.

Divers autres agents de destruction (acide azotique, eau régale, etc.) ont été aussi proposés. Nous n'étudierons ici que les principales méthodes, en insistant sur celles qui ont reçu, par le contrôle de l'expérience, la faveur des toxicologistes. Elles nous paraissent pouvoir se diviser en trois groupes, suivant qu'elles reposent sur *l'oxydation des matières organiques par voie sèche*, ou *l'oxydation par voie humide*, ou *la destruction partielle des matières avec volatilisation de l'arsenic à l'état de chlorure.*

A. Méthodes basées sur l'oxydation par voie sèche.

L'oxydation peut être réalisée, soit par combustion dans l'oxygène, soit par déflagration avec le nitrate de potassium.

La destruction des matières organiques par simple calcination à l'air ne saurait convenir dans le cas de l'arsenic, à cause de la volatilité de cet élément ; mais on réalise parfaitement cette destruction en opérant en vase clos dans l'oxygène comprimé ou non.

1º Combustion dans l'oxygène.

Méthode de Verryken (2). — La matière organique préalablement séchée est brûlée dans un courant d'oxygène sec. Pratiquement, on place 5 à 10 grammes de matière desséchée dans un tube de verre peu fusible. L'oxygène est amené dans ce tube par trois petits tubes en verre peu fusible et de longueurs différentes, de manière à le répartir plus également, et l'autre extrémité du tube à combustion est en relation avec un laveur à boules, renfermant de l'eau. Le tube est entouré de clinquant, sauf dans la partie où se trouve la substance. On fait passer l'oxygène et l'on chauffe d'abord

(1) Abreu, *Journ. pharm. et chim.*, 3ᵉ série, **14**, p. 241 (1848).
(2) Verryken, *Journ. de pharm. d'Anvers*, p. 192 et 241 (1872).

les parties recouvertes de clinquant jusqu'au rouge sombre, puis
on porte lentement le feu sous la substance, de manière à éviter
l'inflammation de la masse. Enfin, quand la combustion est complète, on laisse refroidir dans un courant d'oxygène. Après refroidissement, on lave avec de l'acide nitrique chaud le contenu du
tube à combustion, on y réunit l'eau du laveur, et l'on obtient une
solution d'où l'on peut précipiter l'arsenic par l'hydrogène sulfuré.
Verryken a pu, par cette méthode, déceler dans un organe 1/50.000
d'arsenic.

Méthode de G. Bertrand (1). — G. Bertrand, pour démontrer la
présence de l'arsenic dans les tissus animaux, en se mettant à l'abri
de toute cause d'introduction d'arsenic par les réactifs, brûle la
matière organique dans la bombe calorimétrique de Berthelot, au
sein de l'oxygène comprimé.

La combustion de la substance préalablement desséchée s'opère
à la manière ordinaire (2), à cela près que l'allumage est produit à
l'aide d'une mèche de fulmi-coton prise dans une boucle du fil de
platine, au travers duquel on envoie le courant électrique. Le fulmi-
coton doit avoir été préparé à l'aide d'acides absolument purs.

On accumule, s'il est nécessaire, dans la bombe le produit de
plusieurs combustions.

La bombe est alors lavée avec un peu d'eau et les eaux de
lavage évaporées avec précaution, pour chasser les petites quantités
d'acide azotique qui ont pris naissance dans la combustion. On
reprend ensuite par un peu d'acide sulfurique étendu, et l'on introduit le liquide directement dans l'appareil de Marsh.

Il est bon, avant de faire une série d'opérations, de brûler dans
la bombe du camphre ou du sucre purs et de s'assurer que les eaux
de lavage de l'appareil ne renferment pas d'arsenic. On a ainsi la
preuve que l'unique réactif employé, l'oxygène, n'apporte pas d'arsenic.

Il n'est pas impossible que cette méthode puisse être utilisée dans
l'avenir pour les recherches toxicologiques.

---

(1) G. Bertrand, Emploi de la bombe calorimétrique pour démontrer
l'existence de l'arsenic dans l'organisme. *C. R.*, **137**, p. 266 (1903).
(2) Voir Berthelot, *Traité pratique de calorimétrie chimique.*

Elle présente à la vérité un inconvénient majeur, qui est le prix élevé de la bombe de Berthelot, a laquelle il serait sans doute possible, pour les recherches toxicologiques, de substituer la bombe Mahler, bien que par l'emploi des bombes émaillées on obtienne toujours des traces d'arsenic (1).

D'autre part, la quantité de matière mise en œuvre à chaque opération ne pouvant guère excéder 1 à 2 grammes, il serait nécessaire de répéter de nombreuses fois l'opération, dans le cas où le poids de matières à traiter serait un peu élevé. Par contre, la méthode présente deux avantages précieux :

1° Elle assure la combustion absolument complète de la substance, alors que tous les autres procédés fournissent des résidus qui peuvent retenir de l'arsenic ;

2° Elle fournit un liquide pouvant être directement introduit dans l'appareil de Marsh, ce qui simplifie notablement les opérations et évite l'introduction de l'arsenic par les réactifs et notablement par l'hydrogène sulfuré.

Toutefois, dans la méthode ainsi pratiquée on peut craindre la perte d'une petite quantité d'arsenic. En effet, à la faveur des chlorures que renferment toujours les tissus organiques, il se fait un peu d'eau régale qui, pendant l'évaporation, peut entraîner une trace d'arsenic à l'état de chlorure. Pour un dosage exact, il faudrait donc traiter par l'hydrogène sulfuré le liquide extrait de la bombe.

L'expérience suivante donne une idée de la sensibilité de la méthode, 1 gr. 28 de camphre pur additionné d'une goutte de solution titrée d'arséniate de sodium correspondant à o mgr. ooo5 d'arsenic est brûlé dans l'oxygène sous 3o atmosphères. On obtient un anneau voisin du 1/2 millième de milligramme.

2° Déflagration avec le nitrate de potassium.

Méthode de Wœhler et Siebold. — Dans une capsule de porcelaine, on chauffe les matières convenablement divisées avec leur poids d'acide azotique, jusqu'à l'obtention d'une masse homogène.

(1) Gabriel Bertrand, *Bulletin des sciences pharmacologiques*, p. 3o8 (1903).

On neutralise par de la potasse ou du carbonate de potasse, puis on ajoute un poids d'azotate de potassium égal au poids de la matière organique supposée sèche. On évapore alors à siccité au bain-marie en remuant continuellement.

Le produit ainsi obtenu est projeté par petites portions dans un creuset de porcelaine chauffé au rouge sombre, on attend que la déflagration se soit produite, avant d'introduire de nouvelles quantités de mélange dans le creuset. Si le produit de l'opération n'est pas bien blanc, il faut ajouter du nitrate de potassium et chauffer de nouveau. On obtient ainsi une masse blanche exempte de matières organiques et renfermant l'arsenic à l'état d'arséniate de potassium. La masse est épuisée par l'eau bouillante, et dans la solution obtenue on précipite l'arsenic à l'état de sulfure par l'hydrogène sulfuré (1).

D'après A. Gautier (2), cette méthode doit être rejetée, une perte assez notable d'arsenic se produirait pendant la déflagration, par la réduction par points des composés arsenicaux, sous l'influence du charbon porté au rouge et malgré l'excès de nitre. Elle est néanmoins intéressante; car, grâce à l'énergie de la réaction qu'elle met en œuvre, la destruction des matières organiques est totale; aussi y a-t-on parfois recours, malgré ses imperfections, pour traiter les résidus inattaquables par d'autres procédés et notamment les matières qui résistent à l'action du mélange : acide chlorhydrique et chlorate de potassium. (Procédé Fresenius et Babo.)

B. Méthodes basées sur l'oxydation par voie humide.

L'oxydation des matières organiques par voie humide se réalise toujours en présence d'un acide fort ; elle est donc accompagnée ou précédée de l'hydrolyse partielle des substances albuminoïdes, hydrolyse qui désagrège et solubilise ces matières.

(1) Au nitrate de potassium peuvent être substitués es nitrates de sodium, d'ammonium et de calcium.

(2) A. Gautier, Bu'l. Soc. chim., **24**, p. 255 (1875).

Procédé Frésénius et Babo (1). — On utilise dans cette méthode l'action oxydante du mélange d'acide chlorhydrique et de chlorate de potassium :

$$4ClO^3K + 12HCl = 4KCl + 6H^2O + 3ClO^2 + 9Cl$$

Les organes, convenablement divisés au moyen d'un hachoir, sont introduits dans une capsule et mélangés avec une quantité d'acide chlorhydrique pur (D = 1,10 à 1,12) égale au poids de la matière supposée sèche, et assez d'eau pour obtenir une bouillie claire. L'acide chlorhydrique ne doit jamais dépasser le tiers du liquide total. On ajoute 2 grammes de chlorate de potassium et l'on chauffe au bain-marie ; on projette alors, toutes les cinq à dix minutes, de petites quantités de chlorate (o gr.5o à 2 gr.), jusqu'à ce que le contenu de la capsule soit devenu homogène et d'un jaune clair, et conserve cette couleur même après avoir été chauffé pendant une demi-heure. On a soin de remplacer l'eau qui s'évapore au cours de cette opération. Après avoir ajouté une dernière quantité de chlorate de potassium, on laisse refroidir et l'on filtre la liqueur sur un filtre en toile ou en papier suivant la quantité de matière. Le résidu insoluble laissé sur le filtre est lavé, séché et mis à part. Le liquide filtré est ensuite porté au bain-marie jusqu'à disparition de l'odeur de chlore. On peut également chasser le chlore en faisant passer dans le liquide un courant d'acide carbonique, mais il est encore préférable d'ajouter du bisulfite de sodium ou de l'acide sulfureux purs, qui présentent le double avantage d'éliminer les dernières traces de chlore et de réduire l'acide arsénique en acide arsénieux, et par conséquent de favoriser la précipitation ultérieure de l'arsenic par l'hydrogène sulfuré ; dans ce dernier cas, le liquide est porté à l'ébullition pour chasser l'excès d'acide sulfureux, puis soumis à l'action prolongée d'un courant d'hydrogène sulfuré.

Dans cette méthode, la presque totalité de l'arsenic passe à l'état d'acide arsénique ; néanmoins une petite quantité peut être retenue dans les matières qui résistent à l'action du mélange oxydant (tissu cellulaire et graisses). C'est le principal inconvénient de

(1) FRESENIUS, *Traité d'analyse chimique qualitative*, 9° édition française, p. 526 (Paris, 1897).

cette méthode. Ajoutons cependant que la quantité d'arsenic ainsi retenue par le tissu cellulaire et les graisses est généralement si faible que, d'après Ogier, le résidu peut, dans l'immense majorité des cas, être jeté sans inconvénient.

On peut d'ailleurs la retrouver en soumettant les matières non attaquées à la déflagration avec le nitrate de potassium.

Abreu conseille de faire digérer préalablement pendant quelques heures les matières à 100° avec de l'acide chlorhydrique, puis de faire bouillir pendant quelques minutes, et d'ajouter alors seulement le chlorate de potassium. L'action est ainsi beaucoup plus énergique, mais il est nécessaire d'opérer dans un appareil distillatoire, pour éviter la perte d'arsenic à l'état de chlorure.

Schneider a proposé de remplacer l'acide chlorhydrique par l'acide nitrique, mais cette substitution ne présente que des inconvénients.

Quand les matières renferment de l'alcool, il est nécessaire de les en priver par distillation, de manière à éviter des soubresauts et même des explosions qui pourraient se produire pendant l'attaque.

Le principal reproche que l'on puisse faire à la méthode de Fresenius et Babo est le suivant : le chlorate de potassium projeté dans le mélange des matières et d'acide chlorhydrique, se détruit à la surface même de ce mélange, il en résulte qu'une grande partie des gaz chlorés s'échappe dans l'atmosphère, sans agir sur les matières organiques. La durée de l'opération est ainsi prolongée, en même temps que des quantités notables d'acide chlorhydrique et de chlorate sont inutilement consommées.

Pour remédier à cet inconvénient, on peut, comme l'a indiqué Bruylans (1), employer le chlorate sous forme de comprimés ; le sel se rend ainsi au fond du liquide où il est attaqué lentement et régulièrement ; mais il est préférable encore d'avoir recours à la méthode suivante :

Méthode de J. Ogier (2). — « Les viscères sont broyés, délayés « dans l'eau, de manière à former une bouillie un peu fluide et

(1) Bruylans, *Journ. Pharm. et Chim.*, t. **17**, 7ᵉ série, 183, 1903.
(2) J. Ogier, *Traité de chimie toxicologique*, p. 260-261 (Paris, 1899).

« introduits dans un grand ballon de 3 à 4 litres dans les expé-
« riences habituelles, où l'on opère sur un échantillon moyen de
« tous les viscères pesant de 1.000 à 1.500 grammes, de 1 litre à
« 1 litre 1|2 dans les expériences faites sur chaque viscère isolément.

« On ajoute au mélange un excès de chlorate de potasse pur :
« la proportion de chlorate nécessaire par rapport au poids des vis-
« cères est assez difficile à fixer avec précision, parce que les doses
« d'eau contenues dans ces viscères varient énormément selon leur
« état de dessiccation, c'est-à-dire selon le temps écoulé depuis la
« mort ; cependant, d'une manière générale, on peut dire qu'il suffit
« d'employer une quantité de chlorate égale à environ le dixième du
« poids des viscères : on forcera un peu la dose, si ceux-ci parais-
« sent avoir perdu beaucoup d'eau ; ce qui arrive, par exemple, dans
« les cas d'exhumation tardive. »

Dans la bouillie renfermant les matières et le chlorate de potassium, on fait passer un courant de gaz chlorhydrique produit par
l'action de l'acide sulfurique pur sur l'acide chlorhydrique pur.
Le gaz chlorhydrique s'y dissout d'abord dans l'eau du ballon, et
quand la concentration de cette solution est suffisante, l'attaque
du chlorate se produit au sein même de la masse. Si l'opération est
bien conduite, il n'y a point perte de chlore, et l'atmosphère du
ballon reste incolore. Dès que des vapeurs jaunes apparaissent
dans le ballon, le courant d'acide chlorhydrique est arrêté, et l'attaque se poursuit d'elle-même ; à cet effet un robinet à trois voies
permet d'envoyer le gaz chlorhydrique dans un flacon contenant
de l'eau.

Il est nécessaire d'agiter constamment depuis le début de l'attaque, jusqu'au moment où la destruction prend une allure régulière.
Si l'on a condensé trop de gaz chlorhydrique, on pourra modérer
la réaction soit en refroidissant le ballon, soit en introduisant de
l'eau par le tube de sûreté, dont il est muni.

A la sortie du ballon les gaz viennent barbotter dans une petite
éprouvette renfermant de l'eau, qui arrête les traces d'arsenic, qui
aurait pu se volatiliser à l'état de chlorure.

La destruction des matières organiques par ce système est très
rapide, le traitement de 1.000 à 1.500 grammes de matières n'exige
pas une demi-heure.

Le terme de la réaction est indiqué par la coloration jaune que prend le liquide. Ce liquide et la matière non dissoute qu'il contient sont traités comme dans le procédé FRESENIUS et BABO.

Procédé Villiers (1). — VILLIERS a fondé sur l'emploi des sels de manganèse comme ferment minéral un procédé de destruction des matières organiques.

« Dans un ballon, dont le bouchon est traversé par un tube à
« entonnoir qui se prolonge jusque près du fond, et par un tube
« aboutissant dans un vase contenant de l'eau, on introduit les ma-
« tières avec de l'acide chlorhydrique pur étendu de deux ou trois
« volumes d'eau. Dans certains cas, on peut faire usage d'acide
« chlorhydrique moins étendu, mais cette concentration suffit géné-
« ralement.

« On ajoute, par le tube à entonnoir, quelques gouttes d'une disso-
« lution d'un sel de manganèse et un peu d'acide azotique, que l'on
« remplace ensuite par petites portions, à mesure qu'il est détruit
« par l'oxydation des matières. On chauffe le mélange à une tem-
« pérature modérée que l'on règle d'après la vitesse du dégagement
« gazeux.

« Il est bon de mettre dans le ballon quelques débris de charbon
« de cornue.

« Les gaz produits sont constitués par de l'acide carbonique et
« de l'azote presque purs, et l'opération se poursuit ainsi d'une
« façon très régulière et sans dégagement de produits odorants.

« Les résultats auxquels on arrive sont à peu près de même
« ordre que ceux obtenus par le procédé au chlorate de potasse et
« à l'acide chlorhydrique, mais l'opération est plus facile à con-
« duire.

« Les organes, tels que le foie, la rate, les poumons sont dis-
« sous en quelques minutes. Les fibres musculaires sont d'abord
« désagrégées, puis dissoutes au bout d'une heure environ. Il ne
« reste qu'un résidu graisseux qui résiste à l'action oxydante du
« mélange et paraît contenir des produits de substitution.

« On termine l'opération comme dans le procédé au chlorate. »

(1) A. VILLIERS, Destruction des matières organiques en toxicologie, *C. R.*, **121**, p. 1457 (1895).

Méthode de Armand Gautier. — Cette méthode repose sur l'emploi raisonné des acides sulfurique et nitrique. Publiée en 1875 (1), elle a été perfectionnée par son auteur en 1899 (2) puis en 1903, (3), et rendue applicable à la recherche et au dosage de très petites quantités d'arsenic dans les organes. Voici le mode opératoire indiqué par A. GAUTIER :

« A 100 grammes de la matière à étudier (4), placés dans une
« capsule de porcelaine, on ajoute un mélange de 4 grammes
« d'acide sulfurique et de 40 grammes d'acide nitrique pur (D. 1,42).
« On chauffe très modérément, la matière se liquéfie, boursoufle
« en émettant des vapeurs nitreuses ; on chauffe, en retirant de
« temps en temps du feu, jusqu'à ce que la masse épaissie ait pris
« la couleur brun chocolat. On ajoute alors de nouveau 30 gram-
« mes d'acide nitrique par petites fractions de 3 à 4 grammes
« chaque fois, et toujours en revenant, avant de les ajouter, à une
« teinte brune de plus en plus foncée ; on pousse la dernière fois
« jusqu'à la couleur franchement noire, avec commencement de
« carbonisation. On ajoute alors en trois fois 12 autres grammes
« d'acide nitrique et on carbonise chaque fois davantage, en ayant
« bien soin que toutes les parties de la capsule passent successi-
« vement sur la flamme. On s'arrête lorsqu'il ne se fait presque plus
« de fumées et que le charbon poreux qui se forme, commence à
« se détacher des parois de la capsule. Ce charbon est broyé au
« pilon dans la capsule même et méthodiquement épuisé par 250
« à 300 cc. d'eau bouillante. La liqueur filtrée, jaune madère,
« contient tout l'arsenic ; on l'additionne de quelques gouttes
« d'acide sulfureux pur, et on fait passer 3 heures à 100° d'abord,
« puis à froid, un courant de H^2S exempt d'arsenic.

« La totalité de ce métalloïde est précipité sous forme de
« sulfure. »

100 grammes de chair musculaire laissent un résidu de 2 gr. 5 à 3 grammes de charbon.

(1) A. GAUTIER. *Bull. Soc. chim.*, **24**, p. 250 (1875).
(2) A GAUTIER, *C. R.*, **129**, p. 930 (1899).
(3) A. GAUTIER, *Bull. Soc. chim.*, **29**, p. 642 (1903).
(4) Lorsque la matière est trop aqueuse (muscle, sang, lait, etc.), il est bon de la sécher d'abord en partie à l'étuve.

On peut encore, mais sans avantage appréciable, réduire la quantité de charbon en répétant les attaques par l'acide azotique.

Pour les matières grasses, on doit répéter plusieurs fois le traitement nitrique avant la carbonisation et employer une dose au moins triple d'acide azotique.

D'après A. Gautier, dans la première phase de l'opération, l'acide nitrique fournit, avec les chlorures contenus dans les matières animales, de l'eau régale très pauvre en acide chlorhydrique, de sorte que le chlore est chassé sous la forme de produits nitreux, sans qu'aucune trace de chlorure d'arsenic puisse se former, en présence du grand excès d'acide nitrique.

Dans la seconde phase l'attaque de la matière organique devient très puissante.

Enfin « dans la troisième phase, l'acide nitrique tombant peu à peu sur la matière organique chauffée vers 250-300°, en présence d'acide sulfurique, permet de détruire plus profondément encore la matière animale, en évitant sans cesse la réduction de l'acide sulfurique et la formation de sulfure d'arsenic, grâce aux corps nitrés et à l'excès d'acide nitrique ».

Cette méthode permet de faire 5 à 6 attaques par jour. L'auteur s'est assuré par de nombreux essais qu'aucune perte appréciable d'arsenic n'est à craindre.

Gabriel Bertrand (1), dans ses recherches sur l'arsenic normal, a appliqué cette méthode et indiqué les précautions à prendre pour se mettre à l'abri de toute cause d'erreur, tenant à l'introduction de faibles traces d'arsenic par les réactifs. (Voyez p. 304). Il a montré notamment que, pour la recherche de très faibles quantités d'arsenic, le résidu de l'attaque sulfurico-nitrique renferme encore de faibles quantités d'arsenic et préconisé de répéter plusieurs fois ces attaques, tant pour extraire la totalité de l'arsenic que pour contrôler la pureté des réactifs (2).

Jgevsky et Nikitine (3) détruisent la matière organique par l'acide sulfurique bouillant et accélèrent au besoin la réaction, en y ajou-

---

(1) G. Bertrand, *Annales de chim. et de phys.*, 7e série, **29**, p. 25 (1903).

(2) Cette observation ne se rapporte qu'à la recherche de quantités d'arsenic de l'ordre des millièmes de milligrammes.

(3) Jgevsky et Nikitine, *Journ. soc. chim. phys.*, *R.*, **27**, p. 254.

tant un peu d'oxyde de cuivre ; ils prétendent qu'il n'y a pas traces d'arsenic dans la partie qui distille, mais l'opération demanderait 2 ou 3 jours, d'après Denigès.

La liqueur est ensuite oxydée par le permanganate de potassium puis introduite directement dans l'appareil de Marsh.

Denigès (1), mettant à profit l'observation de M. Villiers, opère la destruction des matières organiques par les acides nitrique et sulfurique, en présence d'une petite quantité de manganèse. L'opération est terminée après quelques heures et fournit un produit que l'on peut introduire directement dans l'appareil de Marsh, mais elle exige la mise en œuvre de quantités relativement considérables d'acide nitrique et d'acide sulfurique.

Méthode de Pouchet (2). — Si l'on chauffe à 300-400°, en présence d'un mélange de sulfate acide de potassium et d'acide sulfurique des matières organiques contenant des éléments minéraux, et en particulier des composés arsenicaux, il ne se produit, par volatilisation, aucune perte d'élément minéral. Sur ce fait, dont l'exactitude a été vérifiée par G. Pouchet, repose la méthode suivante :

Les matières sont placées dans une capsule assez vaste (pour éviter les pertes, par suite du boursouflement de la masse) avec 20 p. 100 de leur poids de bisulfate de potassium pur et leur poids d'acide azotique. L'attaque violente qui se produit d'abord est ensuite favorisée par une légère élévation de température ; la masse se boursoufle et noircit sans prendre feu. L'addition de bisulfate de potassium a pour but d'empêcher l'inflammation de la masse : avec certaines substances, notamment la pulpe cérébrale, cet inconvénient ne peut être évité qu'en modérant l'action destructive de l'acide azotique, par l'addition d'une assez grande quantité d'acide sulfurique. Quand on opère sur des matières difficiles à détruire, comme les tissus chargés de graisses, il est nécessaire d'attaquer encore le résidu une ou deux fois au moyen de l'acide azotique. Après avoir chauffé une dernière fois, jusqu'à expulsion to-

---

(1) Denigès, Sur un procédé de destruction des matières organiques applicable à la recherche des poisons minéraux, notamment de l'arsenic et de l'antimoine. *Bull. Soc. chim.*, **25**, 945 (1901).

(2) G. Pouchet, *C. R.*, **92**, p. 252.

tale de l'acide azotique et des produits de décomposition des dérivés nitrés, on obtient une masse charbonneuse qui est écrasée dans la capsule même à l'aide d'un pilon, puis épuisée à chaud par de l'eau, fortement aiguisée d'acide chlorhydrique. La liqueur filtrée renferme les 95 p. 100 de l'arsenic à l'état d'acide arsénique. Ce liquide est additionné de bisulfite de soude et soumis à l'action de l'hydrogène sulfuré.

Procédé G. Meillière (1). — C'est une combinaison des procédés A. GAUTIER et G. POUCHET. Dans une capsule de porcelaine de 3 à 4 litres, on place 250 grammes d'organes divisés en petits fragments, avec 5 grammes de sulfate de potassium et 100 centimètres cubes de mélange sulfurico-nitrique renfermant 1 vol. SO^4H^2 et 4 vol. AzO^3H. On chauffe avec précaution, jusqu'à liquéfaction complète de l'organe, et on laisse tomber peu à peu dans la capsule, au moyen d'une allonge en verre, le mélange acide, de manière à employer 200 cmc. en une heure. De temps en temps, on prélève dans une petite capsule 1 centimètre cube de liquide que l'on évapore à sec ; tant que le produit noircit, il convient de maintenir les additions du mélange acide. La destruction étant terminée, on chauffe fortement, pour séparer la plus grande partie de l'acide, mais en même temps on laisse tomber dans la capsule quelques gouttes du mélange sulfurico-nitrique, de manière à opérer toujours en milieu oxydant.

On termine comme dans le procédé POUCHET.

C. Destruction des matières organiques, avec volatilisation de l'arsenic à l'état de chlorure.

SCHNEIDER (2) et FYFE (3) ont proposé de chauffer les matières dans un appareil distillatoire avec un mélange de sel marin fondu et d'acide sulfurique. Il n'y a pas à proprement parler destruction, mais simplement désagrégation avec destruction partielle des matières organiques. L'acide chlorhydrique, qui prend naissance par l'action de l'acide sulfurique sur le chlorure de sodium, transforme

(1) G. MEILLÈRE, *Journ. pharm. et chim.* (1902), 6e série, **15**.
(2) SCHNEIDER, *Jahrbuch d. Chem.*, p. 630 (1851).
(3) FYFE, *Journ. f. prakl. Chem.*, **55**, p. 103.

l'arsenic en chlorure d'arsenic, qui est recueilli dans l'eau d'un barbotteur, où il se transforme en acide arsénieux. Cette solution est ensuite précipitée par l'hydrogène sulfuré. Liebig (1) et Ludwig (2), pour éviter la formation abondante de bisulfate de sodium, distillaient les matières avec de l'acide chlorhydrique.

Malagutti et Sarzeau (3) et Béchamp (4) distillent les matières suspectes avec de l'eau régale et recueillent dans l'eau le chlorure d'arsenic volatilisé.

Toutes ces méthodes doivent être rejetées, car elles ne permettent pas de retrouver la totalité de l'arsenic contenu dans les matières organiques (A. Gautier) (5).

Au contraire, Pagel a fait connaître un procédé qui paraît donner de bons résultats.

Procédé Pagel (6). — Cette méthode consiste à faire agir sur les matières animales le chlorure de chromyle CrO^2Cl^2, en présence d'un excès d'acide sulfurique. La substance organique est complètement détruite, pendant que l'arsenic est volatilisé à l'état de chlorure. Dans une cornue tubulée, placée sur un bain de sable, on introduit la matière suspecte hachée et broyée, avec un mélange de deux parties de chlorure de sodium et une partie de bichromate de potassium ou de sodium pur. Par la tubulure, on laisse ensuite tomber, peu à peu, au moyen d'un entonnoir à robinet, de l'acide sulfurique pur. Il se produit une réaction très vive accompagnée d'un dégagement de vapeurs jaunes de chlorure de chromyle, produites par l'action de l'acide sulfurique sur le mélange de chlorure et de bichromate alcalin ; ces vapeurs se rendent d'abord dans un ballon refroidi par un filet d'eau, puis dans deux flacons laveurs contenant, le premier, de l'eau distillée, le second, une solution de potasse au centième. On chauffe en continuant d'ajouter, goutte à goutte, de l'acide sulfurique, jusqu'à ce que les vapeurs

(1) Liebig, *Chem. Centrabl.*, p. 305 (1877).
(2) Ludwig, *Arch. f. Pharm.*, **98**, p. 23.
(3) Malagutti et Sarzeau, *Journ. pharm. et chim.*, **23**, p. 27 et 296.
(4) Béchamp, *Montpellier medical*, **6**, p. 126 (1861).
(5) A. Gautier, *Bull. Soc. chim.*, **24**, p. 257 (1875).
(6) Schlagdenhaufen et Pagel, *Ann. d'hygiène publ. et de méd. lég.*, 3ᵉ série, **40**, p. 5.

jaunes aient cessé de se produire et que le charbon ait disparu. Le chlorure de chromyle se détruit au contact de l'eau du flacon laveur, en donnant naissance à de l'acide chromique qui communique à l'eau une coloration jaune :

$$CrO^2Cl^2 + H^2O = CrO^3 + 2HCl$$

A la fin de l'opération, l'acide sulfurique réagit sur le charbon et fournit de l'anhydride sulfureux qui réduit la solution chromique et la fait virer au vert. Cette solution, débarrassée d'acide sulfureux par ébullition, est soumise à l'action de l'hydrogène sulfuré qui précipite l'arsenic.

Par l'emploi de cette méthode, l'auteur a toujours retrouvé la totalité de l'arsenic introduit dans les matières animales.

Choix d'une méthode.

De ces méthodes, à laquelle donner la préférence ? Le procédé de Fresenius et Babo jouit de la plus grande faveur auprès des toxicologistes, en raison de la rapidité des opérations et surtout parce qu'il s'applique indistinctement à la recherche de tous les poisons minéraux. Il ne saurait, par contre, se prêter à la recherche de quantités d'arsenic de l'ordre des millièmes de milligramme ; en effet, comme nous l'avons dit, la destruction des matières organiques étant incomplète, une petite quantité d'arsenic peut échapper à l'expérimentateur. D'autre part, les quantités d'acide chlorhydrique mises en œuvre pour la destruction, sont souvent considérables et cet acide est assez difficilement obtenu absolument exempt d'arsenic. Néanmoins, la méthode de Fresenius et Babo rend les plus grands services en toxicologie.

Au contraire, la méthode A. Gautier et celles qui s'appuient sur les mêmes réactions sont particulièrement convenables pour déceler l'arsenic, mais peuvent laisser échapper certains toxiques et notamment le mercure. Par contre, le procédé A. Gautier s'applique à la recherche de traces très faibles d'arsenic dans les organes ; il présente, en outre, l'avantage d'avoir été parfaitement étudié. C'est à lui qu'il nous semble préférable d'avoir recours dans le cas spécial de la recherche de l'arsenic. Toutefois, ni cette méthode, ni aucune de celles qui ont été décrites (à part toutefois celle qui repose sur la combustion des matières dans la bombe), n'est absolument générale. En effet, un composé organique de l'arsenic important par son emploi en thérapeutique, l'acide cacodylique, résiste à l'action destructive du mélange de A. Gautier, comme il résulte des observations de H. Imbert et E. Badel (1). Ces auteurs ont obtenu de bons résultats, en détruisant l'urine par la méthode de A. Gautier et soumettant le résidu à la déflagration avec le nitrate de potassium.

D'après L. Barthe et R. Péry (2), même ainsi modifiée, cette méthode ne permet point de retrouver la totalité de l'arsenic (3).

Il ne paraît point douteux que la combustion de la substance dans la bombe de Berthelot ne donne dans ce cas de bons résultats.

PRÉCIPITATION DE L'ARSENIC PAR L'HYDROGÈNE SULFURÉ ET TRAITEMENT DU SULFURE OBTENU

Dans la plupart des méthodes que nous venons d'étudier, le résidu de l'attaque est repris par l'eau et, dans le but de séparer l'arsenic des faibles quantités de matières organiques que renferme cette solution, on le précipite à l'état de sulfure. Pour rendre cette précipitation plus facile et plus rapide, on chauffe la liqueur acide avec une petite quantité de bisulfite de sodium pur, ou quelques centimètres cubes d'une solution d'acide sulfureux, de manière à réduire l'acide arsénique à l'état d'acide arsénieux.

On fait ensuite passer dans la liqueur, portée d'abord à 100°,

(1) H. Imbert et E. Badel, *C. R.*, **121**, p. 582 (1900).

(2) L. Barthe et R. Péry, *Journ. de pharm. et de chim.*, **13**, p. 210 (1901).

(3) L'acide méthylarsinique est, au contraire, complètement oxydé dans la méthode de A. Gautier. Mouneyrat, De la médication arrhénique, *Thèse médecine* (Paris 1902).

puis abandonnée au refroidissement, un courant lent d'hydrogène sulfuré, que l'on maintient de cinq à six heures (1).

On obtient presque toujours, même en l'absence de traces appréciables d'arsenic, un précipité de couleur variable, jaune ou brun, et qui renferme, outre le sulfure d'arsenic (et les sulfures d'autres métaux dont nous n'envisageons pas ici l'existence), une petite quantité de matière organique et du soufre.

On laisse en contact pendant douze heures le précipité avec le liquide saturé d'hydrogène sulfuré. On recueille le précipité, on le lave, puis on l'arrose avec une solution étendue et tiède d'ammoniaque. Il se dissout presque complètement en donnant une solution brune.

On peut encore, comme l'indique A. Gautier, faire digérer le précipité à 40-50° avec une solution d'ammoniaque ou de carbonate d'ammoniaque au vingtième. Le sulfure d'arsenic est ainsi dissous, mais entraîne encore avec lui des matières organiques (2). Pour l'en séparer, on recueille la solution ammoniacale dans une capsule de porcelaine, on l'évapore à sec au bain-marie, et l'on oxyde avec précaution le résidu par un mélange d'acides nitrique et sulfurique. Dans ces conditions, les matières organiques achèvent de s'oxyder, pendant que le soufre que contenait le précipité, passe à l'état d'acide sulfurique.

Si le résidu est encore coloré, on retire la capsule du feu, et l'on y verse avec précaution une petite quantité d'acide azotique fumant. On recommence au besoin plusieurs fois cette opération.

Enfin, pour chasser les traces d'acide nitrique, on élève la température jusqu'à ce qu'apparaissent les fumées blanches d'acide sulfurique. On obtient ainsi une solution sulfurique incolore, que l'on étend d'eau et que l'on introduit après refroidissement dans l'appareil de Marsh.

---

(1) On observe parfois, pendant le passage de l'hydrogène sulfuré, une odeur cacodylique intense. Cela se produit dans le cas où les matières organiques renfermaient de l'acide cacodylique; cet acide, ayant échappé à l'oxydation, se transforme vraisemblablement en sulfure de cacodyle.

(2) Le sulfure d'antimoine, bien qu'insoluble dans l'ammoniaque, passe en solution avec l'arsenic; il est dissous grâce au sulfure d'ammonium qui se forme par l'action de l'ammoniaque sur le soufre du précipité.

OBSERVATIONS A PROPOS DE LA RECHERCHE TOXICOLOGIQUE DE L'ARSENIC

Purification des réactifs.

L'extrême sensibilité de la méthode de Marsh, telle que l'ont per-fectionnée Gabriel Bertrand et Armand Gautier, appelle nécessai-rement un contrôle rigoureux de tous les réactifs employés pour la recherche de l'arsenic dans les matières animales, surtout quand les doses d'arsenic présentes dans ces matières sont extrêmement faibles.

Et cela est d'autant plus nécessaire, que ces divers réactifs sont employés en quantités souvent considérables, et que l'arsenic est une impureté qui se rencontre presque constamment, et parfois en quantité très appréciable, dans les produits soi-disant purs que fournit le commerce.

Il importe donc de vérifier que ces réactifs ne renferment pas d'arsenic et au besoin de les purifier. Nous étudierons, à ce point de vue (1), les produits mis en œuvre dans les méthodes de A. Gau-tier et de Fresenius et Babo.

Acides sulfurique et nitrique. — Dans le procédé A. Gautier, on met en œuvre des quantités un peu notables des acides sulfurique et azotique. Le premier de ces acides se trouve aisément dans le commerce à l'état de pureté, ou tout au moins complètement dé-pourvu d'arsenic.

On l'essaie en le faisant agir sur du zinc pur dans l'appareil de Marsh. Nous avons d'ailleurs indiqué plus haut (p. 280) comment on le prive d'arsenic.

Au contraire, l'acide azotique, même le plus pur du commerce, est toujours arsenical. D'après Gabriel Bertrand (2), l'acide le plus pur du commerce renferme encore, même après plusieurs distil-lations, 1/3.000.000 d'arsenic, c'est-à-dire que 30 grammes de cet acide contiennent une quantité d'arsenic suffisante pour fournir un anneau de 1/100 de milligramme.

(1) Une observation générale s'impose tout d'abord, à savoir la nécessité d'opérer sur de notables quantités de matière, pour la recherche de l'arsenic dans les réactifs. Cette quantité doit être plusieurs fois supérieure à celle que l'on met en œuvre dans l'attaque de 200 ou 300 grammes d'organe.

(2) Gabriel Bertrand, *Ann. de chim. et de phys.*, 7ᵉ série, **29**, 3, 1900.

L'essai de cet acide se fait en versant peu à peu l'acide nitrique dans une capsule de porcelaine contenant 20 gr. d'acide sulfurique pur et chauffant jusqu'à réduction à 15 gr. environ. On étend alors de 4 parties d'eau, on laisse refroidir et l'on introduit dans l'appareil de Marsh.

Pour purifier l'acide azotique, il est nécessaire de le distiller à plusieurs reprises, avec 10 p. 100 d'acide sulfurique pur ; à chaque distillation les 5/6 environ de l'arsenic restent dans l'acide sulfurique. Gabriel Bertrand a pu ainsi obtenir un acide ne renfermant que 1/600.000.000 d'arsenic.

Ce mode même de purification de l'acide nitrique a amené Gabriel Bertrand à penser que, dans la destruction des matières organiques par l'acide nitrique insuffisamment pur en présence d'acide sulfurique, une partie de l'arsenic apporté par l'acide azotique s'accumule dans le résidu sulfurique. Si la matière, difficile à détruire, nécessite l'emploi d'une forte proportion d'acide azotique, la quantité d'arsenic ainsi introduite peut être notable et fausser les résultats s'il s'agit de la recherche de très minimes quantités de ce métal.

De là, la nécessité de purifier avec soin l'acide nitrique et de tenir compte des quantités employées pour l'attaque.

Acide chlorhydrique. — Il est assez difficile de trouver dans le commerce de l'acide chlorhydrique exempt d'arsenic.

Pour vérifier sa pureté, on se contente, en général, de soumettre à l'action prolongée de l'hydrogène sulfuré un demi-litre ou un litre d'acide chlorhydrique dilué, légèrement chauffé. S'il ne se forme pas de précipité, l'acide est considéré comme pur. Dans le cas contraire, comme ce précipité peut être constitué uniquement par du soufre, on vérifie qu'il renferme de l'arsenic au moyen de l'appareil de Marsh, après oxydation préalable.

Cette méthode peut également servir pour la purification. Si la densité de l'acide n'a pas été abaissée au delà de 1,12, l'acide obtenu peut, après séparation du précipité, être directement employé dans le procédé Fresenius et Babo.

Il est préférable cependant de préparer soi-même l'acide chlorhydrique par l'action de l'acide sulfurique pur sur le chlorure de sodium, également pur.

Nous n'insisterons point sur la manière de reconnaître la pureté

du chlorure de sodium, du chlorate de potassium, du bisulfate
de potassium, de l'acide sulfureux et des autres produits qui sont
mis en œuvre dans les diverses méthodes que nous avons décrites.

Pour la recherche de traces très faibles d'arsenic dans tous ces
réactifs, on peut utiliser la méthode suivante due à Armand
Gautier (1).

Elle est basée sur le fait suivant : si, à une solution d'arsénite
ou d'arséniate alcalin, on ajoute un peu de sulfate ferrique, puis
de l'ammoniaque, et que l'on porte à l'ébullition, l'arsenic, quelle
que soit sa quantité, est précipité totalement avec les sous-sels
ferriques.

On peut ainsi précipiter 1/1000 de milligramme d'arsenic contenu dans un litre d'eau pure ou chargée de chlorure de sodium,
nitrate ou chlorate de potassium ou autre sel.

Pratiquement, on opère de la manière suivante : 1 litre de solution du sel à examiner est additionnée de 5 cc. d'une solution de
sulfate ferrique (2), on porte à l'ébullition; on alcalinise légèrement
par l'ammoniaque, on recueille le précipité, on le dissout dans un
léger excès d'acide sulfurique et on introduit cette solution dans
'appareil de Marsh.

Cette méthode a permis à Armand Gautier de rechercher et
doser l'arsenic dans les eaux de la mer, le sel marin, et dans un
grand nombre de réactifs soi-disant purs. L'eau distillée elle-
même en renfermerait de $0^{mgr},0007$ à $0^{mgr},0011$ par litre. On con-

---

(1) Armand Gautier, *Bull. Soc. chim.*, **29**, p. 863 (1903).

(2) Cette solution est préparée de la manière suivante : on dissout dans
100 cc. d'eau distillée 100 gr. de sulfate ferreux et 25 gr. d'acide sulfurique
et l'on sature d'hydrogène sulfuré. On fait bouillir, on filtre et l'on chauffe le
liquide avec 28 gr. d'acide nitrique exempt d'arsenic. Quand l'oxydation est
terminée, on précipite par l'ammoniaque pure (ne contenant pas d'arsenic);
après lavage, l'hydrate ferrique est dissous à froid dans l'acide sulfurique
pur étendu. Cette solution est mise à digérer pendant deux jours avec de la
grenaille de zinc pur, puis soumise à l'ébullition dans le vide. On réoxyde
ensuite le sel par un peu d'acide sulfurique et d'acide nitrique et l'on précipite par un léger excès d'ammoniaque pure. On lave le précipité et on le
dissout dans l'acide sulfurique étendu et froid, de manière à obtenir une liqueur renfermant 30 gr. de Fe^2O^3 par litre. 100 cc. de ce réactif introduits dans
l'appareil de Marsh fournissent un anneau correspondant à moins de un demi-
millième de milligramme d'arsenic (A. Gautier).

çoit tout l'intérêt de cette méthode, non seulement pour la recherche, mais aussi pour l'élimination des faibles traces d'arsenic contenu dans les réactifs usuels.

Hydrogène sulfuré. — L'hydrogène sulfuré, employé pour la précipitation de l'arsenic, est généralement préparé par l'action de l'acide sulfurique pur sur le sulfure de fer ordinaire du commerce.

Ogier (1) n'a jamais observé qu'un gaz obtenu dans ces conditions renfermât de l'hydrogène arsénié. De nombreux auteurs recommandent néanmoins soit de le préparer par une autre méthode, soit de le purifier. Selmi (2) décomposait les sulfures alcalins et alcalino-terreux par l'acide chlorhydrique. Divers et Shimidzu (3) purifient l'hydrogène sulfuré en le combinant à la magnésie.

Pfordten (4) propose de faire passer le gaz sur du sulfure de potassium porté à 250° et Jacobsen (5) sur de l'iode sec.

Lenz (6) fait passer successivement le gaz dans quatre flacons laveurs portés à la température de 60° et contenant les trois premiers de l'acide chlorhydrique étendu respectivement au 1/3 pour le premier flacon, au 1/4 pour le deuxième et au 1/8 pour le troisième et le dernier de l'eau pure.

D'après Armand Gautier (7) ce moyen serait insuffisant. Un courant moyen de gaz ainsi lavé passant pendant deux heures bulle à bulle dans de l'acide nitrique porté à 80°, lui a fourni o mgr. 08 d'arsenic.

Pour le purifier, cet auteur propose de faire passer le gaz simplement lavé à l'eau sur une colonne verticale de ponce humide de 3o centimètres, puis dans un tube à combustion plein de fragments de verre et porté au rouge sombre sur une longueur de 25 centimètres ; enfin, le gaz traverse un barboteur de forme spéciale renfermant une solution concentrée de sulfure de baryum,

(1) Ogier, *Traité de chimie toxicologique*, p. 267 (Paris, 1899).
(2) Cité par A. Gautier, *Bull. Soc. chim.*, **29**, p. 867 (1903).
(3) Divers et Shimidzu, *Zeitschr. f. anal. Chem.*, **24**, p. 243.
(4) Pfordten, *D. ch. G.*, **17**, 2897.
(5) Jacobsen, *Zeitschr. f. anal. Chem.*, **29**, 737.
(6) Lenz, *Zeitschr. f. anal. Chem.*, **22**, p. 893.
(7) A. Gautier, *Bull. Soc. chim.*, **29**, p. 867 (1903).

puis un tube plein de coton avant d'arriver dans la liqueur.
Armand Gautier estime qu'un courant de gaz sulfhydrique non purifié, barbotant pendant deux heures dans la liqueur acide que l'on
obtient après destruction des matières organiques par son procédé,
y abandonne environ 1/1000 de milligramme d'arsenic, quantité
appréciable dans les recherches de précision. Au contraire, quand
le gaz est purifié, la quantité d'arsenic cédée au liquide est nulle.

On peut d'ailleurs éviter l'emploi de l'hydrogène sulfuré et la
précipitation de l'arsenic par la méthode au sulfate ferrique dont
nous avons parlé plus haut. L'application de cette méthode au liquide
provenant de l'épuisement par l'eau bouillante du charbon azoté
(procédé A. Gautier) nécessite dans ce cas quelques précautions
spéciales (1).

Autres méthodes de recherches de l'arsenic.

Procédé Fresenius et Babo (2). — Cette méthode ne diffère de
celle que nous venons d'exposer que dans la manière de caractériser l'arsenic. Elle repose sur la réduction du sulfure d'arsenic, par
un mélange de cyanure de potassium et de carbonate de sodium secs,
dans une atmosphère d'anhydre carbonique.

Le précipité bien séché est mélangé dans un mortier légèrement
chauffé, avec 12 fois son poids d'un mélange bien sec formé de
3 parties de carbonate de soude et 1 partie de cyanure de potassium.
Ce mélange est placé dans une petite nacelle de porcelaine que l'on
introduit dans un tube épais assez large pour livrer passage à la
nacelle et étiré à une extrémité.

Par la partie large on fait arriver un courant modéré d'anhydride
carbonique bien sec. On chauffe d'abord doucement le tube dans
toute sa longueur au moyen d'une lampe à alcool. Quand toute
trace d'eau a disparu, le courant d'acide carbonique étant de une
bulle environ par seconde, on chauffe sous la nacelle d'abord modérément, de manière à éviter les projections de la masse en fusion,

(1) Voyez *Bull. Soc. chim.*, **29**, p. 863 (1903).
(2) R. Fresenius, *Traité d'analyse chimique qualitative*, p. 256 et 531, 9ᵉ édition française (Paris, 1897).

puis plus fortement et sans interruption jusqu'à ce que l'arsenic soit venu se déposer à l'état métalloïdique au voisinage du point où le tube a été étiré. Il est nécessaire de placer le mélange dans une nacelle et non directement dans le tube de verre, car la plupart des verres du commerce renferment de l'arsenic (1). Cette méthode est très sensible ; d'après W. Fresenius (2), on peut obtenir un anneau nettement reconnaissable avec 1/100 de milligramme d'acide arsénieux. D'autre part, elle est spéciale à l'arsenic ; l'antimoine, en effet, reste en totalité dans la nacelle et peut y être recherché. Par contre, le sulfure de mercure se volatilisant dans ces conditions, pourrait être confondu avec le dépôt arsenical (3).

D'après Armand Gautier (4), l'emploi de cette méthode comporte toujours une perte notable d'arsenic, même en prenant toutes les précautions nécessaires, notamment en privant le sulfure d'arsenic des matières organiques et du soufre qui peuvent l'accompagner, et la méthode de Fresenius et de Babo ne saurait donc être substituée à celle de Marsh.

Méthode de Zwenger (5). — Cette méthode est assez compliquée. Le sulfure d'arsenic est oxydé par l'acide azotique et le mélange évaporé à sec. Le résidu, après fusion avec l'azotate de sodium, est dissous dans l'eau et précipité par la mixture magnésienne. L'arséniate ammoniaco-magnésien est recueilli, lavé avec de l'eau ammoniacale et séché à 100°. On le mélange ensuite intimement avec un peu de charbon et de carbonate de soude et 10 fois son poids d'oxalate de sodium sec.

Dans un petit tube en verre peu fusible, de 3 millimètres de diamètre et fermé à un bout, on introduit un peu d'oxalate de sodium sec, puis le mélange dont il vient d'être question. On nettoie l'extrémité libre du tube et on l'étire en laissant la pointe ouverte. On chauffe d'abord seulement la partie qui renferme l'oxalate, que l'on

(1) W. Fresenius, *Zeitschr. f. anal. Chem.*, **22**, 397.
(2) W. Fresenius, *Ibid.*, **20**, 521.
(3) Fresenius, *Ibid.*, **3**, p. 143.
(4) A. Gautier, *Bull. Soc. chim.*, **24**, 263 (1875).
(5) Zwenger, *Zeitschr. Chem. und Pharm.*, 1862, p. 58, et *Zeitsch. f. anal. Chem.*, **1**, 394.

distingue aisément du mélange arsenical, grâce au charbon qui colore ce dernier (et n'a point d'ailleurs d'autre but).

Par sa décomposition, l'oxalate fournit un mélange d'acide carbonique et d'oxyde de carbone qui chasse entièrement l'oxygène du tube. On ferme alors la pointe effilée du tube et l'on porte le feu sous le mélange arsenical. L'arsenic mis en liberté vient se rassembler dans la partie effilée. L'antimoine n'est pas mis en liberté dans ces conditions. La limite de sensibilité de cette méthode très compliquée serait le 1/50 de milligramme.

Les méthodes dont nous allons parler diffèrent des précédentes en ce qu'elles ne nécessitent point la destruction préalable de la matière organique. Elles reposent sur l'emploi de moyens physiques, chimiques ou biologiques.

Méthodes physiques.

Dialyse. — La dialyse proposée par GRAHAM, en 1861, peut servir dans certains cas à séparer l'arsenic des matières organiques. Les matières, convenablement divisées, sont transformées en une bouillie claire, que l'on acidule franchement par l'acide chlorhydrique et que l'on introduit dans un dialyseur dont la membrane a été soigneusement vérifiée. On plonge ce dialyseur dans un vase renfermant de l'eau distillée, en le disposant de manière qu'il y ait égalité de niveau des liquides extérieur et intérieur. On abandonne pendant vingt-quatre heures à la température de 40°. On recueille alors le liquide extérieur, que l'on soumet à l'action de l'hydrogène sulfuré.

En opérant sur du lait, du sang, de la gélatine renfermant des quantités déterminées d'acide arsénieux, GRAHAM (1) a montré que la dialyse permettait de séparer la presque totalité de l'arsenic. DRAGENDORF et BUCHNER (2) ont répété ces expériences sur le con-

(1) GRAHAM, *Annal. der Chem. und Pharm.*, **121**, 63.
(2) DRAGENDORF, *Manuel de toxicologie*, 2ᵉ édition française, p. 530 (Paris, 1886).

tenu de l'estomac et en ont confirmé les résultats de Graham. Dragendorf constate néanmoins qu'une petite quantité de matière organique passe dans le liquide dialysé et conseille de la détruire.

Quoi qu'il en soit, cette méthode n'est guère employée que comme un essai préliminaire. Elle pourra parfois cependant fournir des indications utiles, quand il s'agira de déterminer si l'arsenic a été introduit dans les organes sous forme soluble ou insoluble ; on devra naturellement, dans ce cas, s'abstenir d'aciduler les matières contenues dans le dialyseur, de manière à ne point décomposer les arsénites insolubles, notamment le vert de Schweinfurth.

Électrolyse. — Gaultier de Claubry (1) paraît avoir le premier appliqué l'électrolyse à la recherche de l'arsenic. Bloxam (2) a fait connaître, en 1860, une méthode qui, bien que sensible, ne paraît pas avoir été très employée. Cette méthode a été reprise et perfectionnée tout récemment par Thorpe (3). Nous la décrirons sous la forme que lui a donnée Thorpe. Elle est basée sur le principe suivant :

Si l'on décompose par électrolyse une solution étendue d'acide sulfurique renfermant de l'arsenic à l'état d'acide arsénieux, l'hydrogène produit renferme de l'hydrure gazeux d'arsenic que l'on peut caractériser par les procédés habituels et notamment la formation des anneaux.

Le procédé électrolytique ne diffère donc du procédé de Marsh que par le mode de production de l'hydrogène.

L'appareil de Thorpe (fig. 5) comprend un vase de verre A ouvert à son extrémité inférieure et reposant par un renflement sur les bords d'un vase poreux D. Celui-ci est lui-même placé dans un seau de verre. Tout ce système est disposé à l'intérieur d'un large cristallisoir F, renfermant de l'eau et servant de réfrigérant.

Le vase A est muni d'un bouchon rodé par lequel passe la tige d'un entonnoir à robinet descendant jusqu'au-dessous du col. A tra-

<hr>

(1) Gaultier de Claubry, *Journ. de pharm. et chim.*, 3ᵉ série, **17**, p. 125 (1850).

(2) Bloxam, *Quaterley chem. Soc.*, **13**, p. 12 et p. 338 (1860).

(3) Thorpe, *Chem. Soc.*, **87**, p. 975 (1903).

vers ce bouchon, et soudé au verre, passe un gros fil de platine terminé par un crochet. C'est à ce crochet qu'est suspendu le cône de platine percé de trous qui constitue la cathode et dont le bord inférieur arrive à environ 1 millimètre du fond du vase. L'anode est formée d'une lame de platine de 2 centimètres de large, entourant librement le vase poreux et relié à un gros fil de platine.

Le tube c renferme du chlorure de calcium placé entre deux

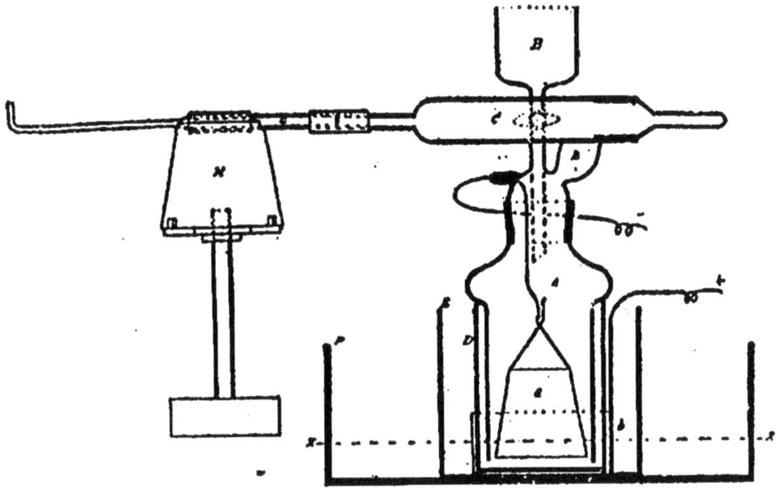

Fig. 5. — Appareil de Thorpe.

bourres de coton et du papier imprégné d'une solution d'acétate de plomb, puis séché.

L'extrémité du tube desséchant se raccorde au moyen d'un petit tube de caoutchouc non vulcanisé à un tube de verre fort de 5 millimètres de diamètre extérieur et 3 mm. 5 de diamètre intérieur. Ce tube est étiré sur une partie aussi régulièrement que possible, de manière à ramener le diamètre extérieur à 2 millimètres, et recourbé à angle droit à son extrémité.

Il repose dans deux rainures pratiquées à la partie supérieure du cône H qui entoure la flamme d'un bec Bunsen. La région du tube voisine de la partie étranglée est entourée d'une toile de platine d'environ 2 centimètres.

On verse dans le vase E 3o cc. d'acide sulfurique étendu à 1/8 et dans la cuve D on fait tomber 20 cc. du même acide au moyen de l'entonnoir à robinet. On réunit alors les différentes parties de l'appareil et on fait passer un courant de 5 ampères. Après dix minutes, l'appareil est vide d'air et l'on peut allumer le jet gazeux à l'extrémité du tube; on obtient ainsi une flamme de hauteur constante (2 millimètres).

On allume alors le bec Bunsen, de manière à porter au rouge la petite toile de platine. Ensuite on verse dans l'appareil, au moyen de l'entonnoir à robinet, 2 cc. d'alcool amylique rectifié, puis la solution à expérimenter et on lave avec 5 cc. d'eau distillée, en ayant soin, au cours de ces opérations, de ne pas introduire d'air dans l'appareil.

L'anneau apparaît en quelques minutes et l'expérience est terminée en une demi-heure. Le tube est alors détaché et scellé plein d'hydrogène si l'on veut conserver l'anneau.

La température du liquide électrolysé ne doit pas s'élever pendant l'opération au-dessus de 5o°.

Cette méthode a été appliquée par Thorpe à l'examen des diverses matières utilisées en Angleterre pour la fabrication de la bière (malt, houblon, glucose, caramel, etc.). Dans la plupart des cas, elle ne nécessite point la destruction préalable des matières organiques. La substance est simplement traitée par macération à 5o° avec de l'acide sulfurique étendu. Le liquide est séparé, traité par le bisulfite, soumis à l'ébullition pour chasser l'acide sulfureux, puis introduit après refroidissement dans l'appareil. On prend seulement la précaution d'ajouter 1 ou 2 centimètres cubes d'alcool amylique pour éviter la formation de la mousse. Le traitement par le bisulfite est indispensable, pour ramener l'arsenic à l'état d'acide arsénieux.

Dans certains cas où la destruction des matières organiques est nécessaire (malt moulu, houblon) l'auteur la réalise en calcinant la substance avec de la chaux ou de la magnésie.

Le dosage se fait par comparaison avec des anneaux obtenus dans les mêmes conditions, c'est-à-dire en traitant par une méthode identique des matières pures (glucose, malt, etc.) additionnées de quantités connues d'arsenic.

On obtient un anneau visible avec o mgr. oo2 d'acide arsénieux.

Cette méthode peut rendre des services pour l'essai rapide d'un grand nombre de matières industrielles. Il est peu vraisemblable qu'elle détrône en toxicologie la méthode de Marsh. Elle ne comporte pas, il est vrai, les causes d'erreurs inhérentes à l'emploi du zinc, mais nous avons vu que ce métal s'obtient assez aisément exempt d'arsenic.

Méthodes chimiques.

1° *Procédé de Reinsch* (1). — Il est basé sur la réaction suivante : Si, dans une solution chlorydrique d'acide arsénieux, on introduit une lame de cuivre, la totalité de l'arsenic se précipite sur la lame de cuivre, sous forme d'un enduit grisâtre qui est constitué par un arséniure de cuivre. Il importe de caractériser l'arsenic dans ce dépôt, car la présence de divers métaux, notamment de l'antimoine, de l'argent, du mercure et aussi des acides sulfureux et sélénieux peut également déterminer une réaction analogue.

La lame de cuivre sera donc lavée à l'eau et à l'alcool, puis placée dans un tube, et enfin chauffée dans un courant d'air. On obtiendra ainsi un sublimé d'anhydride arsénieux que l'on caractérisera. On peut encore plonger cette lame de cuivre dans une lessive de potasse étendue additionnée d'eau oxygénée : l'arsenic est ainsi transformé en arséniate alcalin (CLARK) (2).

La réaction est facilitée par l'ébullition du liquide ; elle est aussi beaucoup plus rapide avec l'acide arsénieux qu'avec l'acide arsénique. Aussi est-il bon de réduire préalablement ce dernier par l'acide sulfureux. D'autre part, la liqueur ne doit pas être trop acide. REINSCH conseille de délayer les matières dans de l'acide chlorhydrique étendu au 1/6 ; mais il est préférable d'employer de l'acide plus faible. Cette réaction permettrait de retrouver l'arsenic dans des solutions qui n'en renfermeraient que un deux cent cinquante millième.

(1) Hugo REINSCH, *Journ. f. prakt. Chem.*, **24**, p. 244.
(2) CLARK, *Chem. Soc.*, **63**, p. 886.

Ce procédé n'est guère employé en toxicologie. Il a été néanmoins remis en honneur en Angleterre et proposé au public pour rechercher rapidement l'arsenic dans la bière. L'essai se fait en maintenant à l'ébullition, pendant quarante-cinq minutes, 200 cc. de bière additionnée de 3o cc. d'acide chlorhydrique concentré et d'un fragment brillant de tournure de cuivre. S'il s'est produit un dépôt sur le cuivre, on le lave successivement à l'eau, à l'alcool et à l'éther, puis on le chauffe lentement dans un tube de verre pour faire apparaître le sublimé d'acide arsénieux (1).

D'après O. Rosenheim (2), il est bon de faire précéder cette opération d'un essai au moyen d'une lame d'argent qui sépare le sélénium, puis on introduit le cuivre.

2° *Procédé Berntrop* (3). — Pour la recherche de l'arsenic dans les boissons alimentaires, Berntrop recommande le procédé suivant :

On agite le liquide avec quelques gouttes de brome et on laisse reposer vingt-quatre heures. On alcalinise alors par l'ammoniaque et on y ajoute 5 cc. d'une solution saturée de phosphate disodique et 10 cc. de mixture magnésienne. On abandonne alors le mélange lui-même pendant vingt-quatre heures ; on recueille le précipité et on le dissout sur le filtre même, dans 5o cc. à 100 cc. d'acide sulfurique au 1/5 chaud. On chauffe ensuite cette solution à feu nu, en ajoutant de temps en temps quelques gouttes d'acide azotique et en continuant l'action de la chaleur, jusqu'à ce que le liquide soit complètement décoloré et que des vapeurs d'acide sulfurique commencent à se dégager. On laisse refroidir, on étend d'un peu d'eau, et on introduit dans l'appareil de Marsh.

Dans 25o grammes de potage, on a pu ainsi déceler un demi-milligramme d'acide arsénieux.

Pour le cas spécial de la recherche rapide de l'arsenic dans la glycérine. Langmuir (4), propose d'opérer de la manière suivante :

On prélève 2 cc. de glycérine, on y ajoute 4 cc. d'eau, un peu de

(1) *Journ. de pharm. et de chim.*, 6° série, **13**, p. 341 (1901).
(2) O. Rosenheim, *Chem. News*, **83**, p. 277.
(3) C. Berntrop, *Chem. News*, **85**, p. 122, et *Zeit. annal. Chem.*, **41**, p. 11.
(4) Langmuir, *Am. chem. Soc.*, **24** p. 133 (1899).

zinc et d'acide chlorhydrique et on place dans l'atmosphère du tube un papier imbibé d'une solution au sublimé ; on attend 10 minutes. La formation d'une tache jaune est l'indice de la présence de l'arsenic. On obtient une réaction positive si les 2 cc. de glycérine renferment au moins 0 gr. 001 d'arsenic.

La méthode indiquée par J. Bougault (1) est beaucoup plus sensible. Elle consiste à chauffer au bain-marie bouillant 1 vol. de glycérine avec 2 vol. de réactif hypophosphoreux (2). On observe suivant les quantités un précipité brun ou simplement une coloration ; avec 1/100° de milligramme d'anhydride arsénieux, la coloration brune est encore très nette.

Méthode biochimique de Gosio (3).

Les arsénio-mois.ssures. — Nous avons dit (page 247) que certaines moisissures, désignées par Gosio sous le nom *d'arsénio-moisissures*, vivent parfaitement dans un milieu renfermant de petites quantités d'arsenic et produisent dans certaines conditions un gaz arsenical d'odeur forte et alliacée.

Il nous reste à montrer que ces moisissures constituent des réactifs extrêmement sensibles de l'arsenic. Il suffira pour cela de citer l'expérience suivante de Gosio : Dans une solution renfermant 0,5 ou 1 p. 1000 d'acide arsénique et une faible quantité d'acide tartrique, dont la présence favorise le développement de la moisissure, on plonge simplement une tranche de pomme de terre ou de carotte. On place ensuite cette tranche dans un tube, on stérilise, on ensemence avec du *Mucor mucedo* et l'on maintient à la température de 25° à 30°. Après 2 ou 3 jours, il se produit une odeur alliacée qui persiste pendant des mois entiers si la vie du Mucor n'est pas compromise. On obtient le même résultat avec *Aspergillus glaucus*

(1) J. Bougault, *Journ. pharm. et chim.*, 6° série, **15**, p. 627 (1902).

(2) Pour préparer ce réactif, on dissout 20 gr. d'hypophosphite de sodium dans 20 cc. d'eau. On ajoute 200 cc. d'acide chlorhydrique pur (D = 1,17) et l'on filtre pour séparer le chlorure de sodium.

(3) Gosio, *Archives italiennes de biologie*, **18**, p. 252 et 298 (1892), et *Rivista d'igiene e sanità publica*, p. 601 et 603 (1900) ; *Revue d'hygiène*, **23**, p. 14 (1901).

et *Aspergillus virens* et plus facilement encore avec le *Penicellium brevicaule*, dont l'activité est telle que Gosio l'appelle « *un réactif vivant de l'arsenic* ». C'est à ce réactif que se rapportent les observations qui suivent.

Les conditions de la réaction sont d'abord liées aux diverses circonstances qui favorisent la vie de la moisissure : l'humidité du milieu, l'exposition à la lumière diffuse et surtout le large accès de l'air ; la réaction ne se produit ni dans le vide ni en l'absence d'oxygène.

La température la plus favorable au développement normal du *Penicellium* est comprise entre 25° et 30° ; entre ces limites, l'activité de la moisissure se manifeste avec une énergie et une promptitude suffisantes pour la plupart des essais ; néanmoins à 37° les phases de la vie végétative s'accomplissent plus rapidement et, par suite, la production du gaz arsenical s'observe bien plus tôt ; mais à cette température la sporification ne s'accomplit que difficilement, et c'est précisément pendant cette phase de la vie reproductive que le dégagement gazeux est le plus actif.

La composition du milieu intervient également. Si les matières nutritives sont constituées uniquement par des albuminoïdes, le champignon se développe normalement en présence de composés arsenicaux, mais l'odeur alliacée ne se produit point ; elle se manifeste, au contraire, si la moisissure vit aux dépens d'un hydrate de carbone, tel que le glucose ou l'amidon.

La nature du composé arsenical n'est pas non plus indifférente ; l'apparition du gaz odorant est bien plus rapide avec l'acide arsénique, les arséniates et les arsénites de sodium et de potassium, qu'avec l'arsénite de cuivre, le réalgar, l'orpiment et les verts arsenicaux, qui donnent néanmoins des résultats positifs avec le *Penicillium brevicaule*.

La quantité d'arsenic doit d'ailleurs être mesurée avec soin ; à partir de 4 à 5 p. 1.000 d'arsenic, le développement de la moisissure devient difficile ; au contraire, les quantités favorables sont de 0,1 à 0,5 p. 1.000 d'acide arsénique ou des arséniates ou arsénites de potassium ou de sodium. Le champignon tolère d'ailleurs les quantités élevées si on l'a habitué à des doses progressivement croissantes d'arsenic.

Le *P. brevicaule* absorbe l'arsenic comme un véritable aliment et l'on peut retrouver dans la trame du mycélium, après des lavages rigoureux, des quantités d'arsenic variables suivant les stades de son existence.

Le gaz produit est très toxique, Gosio déclare en effet avoir éprouvé des troubles sérieux de la sensibilité, à la suite d'inhalation de ces vapeurs ; mais l'étude de sa toxicité ne semble pas encore avoir été entreprise d'une manière méthodique.

Nature du gaz odorant. — Ce gaz ne présente aucune des réactions de l'hydrogène arsénié ; il renferme néanmoins de l'arsenic ; en effet, si on le fait barboter pendant plusieurs jours dans une solution acide de permanganate de potassium, portée à la température $50°$-$60°$ et qu'on détruise l'excès de ce sel par l'anhydride sulfureux, on obtient un liquide qui, introduit dans l'appareil de Marsh, fournit un anneau d'arsenic très marqué.

Gosio le considérait comme une arsine volatile. Biginelli (1) en a démontré la véritable nature.

Ce gaz arsenical est absorbé par une solution aqueuse renfermant 10 p. 100 de chlorure mercurique et 20 p. 100 d'acide chlorhydrique. Il se forme un précipité blanc cristallisé répondant à la composition $C^4H^{11}AsHg^2Cl^4$ et vraisemblablement à la constitution $AsH(C^2H^5)^2 + 2HgCl^2$ ou $(C^2H^5)^2AsH = AsH(C^2H^5)^2 + 4HgCl^2$.

Ce composé possède une odeur alliacée, il noircit faiblement à l'air ; il commence à se ramollir à 239-$240°$ et se décompose à 255-$256°$; chauffé dans l'air sec à 100-$110°$ il se sublime. Il est dissous et décomposé par l'eau bouillante, avec formation de lamelles répondant à la composition :

$$O < \begin{matrix} AsH(C^2H^5)^2HgCl^2 \\ | \\ AsH(C^2H^5)^2HgCl^2 \end{matrix}$$

fusibles à $270°$. Traité par les alcalis en présence d'éther, il fournit une solution que l'iode transforme en l'iodure de l'oxyde de tétréthyldiarsine :

$$O < \begin{matrix} AsH(C^2H^5)^2 \\ AsH(C^2H^5)^2 \end{matrix}$$

(1) P. Biginelli, Composizione e costituzione chimica del gas arsenicale delle tappezzerie. *Gazella chimica italiana*, **34**, p. 68 (1901).

cristallisé en aiguilles jaunes fusibles à 102° et se transformant par le sulfate d'argent en le sulfate :

$$O < \genfrac{}{}{0pt}{}{AsH(C^2H^2)^2}{AsH(C^2H^3)^2} > SO^4$$

Le dérivé oxyiodé, traité par l'oxyde d'argent, fournit l'hydrate de diéthylarsine $(C^2H^5)^2As-OH$ cristallisé en aiguilles déliquescentes.

Les gaz arsenicaux qui se dégagent des cultures de *Penicillium brevicaule*, précipitent également les solutions d'azotate mercurique, en donnant un produit de composition $As(C^2H^5)^2Hg(AzO^3)^2$.

Ces faits établissent que le gaz arsenical doit être considéré comme la diéthylarsine. On s'explique dès lors comment ce gaz prend naissance dans les milieux renfermant des hydrates de carbone; ceux-ci, sous l'influence de la moisissure, subissent la fermentation alcoolique et fournissent ainsi les groupes éthyliques nécessaires à la formation de la diéthylarsine. On conçoit également que ce gaz puisse se former aux dépens des tapisseries arsenicales, grâce à la colle de pâte qui fournit l'hydrate de carbone nécessaire. Nous avons d'ailleurs étudié antérieurement cette production de gaz toxique dans l'air. (Voyez page 247.)

Sur les faits qui précèdent, Gosio a basé une méthode de recherche très générale de l'arsenic.

Recherche de l'arsenic par réaction biochimique.

Gosio conseille de faire les cultures de *Penicillium brevicaule* sur des tranches de pomme de terre. ABEL et BUTTENBERG (1) préfèrent à la pomme de terre la pâte de pain.

Dans l'épaisseur d'une tranche de pomme de terre et suivant l'axe longitudinal, on pratique une cavité au moyen d'un tube cylindrique; y introduit la substance arsenicale; et l'on obture le trou

_____
(1) R. ABEL et P. BUTTENBERG, *Zeltschrift für Hygiene*, **32**, p. 449 (1890), et *Revue d'hygiène*, **22**, p. 353 (1900).

avec un fragment du cylindre. On stérilise à la vapeur d'eau sous pression de une atmosphère, pendant quinze minutes. Par cuisson, la masse de la pomme de terre, s'imprègne de l'arsenic contenu dans la matière à examiner.

On peut aussi faire une section de la pomme de terre, dans le sens longitudinal, insinuer la matière arsenicale dans cette ection et stériliser. On ensemence et l'on expose à une température de 25 à 30°. Si l'on veut une diagnose rapide (9 à 10 heures), on fait un ensemencement abondant et on cultive à 37°.

On peut également, comme l'a indiqué récemment Gosio (1), faire la culture sur pomme de terre et déposer sur ce mycélium jeune la substance à examiner en multipliant autant que possible les points de contact. On cultive à 37°. L'odeur se manifeste nettement après 24 heures. Cette méthode donne quelques indices sur la quantité probable d'arsenic.

En effet si l'on opère sur des tranches de pomme de terre, rigoureusement égales et recouvertes aussi uniformément que possible de la matière à examiner, on peut admettre que le temps écoulé entre l'application de la substance et l'apparition de l'odeur est proportionnel à la quantité d'arsenic, en prenant pour terme de comparaison la plus faible quantité d'arsenic qui fournit une odeur caractéristique en un temps donné, 15 minutes par exemple.

Il faut éviter une trop grande quantité d'arsenic, qui s'opposerait au développement de la moisissure. D'autre part, il faut ensemencer avec une culture vierge, n'ayant jamais végété en milieu arsenical. Sans cette précaution, on pourrait introduire assez d'arsenic pour obtenir une réaction positive.

Il est toujours bon de contrôler cet essai par l'appareil de Marsh. Pour cela on fait des cultures multiples de P. brevicaule dans de petits flacons d'Erlenmeyer ; quand le champignon est bien développé, on les réunit en chaîne et on les fait traverser par un courant d'air que l'on reçoit dans une solution acide de permanganate de potassium, comme il a été indiqué plus haut. Il est bon de faire l'extraction du gaz à plusieurs reprises.

(1) G. Gosio, *Rivista d'Igiene e sanità publica*, p. 661 et 663 (1900), et *Revue d'hygiène*, **23**, p. 74 (1901).

On peut également vérifier que le gaz précipite le chlorure mercurique en solution chlorhydrique.

La sensibilité de cette réaction biochimique est extrême. Gosio rapporte que 10 cc. de lait stérilisé contenant o gr. 00002 d'arsénite de sodium, et ensemencés à la surface avec le Penicillium brevicaule, fournirent une odeur d'ail très nette ; avec o gr. 00003, l'odeur était encore perceptible après deux mois. ABEL et BUTTENBERG (1) ont pu reconnaître à l'odorat la présence de 1/1000 de milligramme d'acide arsénieux. Cette réaction biochimique ne le cède donc pas sous le rapport de la sensibilité à la méthode de Marsh, même armée des derniers perfectionnements, dont l'a dotée Gabriel BERTRAND.

Elle possède même sur cette dernière plusieurs avantages. En premier lieu, elle est spéciale à l'arsenic, à l'exclusion des autres éléments et notamment de l'antimoine, et, d'autre part, elle peut être appliquée indifféremment à toute substance arsenicale, sans aucune manipulation préalable et ne nécessite par conséquent point la destruction des matières organiques. Gosio a obtenu des résultats positifs en opérant sur des fragments d'organes (foie, estomac, cerveau), frais ou putréfiés, de cobayes ayant succombé aux suites d'un empoisonnement aigu, ou ayant été sacrifiés au cours d'une intoxication chronique. ABEL et BUTTENBERG ont appliqué avec succès la méthode de Gosio à l'examen des produits les plus divers : peaux et fourrures, papiers de couleurs, toiles peintes, crayons de couleurs, farines, cadavres, cheveux ou urine de sujets exposés à l'intoxication arsenicale professionnelle.

La même méthode se prête admirablement à des examens multiples : ABBA (2) put ainsi en 3 jours rechercher l'arsenic dans 142 échantillons de peaux sèches venant de l'Inde. Un fragment de peau sèche de 1 millimètre carré examiné par la méthode biologique lui fournit un résultat positif, alors qu'un morceau de 5 centimètres carrés donnait des résultats négatifs par la méthode de Marsh, telle qu'on la pratiquait alors.

(1) *Loco citato.*

(2) ABBA, *Rivista d'igiene e sanità publica*, mai 1898, p. 407, et *Revue d'hygiène*, **20**, p. 940 (1898).

Comment, avec une méthode aussi sensible, n'a-t-on point découvert l'existence normale de l'arsenic dans l'organisme ?

Cela tient évidemment à la faible quantité d'organe que l'on introduit d'ordinaire dans les cultures et à la trace minime d'arsenic qui correspond à cette fraction d'organe.

Cependant si l'on admet, avec Abel et Buttenberg, que la réaction biologique permette de reconnaître la présence de 1/1000 de milligramme d'acide arsénieux ou même si l'on veut de 1/1000 de milligramme d'arsenic métalloïdique, on trouve que, dans certains cas, la quantité de matière organique à mettre en œuvre pour obtenir une réaction positive ne serait pas trop élevée.

Par exemple, dans une expérience de Gabriel Bertrand (1), 39 grammes de poils noirs de chien ont fourni un anneau de près de 1/10 de milligramme d'arsenic. D'après cela il aurait suffi d'introduire dans une culture de Penicillium brevicaule seulement o gr. 39 de ces poils pour observer l'odeur de la diéthylarsine. Cette observation montre avec quelles précautions il convient de faire usage de cette réaction biologique ; il importe, en particulier, de tenir compte de la nature et du poids de l'organe mis en œuvre et de sa teneur en arsenic à l'état normal.

Enfin, il convient de ne pas oublier que la réaction biochimique doit toujours être contrôlée par l'appareil de Marsh.

(1) Gabriel Bertrand, *Bull. Soc. chim.*, **27**, p. 1849 (1902).

CHAPITRE V

QUESTIONS MÉDICO-LÉGALES DIVERSES

Rapport et conclusions de l'expert.

L'expert chimiste doit se borner à constater la présence de l'arsenic dans les matières et aussi à déterminer la quantité de cet élément contenue dans chacun des organes examinés ; c'est au médecin légiste qu'est réservé le soin de porter le diagnostic d'empoisonnement arsenical. Néanmoins le chimiste peut avoir à discuter l'origine de l'arsenic trouvé par lui et à résoudre certaines questions posées par la défense.

Origine de l'arsenic. — Il nous paraît que l'expert aura tout d'abord à défendre sa méthode de travail et à établir que les procédés employés par lui n'ont point ajouté d'arsenic aux matières examinées. Il ne suffira pas de mentionner que tous les produits mis en œuvre pour la recherche étaient exempts d'arsenic : il faudra l'établir.

Le rapport, en exposant les méthodes suivies indiquera la nature de tous les réactifs employés. A propos de la destruction des matières organiques, il mentionnera pour chaque organe, avec le poids de matière traitée, les doses de réactifs consommées.

D'autre part, l'expert relatera comment il a recherché l'arsenic dans tous les produits mis en œuvre, tant dans la destruction des matières que dans l'emploi de l'appareil de Marsh. Il insistera sur ce point, que cet essai a donné des résultats négatifs bien qu'il ait été effectué sur des quantités notablement supérieures à celles qui ont été employées dans ses recherches et il apportera ainsi la preuve absolue de la pureté de ses réactifs.

La sûreté de sa méthode étant établie, l'expert peut répondre facilement aux questions suivantes :

1° *L'arsenic extrait du cadavre n'est-il point simplement l'arsenic qui existe normalement dans le corps de l'homme ?*

Comme nous l'avons vu, au début de cette étude toxicologique, Armand Gautier a établi que certains organes, notamment le foie, la rate, les reins, le cerveau, le sang, l'urine, sont, à l'état normal, absolument dépourvus d'arsenic, ou n'en renferment que des traces infinitésimales.

Or, c'est précisément là que se trouve localisé l'arsenic, en quantité souvent notable, dans les cas d'intoxication. La manière de répondre à la question posée consiste donc, après avoir énuméré les diverses réactions par lesquelles l'arsenic a été caractérisé, à indiquer les résultats du dosage de cet élément dans chacun des organes examinés et à comparer les quantités trouvées à celles qui existent normalement dans les mêmes organes.

D'ailleurs on ne saurait trop le répéter, les conclusions de l'expert ne doivent s'appuyer que sur des *déterminations quantitatives* et en aucun cas sur une simple recherche qualitative.

L'objection basée sur la présence de l'arsenic dans les organes à l'état normal ne saurait donc en rien troubler l'expert.

Au contraire, l'argument basé sur le fait souvent établi que certains aliments (vin, bière, glucose, confitures, caramels, etc.) peuvent renfermer de l'arsenic, mérite parfois une sérieuse considération. Nous avons vu en particulier (page 231) que les produits préparés au moyen du glucose doivent spécialement attirer l'attention. En voici un nouvel exemple.

P. Guyot (1) a trouvé dans sept échantillons de vins de deuxième cuvée, du canton de Saint-Nicolas-du-Port (Meurthe-et-Moselle), vins préparés au moyen d'un sirop de fécule arsenical, une quantité moyenne de 0 gr. 000723 d'arsenic par litre. En admettant qu'un ouvrier consomme, par jour, deux litres de ce

(1) P. Guyot, *Journ. de pharm. et de chim.*, **92**, p. 394 (1885).

vin, il aurait absorbé dans l'espace d'une année o gr. 5278 d'arsenic métalloïdique, correspondant à o gr. 6964 d'anhydride arsénieux, soit l'équivalent de quatre gouttes de liqueur de Fowler par jour. En ce qui touche l'hygiène, l'ingestion de cette quantité d'arsenic dans un intervalle de temps aussi long, ne présente pas grande importance. Il n'en est pas de même si l'on se place au point de vue médico-légal, étant donnée surtout l'aptitude que possède l'arsenic, de se localiser dans certains organes. Et d'après P. Guyot, on pourrait être amené dans un cas semblable à conclure à l'empoisonnement criminel par l'arsenic chez une personne faisant un usage journalier de vin de sucre. On trouverait vraisemblablement, en effet, comme dans l'empoisonnement lent, de faibles quantités d'arsenic dans le tube digestif et des doses plus notables dans certains organes, en particulier le foie.

Il convient de considérer également la possibilité de l'introduction de l'arsenic par les médicaments non arsenicaux (sous-nitrate de bismuth, phosphates de chaux et de soude, glycérine, etc.). La quantité d'arsenic apportée par ces médicaments est en général assez faible.

La question devient plus complexe encore s'il est démontré que la mort est survenue pendant le cours d'une médication arsenicale, où quelque temps après la cessation de ce traitement. L'introduction récente dans la thérapeutique du cacodylate et du méthylarsinate de soude appelle encore de nouvelles réserves.

Malgré leur haute teneur en arsenic, ces produits sont en effet peu toxiques et s'administrent à dose relativement élevée. C'est ainsi qu'on donne couramment le méthylarsinate, à la dose de 5, 10, 15 et même 20 centigrammes par jour.

Or 20 centigrammes de ce produit renferment 51 milligrammes d'arsenic métalloïdique, correspondant à 66 milligrammes d'acide arsénieux, c'est-à-dire à une quantité voisine de celle (70 milligrammes) qui, prise en une fois, est, d'après FLANDIN et DANGER, suffisante pour donner la mort.

Ce n'est pas tout ; si, comme c'est la règle, les doses de méthylarsinate ont été longtemps répétées, on trouvera dans le cadavre de l'arsenic en abondance dans le tube digestif, et peut-être aussi dans les organes où il se localise de préférence.

Les résultats pourront être ainsi assez peu différents de ceux que l'on observe après l'empoisonnement aigu par l'acide arsénieux.

En ce qui concerne le cacodylate de soude, le fait n'est pas douteux. En effet, d'après IMBERT et BADEL (1), le cacodylate de soude absorbé par voie stomacale ne s'élimine pas complètement dans l'intervalle d'un mois, ni même de 70 jours (BARTHE et PÉRY) (2).

Le méthylarsinate de soude, au contraire, s'élimine assez rapidement et ne paraît point se localiser (MOUNEYRAT) (3).

Ces observations montrent une fois de plus la nécessité de ne pas baser les conclusions d'une expertise médico-légale uniquement sur l'analyse chimique.

2° *L'arsenic trouvé dans le cadavre peut-il provenir de la terre du cimetière ?*

Les terres sont souvent arsenicales, parfois même leur teneur en arsenic peut être assez élevée. Aussi, dans toute exhumation, prélève-t-on des échantillons de terre à quelque distance au dessus et au dessous du cercueil et à chaque extrémité. Dans le cas, d'ailleurs très rare, où les débris du cadavre sont souillés de terre, il est nécessaire de procéder à l'analyse de la terre, d'y rechercher et d'y doser l'arsenic. C'est pour cette raison qu'il importe de vérifier avec soin l'état du cercueil. Si l'on constate l'existence de trous ou de fissures, on recueillera avec soin les matières placées au voisinage de ces ouvertures. Au contraire, si les parois du cercueil sont intactes, on peut admettre que de la terre, l'arsenic n'a pu passer au cadavre. Il est en effet démoutré que les eaux pluviales ne dissolvent point l'arsenic du sol. Suivant BARDY-DELISLE et BONTEMPS (4), l'eau, même bouillante, traverse une terre arsenicale sans lui enlever d'arsenic. D'après GARNIER et SCHLAGDENHAUFFEN (5), certains terrains des Vosges, renferment

(1) II. IMBERT et E. BADEL, *C. R. Acad. des Sc.*, **130**, p. 582 (1900).

(2) L. BARTHE et PERY, *Journal de pharm. et de chim.*, 6ᵉ série, **12**, p. 210 (1901).

(3) MOUNEYRAT, *De la médication arrhénique*. Thèse de la Faculté de médecine, p. 30 et 42 (Paris, 1902).

(4) BARDY-DELISLE et BONTEMPS, *Annales d'hygiène publ. et de méd. lég.*, 3ᵉ série, **1**, p. 148 (1879).

(5) GARNIER et SCHLAGDENHAUFFEN, *Annales d'hygiène publ. et de méd. lég.*, **17**, p. 28 (1887).

de l'arsenic à l'état d'arséniate de fer et de chaux. Ils en cèdent une faible partie à l'eau bouillante, mais non à l'eau froide. Bien plus, si l'on verse à la surface de ces terres, une solution arsenicale, l'arsenic passe à l'état insoluble dès que le liquide a traversé une faible épaisseur de terre.

Il sera néanmoins toujours utile de rechercher si la terre épuisée à plusieurs reprises par de l'eau distillée lui abandonne de l'arsenic.

L'introduction possible de l'arsenic dans le sol, par le fait d'émanations de chlorure d'arsenic, ou par l'infiltration d'eaux résiduelles, provenant de certaines usines de produits chimiques, devra aussi attirer l'attention de l'expert, dans le cas où le cimetière se trouverait à proximité d'une usine de ce genre (Hugounenq) (1).

Dans certains cas, en particulier dans les terrains argileux, on trouve le cercueil plus ou moins rempli d'eau. On peut alors se demander si cette eau n'a point enlevé d'arsenic au cadavre. On la recueillera donc et on l'examinera. Le plus souvent, la recherche donnera des résultats négatifs.

Si l'on trouve de l'arsenic, on établira qu'il provient du cadavre en analysant comparativement de la terre puisée à peu de distance dans le même sol à la même profondeur.

On pourra également objecter à l'expert, que l'arsenic trouvé provient de la peinture du cercueil (2), des matières colorantes des vêtements qui recouvraient le cadavre, des médailles ou chapelets en cuivre arsenifère, des fleurs artificielles destinées à parer le cadavre, des mixtures conservatrices, etc. Pour se préparer à répondre à ces questions, l'expert aura soin de prélever et d'examiner les divers objets que peut contenir le cercueil.

Les feuilles de caoutchouc vulcanisé dont on tapisse parfois certains cercueils renferment des quantités importantes d'arsenic, mais simplement lavées à l'eau elles ne lui cèdent pas d'arsenic (Ogier) (3).

---

(1) Hugounenq, *Traité des poisons*, p. 143.

(2) Dans une expertise, Fresenius a constaté que la faible quantité d'arsenic trouvée dans le cadavre exhumé d'un enfant avait été introduite par la peinture du cercueil, dont une partie vermoulue s'était mêlée aux restes de l'enfant. *Zeitschr. f. Annal. Chem.*, 56, p. 195.

(3) Ogier, *Traité de chimie toxicologique*, p. 315 (Paris, 1899).

3° *L'empoisonnement a-t-il pu se produire, bien qu'on ne trouve plus d'arsenic dans le cadavre ? L'arsenic a-t-il pu disparaître ?*

La disparition peut se faire de deux manières : pendant la vie et après la mort. Dans le premier cas, si la victime a survécu un certain temps à l'ingestion du poison, l'élimination peut avoir été complète. Nous avons vu quelles incertitudes règnent sur la durée d'élimination de l'arsenic. Le chimiste n'a pas à envisager cette question.

Il n'est point possible, d'autre part, de déterminer si l'arsenic peut disparaître du cadavre. On a supposé qu'il pouvait, sous l'influence de la putréfaction, se dégager à l'état d'hydrogène arsénié, ou encore qu'il se transformait en arsénite d'ammoniaque, que les eaux peuvent enlever en raison de la solubilité de ce sel. Mais ce ne sont là que des hypothèses. Le seul fait scientifiquement établi est la production d'un gaz arsenical, sous l'influence des moisissures; mais, d'une part, l'étude même des conditions dans lesquelles ce gaz se produit rend bien improbable sa formation constante et régulière. D'autre part, le problème dans le cadavre n'a pas encore été considéré à ce point de vue. On n'a pas encore démontré qu'une arsénio-moisissure, vivant dans les meilleures conditions, soit capable de volatiliser la totalité de l'arsenic que renferme le milieu sur lequel elle végète.

Si l'arsenic peut disparaître du cadavre, ce doit être dans des circonstances extrêmement rares, car on a pu bien souvent retrouver ce métalloïde dans des cadavres ensevelis depuis plusieurs années.

4° Sous quelle forme le poison a-t-il été ingéré ?

Il sera le plus souvent bien difficile de répondre à cette question. Cependant nous avons vu que, dans certains cas d'empoisonnement par l'acide arsénieux, un examen attentif de la muqueuse stomacale permet de découvrir et d'isoler le toxique, sous forme de petits grains. On pourra parfois reconnaître également, grâce à leur couleur, des parcelles d'orpiment ou de vert de Schweinfurth. On devra toujours apporter tous ses soins à cette extraction du poison en nature ; car elle apporte un élément de preuve d'une importance

(1) OGIER, *Traité de chimie toxicologique*, p. 316.

considérable. Au contraire, si le poison a été employé en solution, il devient difficile et presque toujours impossible de déterminer quelle est la nature du composé arsenical ingéré. Il faut alors se borner à extraire l'arsenic métalloïdique qu'il renferme.

5° *La quantité d'arsenic ingéré était-elle suffisante pour donner la mort ?*

Il faut tout d'abord établir une distinction entre la quantité ingérée et la dose d'arsenic retrouvée à l'analyse. Assez souvent l'expert ne peut déterminer la nature et presque toujours la quantité du composé arsenical qui a servi de poison. Et même les connût-il, il lui est impossible de déterminer combien de toxique a été rejeté par les vomissements et les fèces, et combien réellement absorbé.

Dans certains cas cependant, où la quantité de poison retrouvée, dépasse notablement la dose mortelle, l'expert pourra formuler l'avis que les quantités d'arsenic retrouvées dans le cadavre étaient capables de produire la mort. Dans tous les autres cas, la plus grande réserve s'impose. L'expert se bornera à indiquer les poids d'arsenic trouvés par lui dans les divers organes, apportant ainsi un élément de preuve important à la vérité, mais insuffisant à lui seul pour établir qu'il y a eu empoisonnement : « Extraire, dit TARDIEU, le poison des organes de la victime et le montrer avec ses caractères palpables, c'est beaucoup sans doute, quelquefois, c'est l'évidence même ; en réalité, cependant, cela ne suffit pas, si l'on ne peut rattacher la présence du poison aux symptômes observés pendant la vie et aux lésions constatées sur le cadavre. »

QUATRIÈME PARTIE

RECHERCHE ANALYTIQUE DE L'ARSENIC

RECHERCHE QUALITATIVE

Caractères communs aux acides arsénieux et arsénique.

1° Quand on chauffe les solutions des acides arsénieux ou arsénique ou des sels correspondants, additionnées d'un *excès notable* d'acide chlorhydrique, avec une lame de cuivre bien décapée, il se forme sur celle-ci un dépôt métallique gris d'arséniure de cuivre Cu^5As^2 (REINSCH) (1), qui, soumis à chaud à l'action de l'air, fournit un sublimé d'anhydride arsénieux. Nous avons déjà étudié cette réaction à propos de la recherche de l'arsenic en toxicologie.

2° Le chlorure stanneux en présence d'un excès d'acide chlorhydrique fumant est réduit lentement à froid et rapidement à chaud par les acides arsénieux et arsénique, avec formation d'un précipité d'arsenic noir et dégagement d'hydrogène arsénié (KESSLER) (2).

3° Si l'on porte à l'ébullition une solution arsenicale avec une ou deux fois son volume d'acide chlorhydrique concentré et qu'on y ajoute de l'hypophosphite de soude, il se forme, suivant les quantités d'arsenic en présence, soit une coloration brune, soit un précipité d'arsenic métalloïdique (J. THIELE) (3).

(1) REINSCH, *Journ. f. prakt. Chem.*, **24**, p. 244.
(2) KESSLER, *Poggend. Annal.*, **113**, p. 150.
(3) J. THIELE, *Liebig's Annal.*, **265**, p. 55.

4° Les acides arsénieux ou arsénique, introduits dans un appareil à hydrogène en activité, fournissent de l'hydrogène arsénié gazeux que l'on peut aisément caractériser. (Voy p. 282.)

5° En fondant dans une nacelle de porcelaine les acides arsénieux et arsénique, ou leurs sels, ou encore les sulfures d'arsenic, avec un mélange de *carbonate de sodium* (3 p.) et de *cyanure de potassium* (1 p.) dans un courant d'anhydride carbonique, il y a réduction complète et volatilisation de l'arsenic, qui vient se déposer sous forme d'un anneau brillant dans les parties froides du tube dans lequel se fait l'opération. (Fresenius et Babos.) Ce procédé n'est applicable qu'aux arsénites et arséniates dont les bases ne sont pas réductibles par le mélange ou qui fournissent des arséniures décomposables par la chaleur. Il est particulièrement convenable pour la réduction des sulfures d'arsenic ; le soufre est, dans ce cas, transformé en sulfocyanure de potassium.

6° Les acides arsénieux et arsénique, ainsi que leurs sels, sont réduits par le charbon à l'état d'arsenic métalloïdique. C'est à cette réaction qu'il faut attribuer l'odeur d'ail qui se produit, quand on chauffe une de ces combinaisons sur le charbon dans la flamme réductrice du chalumeau.

Caractères de l'acide arsénieux et de ses sels.

1° Une solution d'acide arsénieux ou d'un arsénite dans l'acide chlorhydrique, portée à l'ébullition, perd de l'arsenic sous forme de chlorure d'arsenic.

2° *L'hydrogène sulfuré* ne précipite pas les solutions aqueuses d'acide arsénieux ou des arsénites alcalins ; il les colore simplement en jaune ; mais, en présence d'un acide fort, en particulier de l'acide chlorhydrique, il se forme un précipité d'un jaune pur de trisulfure d'arsenic As^2S^3. Les solutions chlorhydriques des arsénites insolubles dans l'eau se comportent de même. Le précipité est très peu soluble dans l'acide chlorhydrique même bouillant; il se dissout dans l'ammoniaque concentrée, les alcalis, les carbonates et les sulfures alcalins. Il est aisément transformé par l'action de l'acide azotique bouillant en acide arsénique, que l'on caractérise aisément par ses différentes réactions.

La solution de sulfure d'arsenic dans un alcali ou un sulfure alcalin, soumise à l'ébullition avec de l'hydrate, du carbonate ou du sous-nitrate de bismuth, donne un précipité de sulfure de bismuth et une solution d'arsénite alcalin.

3° *Le sulfure d'ammonium* précipite également les solutions acides, mais non les solutions neutres ou alcalines, à cause de la solubilité du sulfure d'arsenic dans ce solvant. L'addition d'un acide à ces solutions en précipite du sulfure d'arsenic.

4° *L'azotate d'argent*, ajouté à une solution aqueuse d'acide arsénieux, donne un léger trouble, mais, par addition d'une petite quantité d'ammoniaque, on obtient un précipité jaune d'arsénite triargentique AsO^3Ag^3. On effectue facilement cette réaction en ajoutant de l'azotate d'argent à la solution arsénieuse et en versant l'ammoniaque de manière qu'elle ne se mélange pas au liquide sous-jacent ; il se forme, à la surface de séparation, un anneau jaune d'arsénite d'argent.

5° Une solution d'acide arsénieux se transforme en acide arsénique, en même temps que se précipite de l'argent, quand on la porte à l'ébullition avec de l'*azotate d'argent ammoniacal*.

$$As^2O^3 + 2Ag^2O = As^2O^5 + 4Ag$$

6° Le *sulfate de cuivre* ne précipite pas les solutions aqueuses d'acide arsénieux, mais, par addition d'alcali, on obtient un précipité vert jaunâtre d'*arsénite de cuivre* AsO^3HCu, qui est soluble dans la potasse ou la soude en un liquide bleu verdâtre ; ces solutions, portées à l'ébullition, laissent déposer de l'oxyde cuivreux rouge. Cette réaction peut être effectuée d'une manière un peu différente : la solution arsénieuse est additionnée de potasse ou de soude, puis d'une petite quantité d'une solution très étendue de sulfate de cuivre ; on obtient ainsi un liquide bleu qui laisse déposer de l'oxyde cuivreux par ébullition, en même temps qu'un arséniate alcalin prend naissance au sein de la liqueur. Cette réaction permet de distinguer aisément l'acide arsénieux de l'acide arsénique, mais no peut naturellement être appliquée qu'en l'absence de matières réductrices telles que le glucose.

7° Un mélange d'anhydride arsénieux et d'acétate de potassium, fortement chauffé, exhale une odeur infecte due à la formation d'oxyde de cacodyle.

Caractères de l'acide arsénique et de ses sels.

1° Les solutions d'acide arsénique ou d'arséniates dans l'acide chlorhydrique, soumises à l'ébullition, ne perdent d'arsenic à l'état de chlorure d'arsenic, que lorsque le résidu est constitué par un mélange à parties égales d'eau et d'acide chlorhydrique de densité 1,12. Si l'on ajoute à ces solutions du chlorure ferreux, la totalité de l'arsenic peut être éliminée par distillation.

2° L'hydrogène sulfuré ne précipite ni les solutions neutres ni les solutions alcalines ; dans les liqueurs peu acides, il ne produit pas de précipité à froid ; mais, à la longue, il se dépose un mélange de tri, de pentasulfure d'arsenic et de soufre. A 70°, avec un notable excès d'hydrogène sulfuré, le précipité renferme surtout du penta-sulfure. Si, avant de faire passer le courant d'hydrogène sulfuré, on chauffe la liqueur avec un peu d'une solution d'acide sulfureux ou de sulfite de sodium et d'acide chlorhydrique, on détermine la réduction de l'acide arsénique en acide arsénieux, et la précipitation à l'état de trisulfure devient alors facile.

3° *Le sulfure d'ammonium* ajouté aux solutions neutres ou alcalines d'acide arsénique ne les précipite pas, mais détermine la formation de trisulfure, qui reste en solution dans l'excès de sulfure d'ammonium et que l'addition d'un acide précipite.

4° *L'azotate d'argent*, ajouté aux solutions aqueuses d'acide arsénique ou d'arséniates alcalins, détermine la formation d'un précipité rouge brun d'arséniate triargentique, AsO^4Ag^3. Ce précipité, soluble dans l'acide azotique étendu et dans l'ammoniaque, se dissout un peu dans l'azotate d'ammonium.

5° *L'azotate d'argent ammoniacal* donne également naissance à l'arséniate triargentique, qui reste dissous à la faveur de l'excès d'ammoniaque. Cette solution peut être portée à l'ébullition, sans laisser précipiter d'argent métallique.

6° *Le sulfate de cuivre* précipite les solutions d'acide arsénique préalablement rendues alcalines, en donnant de l'arséniate de cuivre d'un bleu verdâtre. Ce précipité bleuit en présence d'un excès de potasse ou de soude, mais sans se dissoudre ni fournir d'oxyde cuivreux par ébullition du mélange.

7° Les solutions d'acide arsénique ou d'arséniates, additionnées d'acide nitrique et d'un excès de *molybdate d'ammonium*, ne précipitent pas à froid, mais laissent déposer à l'ébullition un précipité jaune cristallin d'arsénio-molybdate d'ammonium soluble dans l'ammoniaque. Cette réaction est très sensible [Denigès (1), Moreau (2)].

8° Si, à une solution d'acide arsénique ou d'un arséniate soluble dans l'eau, rendue fortement alcaline par *l'ammoniaque*, on ajoute un mélange de *sulfate de magnésie* et de *chlorure d'ammonium* dissous, il se produit, rapidement dans les solutions concentrées et lentement dans les liqueurs étendues, un précipité blanc d'arséniate ammoniaco-magnésien $AsO^4MgAzH^4 + 6H^2O$ soluble dans les acides chlorhydrique et azotique. Ce précipité se distingue du phosphate ammoniaco-magnésien qui se forme dans les mêmes conditions par les caractères suivants : 1° sa solution chlorhydrique, soumise vers 70° à l'action de l'hydrogène sulfuré, laisse déposer un préci pité jaune ; 2° une petite quantité de précipité est placée sur un verre de montre ; on y ajoute une goutte d'acide azotique et un peu d'azotate d'argent ; il se forme un précipité rouge brun d'arséniate d'argent (3). Il est plus simple, comme nous l'avons vérifié, de mettre directement en contact l'arséniate ammoniaco-magnésien soigneusement lavé avec la solution d'azotate d'argent : il se forme immédiatement de l'arséniate d'argent.

9° *Réactions.*—D'après L. Levy (4), l'acide arsénique donne naissance aux colorations suivantes : avec le thymol, teinte sépia ; avec l'α-naphtol, teinte verte ; β-naphtol, teinte brune ; résorcine, sépia ;

(1) Deniges, *C. R.*, **111**, p. 824, 1890.
(2) B. Moreau, *Journ. pharm. et chim.*, 5ᵉ série, **26**, p. 162, 1892.
(3) Fresenius, *Traité d'analyse chimique qualitative*, trad. L. Gautier, Paris, 1897, p. 259.
(4) Levy, *C. R.*, **103**, p. 1195, 1886.

pyrocatéchine, gris verdâtre, puis violet améthyste; pyrogallol, brune. Toutes ces colorations sont détruites par l'eau, sauf celle qui est produite par la pyrocatéchine. On a alors une liqueur verte qui se décolore à la longue, en donnant un précipité vert.

La réaction de la pyrocatéchine permet de déceler l'action arsé-nique dans un mélange de cet acide avec les acides phosphorique et vanadique.

RECHERCHE QUANTITATIVE

Dosage de l'arsenic dans ses combinaisons minérales.

A. Dissolution. — Avant de procéder au dosage de l'arsenic con-tenu dans une substance minérale déterminée, il est nécessaire de faire passer celle-ci à l'état de solution.

La dissolution des composés arsenicaux peut s'effectuer généra-lement soit au moyen de l'eau, soit au moyen des acides chlorhy-drique ou azotique ou de l'eau régale. Parfois cependant, comme dans le cas de certains arséniates naturels, il est nécessaire de pro-céder à une fusion préalable avec un mélange de carbonate de sodium et de nitrate de potassium, de manière à transformer l'ar-senic en arséniate alcalin. Il importe de ne point concentrer par évaporation des solutions arsenicales riches en acide chlorhydrique, de manière à éviter des pertes d'arsenic, par volatilisation à l'état de chlorure d'arsenic. Toute solution chlorhydrique renfermant de l'arsenic devra donc être rendue alcaline avant d'être concentrée.

La dissolution des sulfures d'arsenic plus ou moins purs présente un certain intérêt, car la précipitation de l'arsenic à l'état de sulfure est un moyen de séparation fréquemment employé. Pour opérer cette dissolution, on transforme le sulfure d'arsenic soit en acide arsénieux ou, le plus fréquemment, en acide arsénique, forme sous laquelle il peut être facilement dosé.

1° *Transformation du sulfure d'arsenic en acide arsénieux.* — De Clermont et Frommel (1) réalisent cette transformation en faisant

(1) De Clermont et Frommel, *C. R.*, p. 828, 1878.

bouillir le sulfure d'arsénic avec de l'eau et en activant l'opération à l'aide d'un courant d'air; l'arsenic passe à l'état d'acide arsénieux qu'on peut doser volumétriquement au moyen de l'iode. (Voir p. 347.)

Cette méthode, appliquée au dosage de petites quantités d'arsenic dans le cuivre a donné de mauvais résultats entre les mains de Balling (1) et de O. Ducru (2); Platten (3) en a, au contraire, obtenu des résultats satisfaisants.

2° *Transformation du sulfure d'arsenic précipité en acide arsénique.* — Le trisulfure d'arsenic ou le mélange de ce corps avec le soufre, ou bien encore le mélange de soufre, de tri et de pentasulfure d'arsenic, peuvent être oxydés par plusieurs méthodes, et notamment par l'une des trois suivantes :

1° On dissout à chaud la substance dans la potasse concentrée et l'on fait passer dans la solution un courant de chlore ; aucune perte d'arsenic ne peut se produire, la liqueur demeurant toujours alcaline ;

2° Le sulfure d'arsenic est dissous dans l'ammoniaque et transformé en arséniate d'ammoniaque par l'action successive de l'azotate d'argent et d'eau oxygénée (Voir p. 341, le procédé Carnot), ou bien la solution ammoniacale du sulfure est simplement traitée par l'eau oxygénée, puis par la mixture magnésienne (Classen et Bauer) (4) ;

3° On peut également réaliser cette oxydation par l'acide azotique. Le précipité, séché avec soin, est placé dans une capsule de porcelaine ; on y ajoute un notable excès d'acide nitrique fumant (bouillant à 82°) et l'on couvre la capsule ; quand la réaction vive s'est calmée, on chauffe au bain-marie jusqu'à ce que le soufre ait disparu. Le filtre duquel on a séparé le précipité, est détruit de la même manière, et, pour achever la destruction de la matière organique, on chauffe légèrement la solution, préalablement étendue, avec un peu de chlorate de potassium (Bunsen).

<hr>

(1) Balling, *Manuel de l'essayeur*, p. 503, 1881.
(2) O. Ducru, *Bull. Soc. chim.*, **23**, p. 905, 1900.
(3) Platten, *Journ. Soc. chem. Ind.*, p. 324, 1894.
(4) Classen et O. Bauer, *D. ch. Gesell.*, **16**, p. 1067, 1883.

D'autres oxydants sont parfois employés, tels que l'eau de brome, l'hypobromite, l'eau régale, à la condition que celle-ci soit assez pauvre en acide chlorhydrique.

B. Dosage. — Le dosage de l'arsenic peut être effectué soit par des méthodes pondérales, soit par des méthodes volumétriques. Les premières reposent sur l'insolubilité de certains composés arsenicaux (sulfures et divers arséniates simples ou doubles) dans des milieux déterminés.

Le procédé basé sur la précipitation et la pesée, à l'état de sulfure d'arsenic, s'applique indistinctement aux acides arsénieux et arsénique ainsi qu'à leurs sels ; tous les autres exigent, au contraire, la transformation préalable en acide arsénique.

Nous avons décrit dans la partie toxicologique les procédés de dosage reposant sur l'emploi de l'appareil de Marsh.

MÉTHODES PONDÉRALES

Dosage à l'état de trisulfure d'arsenic.

a) L'arsenic peut être précipité et pesé à l'état de trisulfure As^2S^3, dans une liqueur renfermant de l'acide arsénieux, ou un arsénite, en l'absence complète d'acide arsénique. Il suffit de faire passer à refus un courant d'hydrogène sulfuré dans la liqueur rendue fortement acide par l'acide chlorhydrique. On chasse ensuite l'hydrogène sulfuré, au moyen d'un courant d'anhydride carbonique. Le précipité est séparé, lavé, séché à 100° et pesé. Le sulfure d'arsenic recueilli doit être complètement volatil. Il contient, pour 1 gr., 0,6098 d'arsenic.

Si la liqueur renferme des substances oxydantes capables d'agir sur l'hydrogène sulfuré, telles que les sels ferriques ou l'acide chromique, le précipité obtenu à froid est constitué par un mélange de soufre et de trisulfure d'arsenic. On le recueille, après l'avoir convenablement lavé, on le sèche à 100°, puis on l'épuise au sulfure de carbone pur, qui enlève le soufre sans toucher au sulfure d'arsenic ; on sèche de nouveau à 100° et l'on pèse. Pour obtenir de bons résultats dans cette opération, il est nécessaire d'effectuer la précipitation par l'hydrogène sulfuré à froid ; en effet, si l'on opère à chaud, le soufre se dépose en petits grains agglomérés que le sulfure de carbone ne dissout plus complètement sur le filtre.

b) Si l'arsenic se trouve dans la dissolution en tout ou en partie à l'état d'acide arsénique ou d'arséniate, on effectue la précipitation vers 70° environ ; on obtient ainsi un mélange de trisulfure d'arsenic et de soufre aggloméré en petits grains. Ce mélange, encore humide, est épuisé par l'ammoniaque, qui dissout le sulfure avec un peu de soufre ; la solution ammoniacale acidulée par l'acide chlorhydrique, laisse précipiter un mélange de sulfure et de soufre très divisé d'où l'on sépare le soufre par le sulfure de carbone, comme il a été indiqué plus haut.

D'après A. Fuchs, cité par Fresenius[1], le précipité ne renferme de pentasulfure d'arsenic, que dans le cas de la précipitation d'un sulfosel par un acide.

D'après d'autres savants, et notamment B. Brauner et F. Tornicek[2], le précipité serait un mélange, en proportions variables suivant les conditions, de soufre, de trisulfure et de pentasulfure d'arsenic. Il est donc indiqué de réduire préalablement l'acide arsénique par un excès d'acide sulfureux que l'on chasse ensuite par ébullition, avant de faire passer l'hydrogène sulfuré, ou mieux, d'oxyder le mélange de sulfures et de soufre et d'y doser l'acide arsénique par l'un des procédés suivants.

Dosage à l'état d'arséniate de plomb $(AsO^4)^2Pb^3$.

Principe.— Une solution aqueuse d'acide arsénique libre, évaporée à sec, puis chauffée au rouge faible, en présence d'un excès connu d'oxyde de plomb sec, fournit de l'arséniate de plomb. La différence, entre le poids du résidu et le poids d'oxyde de plomb employé, représente la quantité d'acide arsénique, évaluée en As^2O^5, présente dans la liqueur.

(1) Fresenius, *Traité d'analyse chimique quantitative*, trad. Paris, 1900, p. 314.
(2) Brauner et F. Tornicek, *Monat. f. Chem.*, 8, p. 607.

Mode opératoire. — Si l'arsenic est à l'état d'acide arsénieux, on peut l'oxyder par l'acide azotique ; évaporer à sec ; ajouter alors l'oxyde de plomb, puis chauffer avec précaution au creuset couvert jusqu'à ce que l'azotate de plomb soit décomposé ; le résidu est constitué par un mélange d'arséniate et d'oxyde de plomb.

Il est nécessaire, dans cette opération, de ne pas dépasser le rouge faible, pour éviter la décomposition de l'arséniate de plomb.

Ce procédé n'est naturellement applicable qu'aux solutions ne renfermant que de l'acide arsénique, en l'absence d'autres acides, l'acide nitrique excepté.

Dosage à l'état d'arséniate d'uranium.

Principe. — Si, à une solution d'acide arsénique, neutralisée par la potasse ou ammoniaque, puis rendue acide par l'acide acétique, on ajoute un excès d'acétate d'urane, on précipite la totalité de l'arsenic à l'état d'arséniate d'uranium $2U^2O^3,H^2O.As^2O^5 + 4H^2O$, en présence de sels ammoniacaux, on obtient un sel double, $2U^2O^3 2AzH^4O. As^2O^5 + H^2O$. Ces deux sels sont jaune verdâtre, insolubles dans l'acide acétique, se transforment par calcination en pyroarséniate $2U^2O^3.As^2O^5$ qui renferme 28,71 p. 100 d'As^2O^5 (WER-THER) (1).

Mode opératoire. — Après l'addition de l'acétate d'urane, on fait bouillir, on filtre et on lave à l'eau bouillante. Si le précipité ne renferme pas d'ammoniaque, on le chauffe simplement au rouge ; dans le cas contraire, il est indispensable de prendre les précautions indiquées plus loin pour la transformation de l'arséniate ammoniaco-magnésien en pyroarséniate de magnésium (PULLER) (2).

Cette méthode n'est point applicable quand l'acide arsénique se trouve en présence d'acide phosphorique, de fer ou d'alumine.

---

(1) WERTHER, *Journn. f. prakt. Chem.*, **43**, p. 340.
(2) PULLER, *Zeitschr. f. analyt. Chem.*, **10**, p. 72.

Dosage à l'état d'arséniate de bismuth.

Procédé Carnot (1).

Pour doser de petites quantités d'arsenic, par exemple dans les métaux ou les eaux minérales, Ad. Carnot le précipite sous forme de sulfure, transforme ce sulfure en acide arsénique et celui-ci en arséniate de bismuth $As^2O^5, Bi^2O^3 H^2O$, dont le poids est près de cinq fois supérieur à l'élément à doser.

Le sulfure d'arsenic sur lequel on opère peut provenir, soit de l'action de l'hydrogène sulfuré sur la liqueur arsenicale acide, soit de l'action d'un acide sur un sulfosel. Dans le cas le plus complexe, on peut donc avoir à opérer sur un mélange de soufre, de trisulfure et de pentasulfure d'arsenic. Ce mélange est traité par l'ammoniaque, qui dissout les sulfures et laisse insoluble la presque totalité du soufre. A cette solution ammoniacale, on ajoute de l'azotate d'argent, qui donne lieu à la formation de sulfure d'argent et d'arsénite ou d'arséniate d'ammonium, suivant que le précipité contenait du trisulfure ou du pentasulfure d'arsenic.

On a, par exemple, pour le trisulfure :

$$As^2S^3 + 3Ag^2O\ Az^2O^3 = 3Ag^2S + As^2O^3 + 3Az^2O^5$$

On ajoute au mélange de l'eau oxygénée pure, ou ne renfermant pas d'autre acide que l'acide chlorhydrique. L'eau oxygénée, sans action sur le sulfure d'argent, transforme, en présence d'un excès d'ammoniaque, l'acide arsénieux en acide arsénique. On chauffe à 100° pour chasser l'ammoniaque, et l'on acidule faiblement par l'acide azotique.

La liqueur, filtrée pour séparer le sulfure et le chlorure d'argent, est ensuite additionnée d'une solution azotique de sous-nitrate de bismuth contenant au moins cinq ou six fois autant de ce réactif qu'il peut y avoir d'arsenic dans la matière mise en œuvre. On sature ensuite par l'ammoniaque et l'on fait bouillir pendant quelques minutes.

(1) Ad. Carnot, *C. R.*, **121**, p. 20, 1895.

Le précipité qui se dépose est formé d'hydrate et d'arséniate de bismuth. Après séparation et lavage, il est traité à l'ébullition par de l'eau contenant 1/15 de son volume d'acide azotique de densité 1,33 ; dans ces conditions, l'hydrate se dissout pendant que l'arséniate reste insoluble. Celui-ci est séché à 110°, puis pesé ; il répond à la formule $As^2O^5 Bi^2O^3 + H^2O$ et contient 21,06 p. 100 d'arsenic.

Dosage à l'état d'arséniate ammoniaco-magnésien (LEVOL).

Principe. — Une solution d'acide arsénique ou d'un arséniate soluble non précipitable par l'ammoniaque, additionnée d'un excès de cette base et d'un mélange de chlorure d'ammonium et de sulfate (ou mieux de chlorure) de magnésium, laisse précipiter de l'arséniate ammoniaco-magnésien de composition :

$$AsO^4Mg. AzH^4 + 6H^2O.$$

Ce précipité, maintenu longtemps à 100°, perd 5 molécules et demie d'eau et devient :

$$AsO^4MgAzH^4 + \tfrac{1}{2}H^2O$$

On le pèse et du poids trouvé on déduit la quantité d'arsenic. On peut également le transformer par l'action de la chaleur en pyro-arséniate de magnésium $As^2O^7Mg^2$, et le peser à cet état.

La méthode n'est applicable qu'en l'absence des acides qui précipitent par la magnésie, tels que l'acide phosphorique, et des bases précipitables par l'ammoniaque, telles que Al^2O^3, Fe^2O^3, etc.

Mode opératoire. — La solution renfermant l'arsenic à l'état d'acide arsénique est additionnée d'un excès d'ammoniaque ; la liqueur doit rester limpide même après quelque temps. On ajoute ensuite, en évitant un trop grand excès, un mélange désigné généralement sous le nom de mixture magnésienne et préparé, en dissolvant dans 8 parties d'eau, 1 partie de chlorure d'ammonium, 1 partie d'ammoniaque concentrée et 1 partie de sulfate de magnésium (ou mieux une quantité correspondante de chlorure de magnésium pour éviter l'entraînement d'une petite quantité de sulfate de magnésie dans le précipité) ; on mélange les liquides en agitant, mais en évitant de se servir d'une baguette de verre, qui déterminerait l'adhérence d'une partie du précipité aux parois du vase. On abandonne le mélange à lui-même, pendant 12 heures, en vase bien couvert.

On recueille alors le précipité sur un filtre et on le lave avec une solution renfermant 1 partie d'ammoniaque et 8 parties d'eau. Ce lavage est continué jusqu'à ce que le liquide qui a traversé le filtre ne précipite plus par l'azotate d'argent, après acidification par l'acide azotique.

Le précipité est ensuite maintenu à l'étuve jusqu'à poids constant. Puller (1) recommande d'opérer à 100°. D'après Fresenius (2) la température convenable est 102-103° ; au-dessous, l'arséniate retient des quantités variables, entre 1/2 et 1 H^2O : au-dessus, au contraire, la perte est supérieure à 5 1/2 H^2O. Enfin, Ducru (3) recommande d'opérer à 98° ; on obtient un poids constant après 20 heures environ. Le poids trouvé, multiplié par 0,3947, fait connaître la quantité d'arsenic.

L'arséniate ammoniaco-magnésien étant faiblement soluble, surtout en présence des sels ammoniacaux, il y a lieu de faire subir une correction aux résultats, qui serait de 0 gr. 001 de sel à 1/2 H^2O pour 24 cc. de filtrat (Puller), pour 30 cc. (Fresenius). O. Ducru remarque que, non seulement le filtrat, mais aussi l'eau de lavage, renferment de l'arsenic et propose de tenir compte du volume total formé par ces liquides et d'ajouter 0 gr. 001 d'arséniate desséché pour 50 centimètres cubes de ce volume.

Pesée à l'état de pyroarséniate de magnésium $As^2O^7Mg^2$. — La dessiccation de l'arséniate ammoniaco-magnésien étant très longue, on préfère, en général, transformer ce composé en pyroarséniate magnésien, mais il est nécessaire de prendre des précautions spéciales ; car, en chauffant brusquement au rouge l'arséniate ammoniaco-magnésien, le gaz ammoniac mis en liberté déterminerait la réduction partielle de l'acide arsénique ; il en résulterait une perte d'arsenic par volatilisation.

(1) Puller, *Zeit. anal. Chem.*, **10**, p. 41, 1871.
(2) Fresenius, *Analyse quantitative*, 6ᵉ édition française, p. 311, 1891.
(3) O. Ducru, *Bull. Soc. chim.*, **23**, p. 908, 1900.

Après avoir séché le précipité on le sépare du filtre ; celui-ci est mouillé avec une solution d'azotate d'ammonium, séché puis incinéré dans un creuset de platine. On laisse refroidir ce creuset, puis on y introduit le précipité et l'on chauffe ensuite au bain de sable à 130° pendant 2 heures, puis sur une plaque de fer fortement chauffée, jusqu'à ce que tout l'ammoniac se soit dégagé. Enfin on porte au rouge (Puller).

On peut également chauffer d'abord avec précaution, pendant 20 minutes, le précipité dans un creuset de Rose, traversé par un lent courant d'oxygène, puis porter au rouge. D'après Ducru, cette méthode est moins exacte que la précédente.

Dosage à l'état d'arséniate ammoniaco-cobalteux (Ducru) (1).

Principe.— Si, à un excès d'un sel de cobalt en solution dans une liqueur riche en sels ammoniacaux et renfermant 8 p. 100 d'ammoniaque (à 20 p. 100 d'AzH³), on ajoute de l'arséniate triammonique, tout l'arsenic est précipité à l'état d'arséniate ammoniaco-cobalteux :

$$(AsO^4)^2Co^3 + AzH^3 + 7H^2O$$

Réactifs.— On fait usage : 1° d'une solution de chlorure de cobalt à 75 grammes par litre, dont on prendra 10 cc. pour 300 milligrammes d'arsenic ; 2° d'une solution d'acétate d'ammoniaque obtenue en saturant exactement de l'acide acétique à 40 p. 100 (D = 1,052) par de l'ammoniaque à 20 p. 100.

Mode opératoire. — La solution d'acide arsénique est concentrée jusqu'à faible volume et neutralisée par l'ammoniaque, jusqu'à légère alcalinité au tournesol. D'autre part, on introduit la solution de chlorure de cobalt dans une fiole conique, on y ajoute une quantité de solution d'acétate d'ammoniaque, telle qu'elle représente le quart du volume total du liquide après la précipitation, puis, avec

(1) O. Ducru, *C. R.*, **131**, p. 880, 1900, et *Bull. Soc. chim.*, **25**, p. 235, 1901.

une pipette ou un compte-gouttes, 3 p. 100 de solution ammoniacale à 20 p. 100 d'AzH³. On ajoute alors la solution arsenicale, ou,
inversement, on verse celle-ci dans la liqueur ammoniacale ; on
agite vivement, on ferme la fiole par un bouchon de porcelaine et
on la chauffe au bain-marie ou à l'étuve à eau bouillante. Dans
ces conditions, le précipité amorphe et d'un bleu violacé se transforme peu à peu en sel rouge cristallisé. Quand la cristallisation
est terminée on laisse refroidir, et, après quelques heures, on
recueille le précipité.

Pour déterminer le poids de l'arsenic trois moyens peuvent être
employés :

1° On sèche le précipité à l'étuve à eau bouillante et on le pèse.
Sa composition étant représentée par $(AsO^4)^2Co^3 + AzH^3 + 7H^2O$, il
suffit de multiplier son poids par 0,2508 pour avoir celui de l'arsenic ;

2° On peut calciner le précipité, en reprenant vers la fin de l'opération par un peu d'acide nitrique, évaporant au bain-marie, puis
calcinant au rouge sombre. On obtient ainsi l'arséniate $(AsO^4)^2Co^3$,
que l'on pèse. Toutefois, les résultats trouvés sont toujours un peu
trop élevés, sans doute à cause de la formation d'un peu de peroxyde
de cobalt. La surcharge est d'environ 2 p. 100. En multipliant le
poids du précipité par le coefficient 0,3193 déterminé expérimentalement, on obtient des résultats suffisants pour les essais indus-
triels ;

3° Enfin, on peut doser le cobalt électrolytiquement et en déduire
le poids de l'arsenic. Pour cela, il est nécessaire d'éliminer l'arsenic. A cet effet l'arséniate cobalteux monoammonique est dissous
sur le filtre même dans l'acide chlorhydrique et la solution est évaporée à sec, en présence d'un léger excès d'acide sulfurique.

On peut encore précipiter le cobalt à l'état de sesquioxyde par le
brome en solution alcaline, dissoudre ce sesquioxyde dans l'acide
chlorhydrique chaud, évaporer cette solution avec de l'acide sulfurique et enfin doser le cobalt par électrolyse, en présence de sulfate
d'ammoniaque.

MÉTHODES VOLUMÉTRIQUES

Ces méthodes s'appliquent soit à l'acide arsénique ou à l'acide arsénieux ; l'une d'elles convient indifféremment à l'un ou l'autre cas. Nous la décrirons d'abord :

Méthode de Engel et Bernard. — R. ENGEL et BERNARD (1) ont indiqué un procédé rapide de dosage de l'arsenic, basé sur les principes suivants :

1° Les composés oxygénés de l'arsenic sont totalement réduits, à l'état d'arsenic métalloïdique, par l'acide hypophosphoreux, en présence d'acide chlorhydrique concentré ;

2° L'arsenic métalloïdique est transformé par l'iode en acide arsénieux, avec formation de petites quantités seulement d'acide arsénique, si la liqueur est acide ; au contraire, la transformation en acide arsénique devient totale si l'on rend la solution alcaline, au moyen d'un bicarbonate :

$$2As + 5I^2 + 5H^2O = As^2O^5 + 10HI$$

La solution arsenicale est ramenée, s'il y a lieu, par évaporation, en liqueur alcaline, à 20 ou 40 centimètres cubes, puis additionnée de trois fois son volume d'acide chlorhydrique à 22° Baumé et d'un notable excès d'acide hypophosphoreux ; la précipitation se fait à la température ordinaire, sous la forme d'une poudre brune. On laisse en contact 12 heures, on chauffe légèrement au bain-marie et l'on ajoute au mélange son volume d'eau bouillie et bouillante ; on filtre et on lave à l'eau bouillante le précipité et le vase, sans se préoccuper d'un très léger dépôt, qui parfois adhère à ce dernier. Le lavage est continué jusqu'à ce que le liquide filtré ne soit plus acide. Alors on introduit le filtre et le précipité dans le vase même où s'est effectuée la précipitation et l'on y ajoute progressivement et en agitant une solution décinormale d'iode. Les premières quantités d'iode sont rapidement décolorées. Dans cette

(1) R. ENGEL et J. BERNARD, *C. R.*, **122**, p. 390, 1896.

phase de l'opération il est important de ne pas ajouter d'eau, afin que la solution d'iode reste assez concentrée pour agir rapidement. Quand la coloration de l'iode ne disparaît plus par agitation, on attend 2 ou 3 minutes, en agitant de temps en temps, de manière à dissoudre les dernières traces d'arsenic adhérentes au filtre et au vase. On ajoute alors 10 cc. d'une solution saturée de bicarbonate de potassium ou de sodium et 50 cc. d'eau environ. La liqueur est immédiatement décolorée. On continue alors les additions d'iode, en se servant de l'amidon comme indicateur. Chaque centimètre cube de la solution iodée correspond à 0 gr. 0015 d'arsenic.

Ce procédé permet d'apprécier facilement le dixième de milligramme. Il est applicable quand l'arsenic se trouve en présence des métaux des 3°, 4° et 5° groupes.

Pour le dosage volumétrique de petites quantités des acides arsénieux ou arsénique, Houzeau (1) utilise l'appareil de Marsh. Le gaz arsenical passe dans une solution titrée de nitrate d'argent employée en excès et acidulée par l'acide acétique. On sépare l'argent par filtration et on titre de nouveau la liqueur argentique. La réaction est exprimée par l'équation suivante :

$$12AzO^3Ag + 2AsH^3 + 3H^2O = 12AzO^3H + 12Ag + As^2O^3$$

Dosage volumétrique de l'acide arsénieux.

Tous les procédés reposent sur la transformation de l'acide arsénieux en acide arsénique. Cette oxydation peut être réalisée par plusieurs moyens.

1° *Par l'iode* (Mohr). — L'acide arsénieux est transformé quantitativement par l'iode en liqueur alcaline en acide arsénique :

$$As^2O^3 + 2I^2 + 4NaOH = As^2O^5 + 2H^2O + 4NaI$$

A la liqueur arsénieuse préalablement neutralisée par le carbonate de soude ou l'acide chlorhydrique, suivant qu'elle se trouvait

(1) Houzeau, *C. R.*, **74**, p. 1823.

acide ou alcaline, on ajoute du bicarbonate de potassium et on laisse tomber la solution d'iode. Le terme de la réaction est indiqué, soit par la coloration jaune persistante de la liqueur, soit par la teinte bleue que prend l'eau amidonnée.

Ce procédé ne saurait naturellement être utilisé quand l'acide arsénieux se trouve en présence de substances agissant sur l'iode.

2° *Par le permanganate de potassium* (PÉAN DE SAINT-GILLES) (1). — On oxyde l'acide arsénieux par un excès de permanganate de potassium et on détermine cet excès au moyen d'une solution titrée de sels ferreux.

D'après O. KÜHLING (2) le dosage de l'acide arsénieux par le permanganate de potassium se fait bien dans une liqueur renfermant 10 à 20 p. 100 d'acide sulfurique et chauffée au voisinage de l'ébullition ; il est bon d'ajouter en une seule fois presque tout le permanganate nécessaire.

3° *Par le bichromate de potassium.* — *a)* A l'acide arsénieux en solution chlorhydrique, on ajoute un excès de bichromate de potassium et on titre cet excès, au moyen d'une solution titrée de sulfate ferreux, en se servant du ferrocyanure de potassium comme indicateur (KESSLER) (3).

b) On peut encore faire bouillir la solution chlorhydrique concentrée d'acide arsénieux avec un excès connu de bichromate de potassium ; on reçoit le chlore qui se dégage dans une solution d'iodure de potassium et l'on titre l'iode mis en liberté au moyen de l'hyposulfite. En l'absence d'acide arsénieux, la quantité de chlore dégagée serait donnée par l'équation suivante :

$$2CrO^3 + 12HCl = 6H^2O + Cr^2Cl^6 + 3Cl^2$$

Mais, en présence de cet acide, une partie de ce chlore est employée à oxyder l'acide arsénieux :

$$As^2O^3 + 2Cl^2 + 2H^2O = As^2O^5 + 4HCl$$

(1) PÉAN DE SAINT-GILLES, *Ann. chim. et phys.* [3], **55**, p. 385.
(2) O. KÜHLING, *D. chem. Gesell.*, **34**, p. 404.
(3) KESSLER, *Poggend. Ann.*, **95**, p. 204; **113**, p. 134; **118**, p. 17; *Zeitschr. f. analyt. Chem.*, **2**, p. 383.

et n'agit pas sur l'iodure de potassium. Il est facile de déterminer par différence cette quantité et par suite le poids d'acide arsénieux équivalent (BUNSEN) (1).

Dosage volumétrique de l'acide arsénique.

1° *Titrage acidimétrique.* — L'acide arsénique est saturé à froid ou à chaud, vis-à-vis du méthylorange par une molécule de potasse de soude ou d'ammoniaque et une demi-molécule d'une base alcalino-terreuse. Avec la phénolphtaléine, il faut à froid deux molécules de base alcaline ou une molécule de base alcalino-terreuse ; à chaud, les premières se comportent de même, tandis qu'avec les secondes, la saturation ne se produit qu'après l'addition de 1 mol. 4 de base (A. ASTRUC et J. TARBOURIECH) (2).

Dosage par la liqueur d'urane.

Cette méthode est basée sur le principe suivant : L'acide arsénique ou les arséniates solubles dans l'eau et l'acide acétique sont complètement précipités à l'ébullition par les solutions d'acétate ou d'azotate d'urane, en donnant un précipité soluble dans les acides minéraux, mais insoluble dans l'acide acétique.

Le terme de la réaction est indiqué soit par la formation de laque verte due à l'action des sels d'uranium sur la teinture de cochenille, soit par le précipité, d'un rouge brun, que donnent ces mêmes sels avec le ferrocyanure de potassium.

On opère comme pour le dosage de l'acide phosphorique par la liqueur d'urane. La méthode n'est naturellement pas applicable, en présence de ce dernier acide.

Dosage de l'arsenic dans ses combinaisons organiques.

Le dosage de l'arsenic dans ses combinaisons organiques s'effectue généralement par le procédé de CAMUS; on chauffe la substance

(1) BUNSEN, *Ann. der Chem. und Pharm.*, **86**, p. 290.
(2) A. ASTRUC et J. TARBOURIECH, *C. R.*, **133**, p. 36, 1901.

en tube scellé avec de l'acide nitrique fumant ; la matière organique
est détruite et l'arsenic passe à l'état d'acide arsénique, que l'on
dose par l'une des méthodes étudiées plus haut.

Messinger (1) oxyde la substance à chaud par le mélange chromique puis traite la liqueur par l'hydrogène sulfuré, qui précipite
l'arsenic à l'état de sulfure avec un excès de soufre.

On peut également oxyder la substance, en la calcinant au
rouge, avec de l'azotate de magnésium ; on dissout le produit de
l'opération dans l'acide chlorhydrique ; à cette solution on ajoute de
l'ammoniaque, qui précipite l'arsenic à l'état d'arséniate ammoniaco-magnésien (Montule).

SÉPARATION DE L'ARSENIC

I. Analyse qualitative.

L'arsenic est, dans le cas général, précipité sous forme de sulfure, et ce sulfure, comme ceux d'antimoine, d'étain, d'or et de
platine, est soluble dans le sulfure d'ammonium. La liqueur chlorhydrique contenant les métaux est d'abord traitée par l'anhydride
sulfureux, si l'arsenic est sous forme arsénique, puis on y fait passer
l'hydrogène sulfuré. Le précipité obtenu est mis à digérer avec du
sulfure d'ammonium jaune ; on filtre, puis le filtrat est sursaturé par
l'acide chlorhydrique. Les sulfures de platine, d'or, d'arsenic, d'antimoine et d'étain sont ainsi reprécipités.

S'il existe du platine et de l'or dans le mélange de sulfures, on le
chauffe avec du chlorure et de l'azotate d'ammonium. L'or et le
platine restent à l'état métallique dans le résidu, tandis que se vola-
tilisent les chlorures d'arsenic, d'antimoine et d'étain.

On a également proposé le chloral, qui, en présence de soude et à

(1) Messinger, *D. chem. Gesell.*, **21**, p. 2917.

l'ébullition, précipite à l'état métallique l'or et le platine et reste sans action sur les autres métaux (J. DIRVELL).

Le mélange de chlorures obtenu par le premier procédé est dissous dans l'acide chlorhydrique, puis on fait passer dans la liqueur un courant d'hydrogène sulfuré. Le précipité de sulfures ainsi obtenu est desséché, puis mis à déflagrer avec de l'azotate et du carbonate de sodium : les sulfures d'étain et d'antimoine se transforment en acide stannique et antimoniate de sodium, tandis que l'arsenic passe à l'état d'arséniate de sodium, qui seul est soluble dans l'eau. L'arsenic est caractérisé facilement sous cette forme.

Des trois sulfures, seul celui d'arsenic est insoluble dans l'acide chlorhydrique fumant : on peut donc recourir à ce réactif pour la séparation. Le sulfure d'arsenic obtenu comme résidu est alors transformé en acide arsénique par l'acide azotique.

Au cas où l'arsenic est seulement mélangé d'antimoine, on peut le précipiter directement en faisant passer l'hydrogène sulfuré dans la solution additionnée de 2 parties d'acide chlorhydrique de $D = 1,2$.

Au lieu de séparer par dissolution les sulfures d'étain et d'antimoine, on peut, au contraire, les laisser indissous, en traitant le mélange par une solution de carbonate d'ammonium. Le sulfure d'arsenic seul se dissout et il est facile de le régénérer par un acide minéral. Mais, comme il renferme encore des traces de métaux étrangers, il est bon de le redissoudre dans l'ammoniaque, d'évaporer la solution en présence de carbonate de soude et de produire le miroir d'arsenic par chauffage du résidu de l'évaporation avec du cyanure de potassium.

En présence d'une grande quantité d'antimoine et d'étain, l'arsenic peut être séparé sous forme de chlorure volatil en distillant, après addition d'acide chlorhydrique fumant et de chlorure ou de sulfate ferreux, la solution contenant les chlorures des métaux. On examine le distillat.

J. WALCKER (2) propose, pour la séparation qualitative de l'étain, de l'arsenic et de l'antimoine, d'utiliser l'action exercée

(1) J. DIRVELL, *Bull. Soc. chim.*, **46**, p. 8o5 (1886).
(2) J. WALCKER, *Chem. Soc.*, **83**, p. 184.

à l'ébullition par le bioxyde de sodium sur la solution dans la soude des sulfures correspondants : ceux-ci sont transformés respectivement en stannate, arséniate et antimoniate alcalins. On ajoute ensuite du chlorhydrate d'ammoniaque et on fait bouillir; le stannate d'ammonium qui prend d'abord naissance se décompose, dans ces conditions, avec précipitation de la totalité de l'étain sous forme d'acide stannique. On filtre et on caractérise dans la liqueur filtrée l'arsenic et l'antimoine.

Séparation qualitative de l'arsenic et de l'antimoine
par l'appareil de Marsh.

Au moyen de l'appareil de Marsh, on peut caractériser séparément l'arsenic et l'antimoine, en s'adressant soit au mélange gazeux, soit aux taches et aux anneaux qu'il fournit.

Caractérisation de l'hydrogène arsénié, en présence de l'hydrogène antimonié. — 1° Le mélange gazeux dégagé est conduit, après purification convenable, dans une dissolution d'azotate d'argent. L'hydrogène antimonié donne immédiatement un précipité noir d'antimoniure d'argent; l'hydrogène arsénié réduit l'azotate d'argent à l'état métallique et passe en solution sous forme d'acide arsénieux. On peut reconnaître ce dernier par une addition convenable d'ammoniaque qui produit un précipité d'arsénite d'argent.

2° On peut séparer l'hydrogène arsénié de l'hydrogène antimonié en faisant passer le mélange gazeux sur de la potasse caustique en morceaux. Celle-ci décompose l'hydrogène antimonié et se recouvre alors d'une pellicule à éclat métallique; l'hydrogène arsénié reste à peu près inaltéré et peut alors être caractérisé (DRAGENDORFF).

3° On dirige les gaz dans une solution d'azotate d'argent additionnée d'acide azotique: il se produit un précipité noir. Le mélange est alors traité par un excès de chlorate de potasse et d'acide chlorhydrique et, après addition d'acide tartrique, on précipite l'acide arsénique formé par la mixture magnésienne (E. REICHARDT).

4° Un papier à filtrer, rendu humide au moyen d'une solution aqueuse d'azotate d'argent, à parties égales, donne sous l'action de l'hydrogène antimonié une tache jaune citron, qui devient noire quand on humecte d'eau ; l'hydrogène antimonié colore en rouge brun la périphérie de la partie touchée avec la solution argentique et laisse à peu près incolore la portion intérieure. Les deux gaz noircissent un papier imprégné d'une solution au quart. Mais les hydrogènes sulfuré et phosphoré produisent des colorations analogues, même si l'on a recours, suivant Ritsert, à une solution ammoniacale d'azotate d'argent.

5° Si on humecte du papier à filtrer avec une solution alcoolique saturée de chlorure mercurique, à plusieurs reprises, en laissant chaque fois l'alcool s'évaporer et qu'on fasse agir, sur ce papier, l'hydrogène arsénié, il se produit une tache d'abord jaune clair, puis orangé ; l'hydrogène antimonié, suivant la quantité, donne une tache grise ou brune ou pas de tache. Dans le cas d'un mélange des deux gaz, et si on ne l'a pas fait agir trop longtemps, on peut, par lavage à l'alcool à 80 p. 100, faire disparaître la coloration due à l'hydrogène antimonié et reconnaître la coloration jaune due à l'hydrogène arsénié (FLUCKIGER et LEHMANN).

6° Le chlorure cuivreux, en solution à 5 p. 100 dans l'acide chlorhydrique, absorbe le gaz sulfhydrique et les hydrogènes phosphoré et antimonié à l'exclusion de l'hydrogène arsénié. Ce dernier peut alors être caractérisé au moyen d'un papier imprégné d'une solution à 5 p. 100 de chlorure mercurique. Le papier devient jaune (E. DOWZARD) (1).

Caractérisation des deux métalloïdes dans les taches et les anneaux. — (Voyez toxicologie page 280.)

II. Analyse quantitative.

On sépare l'arsenic par l'hydrogène sulfuré, pour sa détermination quantitative, comme pour sa recherche qualitative, dans le cas général. Dans quelques cas particuliers, on peut cependant opérer cette séparation par l'un des procédés suivants :

(1) E. DOWZARD, *Chem. Soc.*, **79**, p. 715.

1° Méthodes spéciales.

a) Par transformation de l'arsenic en arséniate alcalin. — Dans le cas d'un arsénite ou d'un arséniate insolubles ou d'un alliage, on fond le composé avec un mélange de carbonates de potassium et de sodium et d'azotate de sodium. L'arsenic donne, ainsi, un arséniate alcalin, qu'on isole par traitement à l'eau et qu'on dose dans la solution obtenue.

Quand il s'agit de minerais sulfurés, le chlore, agissant directement sur leur poudre mise en suspension dans une lessive de potasse, précipite les métaux sous forme d'oxydes et fait entrer en solution l'arsenic et l'antimoine en donnant un arséniate et un antimoniate. (Rivot, Beudant et Daguin) (1).

b) Par volatilisation de l'arsenic sous forme de chlorure. — Ce procédé est applicable en présence du cuivre, de l'argent, du plomb, du cobalt et du nickel, et qu'il s'agisse d'un alliage ou d'un mélange de sulfures. La transformation s'effectue directement par le chlore, au rouge naissant. On condense dans l'eau le chlorure d'arsenic et on le pèse sous forme de sulfure.

La transformation de l'arsenic en chlorure volatil par voie sèche est également effectuée par le gaz chlorhydrique agissant à chaud sur un mélange contenant son sulfure. Il en est de même pour l'étain et l'antimoine. La méthode est applicable à la séparation de ces trois métaux d'avec le plomb, le cuivre, l'argent, etc., Jannasch (2), le vanadium (3). Ce dernier métal peut encore être séparé de l'arsenic par un autre procédé dû à Friedheim et P. Michaelis (4), et qui repose sur la transformation de l'arsenic en chlorure par voie humide. Les éléments sont amenés à l'état d'acides arsénique et vanadique que l'on dissout dans l'alcool méthylique. La solution

1) *C. R.*, an. 1853, p. 835.
(2) Jannasch, *D. Chem. ges.*, **27**, 3335.
(3) Ch. Field et E. Smith, *Am. Chem. Soc.*, t. **18**, p. 1051.
(4) Friedheim et Michaelis, *D. Ch. Ges.*, t. **28**, p. 1414.

obtenue est traitée d'abord à froid, puis à chaud, par le gaz chlorhy-drique, de manière à distiller la totalité du liquide. L'opération est répétée une deuxième fois. L'arsenic distille entièrement ; l'acide vanadique reste comme résidu. Cette méthode permet aussi la séparation de l'arsenic et du molybdène.

c) *Par précipitation de l'arsenic, sous forme d'arséniate mercureux.* Ce procédé permet de séparer l'acide arsénique des métaux alcalins et alcalino-terreux, du zinc, du cobalt et du nickel, du plomb, du cuivre et du cadmium. On laisse en contact avec du mer-cure la solution azotique de la combinaison arsénique, puis on éva-pore à sec. Le résidu d'évaporation est repris par l'eau chaude, on filtre ; le filtre retient un mélange d'arséniate et d'azotate basique de mercure et du mercure métallique. On sépare alors l'arsenic du mercure. (II. Rose.)

d) *Par précipitation de l'arsenic sous forme d'arséniate ammoniaco-magnésien.* — Cette méthode permet la séparation immédiate de l'acide arsénique d'avec le cuivre, le cadmium, le fer, le manganèse, le nickel, le cobalt et l'aluminium. Avant la précipitation, on additionne la solution chlorhydrique à examiner d'une quantité d'acide tartrique suffisante, pour qu'on ait encore une liqueur lim-pide après saturation par l'ammoniaque. F. Platten (1), pour sépa-rer l'arsenic du cuivre, précipite ce dernier par l'hydrogène sulfuré, en présence d'un excès d'ammoniaque. On filtre et le sulfure d'ar-senic est précipité, par addition d'acide chlorhydrique à la liqueur. On le transforme ensuite en acide arsénique.

e) *Par précipitation de l'arsenic sous forme d'arséniate de fer.* — La solution chlorhydrique est additionnée de perchlorure de fer, puis neutralisée partiellement ; on précipite ensuite le peroxyde de fer, et avec lui l'acide arsénique, par le carbonate de baryum à froid ou l'acétate de sodium à chaud. L'arsenic est ensuite dosé en le préci-pitant par l'hydrogène sulfuré, dans la solution chlorhydrique de l'arséniate basique de fer. On peut ainsi séparer l'arsenic des métaux alcalins et alcalino-terreux, du zinc, du manganèse, du nickel et du cobalt.

f) *Par électrolyse.* — En solution sulfurique ou ammoniacale, on

<hr>

(1) F. Platten, *Journ. Soc. Chem. Ind.*, 1894, p. 324.

peut, par électrolyse, séparer le cuivre de l'arsenic, quand ce dernier existe sous forme d'acide arsénique (1).

2° Cas où l'or, le platine, l'antimoine et l'étain accompagnent l'arsenic.

On effectue la précipitation par le gaz sulfhydrique dans les mêmes conditions que pour l'analyse qualitative. Le précipité recueilli est, immédiatement après lavage, mis à digérer à plusieurs reprises avec du sulfhydrate d'ammonium. Le liquide alcalin obtenu après filtration est alors additionné d'acide chlorhydrique en excès et on recueille un précipité contenant à l'état de sulfures l'or, le platine, l'arsenic, l'antimoine et l'étain.

a) Séparation du platine et de l'or d'avec l'arsenic. — 1° On chauffe les sulfures dans un courant de chlore qui transforme l'arsenic en chlorure volatil en même temps que l'antimoine et l'étain.

2° L'or et l'arsenic peuvent être précipités simultanément par l'acide hypophosphoreux ; l'eau oxygénée ne redissout que l'arsenic (2).

b) Séparation de l'arsenic et de l'étain. — 1° On chauffe les sulfures mélangés de soufre dans un courant de gaz sulfhydrique. L'arsenic se transforme en sulfure qui se volatilise ; on recueille ce dernier, on le chauffe avec une lessive de soude, puis, après dissolution, on le transforme en acide arsénique par l'action de l'acide chlorhydrique et du chlorate de potasse. On dose l'acide arsénique ainsi formé. (H. Rose.)

2° S'il s'agit d'un alliage des deux métaux, on peut, suivant Gay-Lussac, le traiter par une eau régale de composition déterminée (1 mol. AzO³H pour 9 mol. HCl) ; il se forme du chlorure stanneux et du chlorure d'ammonium, tandis que l'arsenic reste sous forme de poudre.

c) Séparation de l'arsenic et de l'antimoine. — 1° L'arsenic peut être dosé par perte de poids dans un alliage ; on chauffe celui-ci, additionné de soude et de cyanure de potassium, dans un courant d'anhydride carbonique. L'arsenic est volatilisé ; on lave le résidu

(1) *Chem. News*, t. **79**, p. 104.
(2) Vanino, *D. Ch. G.*, t. **30**, p. 2001, 1897.

fixe à l'alcool aqueux, puis à l'eau, et on pèse l'antimoine restant. S'il s'agit d'un mélange des deux sulfures, on le ·chauffe dans les mêmes conditions avec 12 p. 100 environ d'un mélange de cyanure de potassium et de carbonate de sodium sec. L'opération est alors conduite et terminée comme dans le premier cas.

2° Certains minéraux renferment les sulfures d'antimoine et d'arsenic mélangés de soufre; l'échantillon est d'abord épuisé au sulfure de carbone, puis on oxyde le résidu par l'acide azotique fumant ; après avoir chassé ce dernier acide par évaporation, on fond le produit obtenu avec du carbonate et de l'azotate de sodium; enfin on sépare l'arséniate de l'antimoniate de sodium formé par l'eau qui ne dissout que le premier.

3° Si les sulfures d'antimoine et d'arsenic sont mélangés, on les fait déflagrer avec du carbonate et de l'azotate de sodium. Le produit de la fusion est repris par l'eau ; la solution acidulée par l'acide chlorhydrique est alors traitée par l'anhydride sulfureux, puis par l'hydrogène sulfuré.

4° On oxyde les sulfures soit par l'eau régale, soit par le chlorate de potasse et l'acide chlorhydrique, soit par le chlore en solution alcaline, puis, en présence d'acide tartrique, on dose l'acide arsénique formé, à l'état d'arséniate ammoniaco-magnésien.

F. JEAN (1) suit ce procédé pour le dosage de l'arsenic contenu dans les galènes. Le minerai est d'abord mis à bouillir avec une solution de sulfure de sodium et du soufre. De la solution ainsi obtenue, on précipite par l'acide chlorhydrique les sulfures d'arsenic et d'antimoine qu'on traite alors par l'eau régale.

5° LENSSEN (2), pour séparer l'oxyde d'antimoine de l'acide arsénique, fait digérer le mélange avec de l'ammoniaque et du sulfhydrate d'ammoniaque et précipite dans la liqueur l'acide arsénique par la mixture magnésienne.

d) Séparation de l'arsenic d'avec l'étain et l'antimoine. — 1° Les métaux en poudre fine sont oxydés par l'acide azotique de D = 1,4 et le résidu, obtenu après dessiccation, est fondu avec de la soude. Le produit est ensuite traité par un mélange à volumes égaux

(1) F. JEAN, *Bull. Soc. Chim.*, t. 9, p. 253.
(2) LENSSEN, *Ann. d. Chem.*, t. 114, p. 116.

d'eau et d'alcool qui laisse insoluble l'antimoniate de sodium formé. Le liquide filtré, renfermant de l'arséniate et du stannate de sodium, est acidulé par l'acide chlorhydrique, qui donne un précipité d'arséniate stannique ; celui-ci, par l'action de l'hydrogène sulfuré, se transforme en sulfures ; on recueille le précipité, puis on le chauffe dans un courant de gaz sulfhydrique, pour volatiliser le sulfure d'arsenic. (H. ROSE.)

2° BUNSEN (1) utilise, pour séparer le sulfure d'arsenic, sa solubilité dans une solution de bisulfite de potassium, avec excès de gaz sulfureux ; les sulfures d'antimoine et d'étain ne possèdent pas cette propriété. Après élimination de l'anhydride sulfureux, le liquide contient de l'arsénite et de l'hyposulfite de potassium.

3° Si à une dissolution fortement chlorhydrique des trois métaux on ajoute de l'hyposulfite de soude, jusqu'à ce qu'il ne se précipite plus que du soufre, l'étain reste dissous, tandis que l'antimoine et l'arsenic se transforment en sulfures insolubles (2).

Une variante de cette méthode a été appliquée par AD. CARNOT (3) à la séparation de l'arsenic et de l'antimoine. Si, en effet, avant d'ajouter l'hyposulfite à la solution chlorhydrique des deux métaux, on l'additionne d'anhydride sulfureux ou de bisulfite de sodium, comme dans la méthode de BUNSEN, l'arsenic reste entièrement dissous et l'antimoine est précipité lentement à l'état d'oxysulfure rouge. L'arsenic peut alors être précipité par l'hydrogène sulfuré après élimination du gaz sulfureux.

4° Une méthode très simple, mais non tout à fait rigoureuse, consiste à précipiter d'abord l'antimoine, l'étain et l'arsenic à l'état métallique au moyen du zinc. La poudre obtenue est traitée par l'acide chlorhydrique ; l'étain se dissout seul. On filtre, et le résidu oxydé par l'acide azotique donne de l'oxyde antimonique insoluble dans l'eau et de l'acide arsénique.

5. L'oxyde de cuivre agit sur les sulfures d'arsenic, d'antimoine et d'étain en solution dans le sulfure de sodium, en les faisant passer à l'état d'arséniate, d'antimoniate et de stannate sodiques. L'an-

(1) BUNSEN, *Ann. d. Chem.*, t. **106**, p. 3.
(2) VOHL, *Ann. d. Chem.*, t. **96**, p. 240.
(3) A. CARNOT, *Bull. Soc. Chim.*, t. **47**, p. 54.

timoniate est facilement éliminé par addition d'alcool ; après filtration et élimination de l'alcool, on ajoute du chlorure d'ammonium,
de l'ammoniaque et on sursature par l'hydrogène sulfuré. On ajoute
alors du chlorure de magnésium qui précipite complètement l'acide
arsénique, après addition d'alcool (1).

6° Un certain nombre de procédés de séparation de l'arsenic
d'avec l'étain et l'antimoine sont basés sur sa transformation
en chlorure volatil, par l'action de l'acide chlorhydrique.

E. Fischer (2) propose, dans ce but, de faire agir l'acide chlorhydrique en présence de chlorure ferreux, qui assure la réduction
de l'acide arsénique, et après élimination des nitrates, par évaporation de la liqueur avec de l'acide sulfurique. La liqueur est additionnée de 20 cc. d'une solution saturée de chlorure ferreux, puis
amenée à 140 cc. au moyen d'acide chlorhydrique à 20 p. 100. On
distille en conservant un résidu de 30 à 35 cc. pour éviter l'entraînement de métaux étrangers. S'il est besoin, on recommence
avec le résidu une opération semblable, en s'arrêtant quand l'hydrogène sulfuré ne colore plus en jaune le distillat. Celui-ci est
alors neutralisé par le carbonate de soude et on dose au moyen de
l'iode. La méthode s'applique encore à la séparation de l'arsenic
d'avec le plomb, le cuivre, le bismuth, le cadmium et le mercure.

Hufschmidt (3) et Clark (4) ont appliqué cette méthode au cas du
mélange des trois sulfures d'arsenic, d'antimoine et d'étain. Le premier oxyde d'abord le mélange par l'acide chlorhydrique et le
chlorate de potasse, le second par un mélange d'acide chlorhydrique (5 p.) et de chlorure ferrique (1 p.), ce qui dispense dès
lors de l'emploi du chlorure ferreux. O. Ducru (5), en utilisant la
modification de Clark, a pu doser sous forme de chlorure l'arsenic dans l'antimoine et dans divers métaux. Les liqueurs distillées
sont traitées par le gaz sulfhydrique et on pèse le sulfure d'arsenic
obtenu.

La méthode de Fischer a encore permis à Stead (1) de doser direc-

(1) Berglund, *D. Chem. Ges.*, **17**, p. 95.
(2) E. Fischer, *D. Ch. G.*, **13**, p. 1778.
(3) Hufschmidt, *D. Chem. Ges.*, **17**, p. 2245.
(4) Clark, *Chem. Soc.*, **61**, p. 424.
(5) O. Ducru, *C. R.*, **127**, p. 227.

tement, par transformation en chlorure, l'arsenic contenu dans les minerais de fer, l'acier et la fonte.

A. Hollard et L. Bertiaux (2) dosent l'arsenic dans les métaux et les alliages par le même procédé; 5 gr. du métal sont chauffés avec 50 gr. de sulfate ferrique bien pur et 150 cc. d'acide chlorhydrique; on distille, en faisant passer les vapeurs dans un tube en U chauffé à 150-175°, qui retient le chlorure d'antimoine formé. Une seule distillation suffit.

D'autres réducteurs que le chlorure ferreux ont été proposés. O. Piloty et A. Stock (3) font passer dans la solution arsenicale bouillante un courant des gaz sulfhydrique et chlorhydrique, qui entraîne le chlorure d'arsenic formé; Rohmer (4) additionne la liqueur à examiner d'une petite quantité d'acide bromhydrique et y fait passer un courant rapide de gaz chlorhydrique et un courant lent de gaz sulfureux.

e) *Séparation des acides arsénieux et arsénique.* — 1° Tout l'arsenic est transformé en acide arsénique qu'on précipite par la mixture magnésienne, ou bien réduit en acide arsénieux par l'anhydride sulfureux, puis dosé sous cette forme par l'iode. Dans une autre portion, on dose l'acide arsénieux par l'iode.

2° En présence d'une grande quantité de chlorhydrate d'ammoniaque, on peut séparer l'acide arsénique à l'état d'arséniate ammoniaco-magnésien, puis, dans le liquide filtré, doser l'acide arsénieux par transformation en sulfure.

3° Rieckher (5) sépare l'acide arsénieux de l'acide arsénique, en chauffant avec du chlorure de sodium et de l'acide sulfurique le mélange, qui ne doit pas contenir plus de 0 gr. 2 d'acide arsénieux. L'acide arsénieux passe sous forme de chlorure avec le liquide distillé; on le dose par précipitation sous forme de sulfure; on dose l'arsenic non distillé par la même transformation.

4° Mayer (1) propose de faire agir sur le mélange des acides

(1) Stead, *Journ. Chem. Ind.*, mai 1895, p. 444.
(2) A. Hollard et L. Bertiaux, *Bull. Soc. Chim.*, p. 300 (1900).
(3) O. Piloty et A. Stock, *Chem. News*, **76**, p. 137.
(4) Rohmer, *D. Ch. Ges.*, **34**, p. 33 (1901).
(5) Rieckher, *Pharm. Centralblatt*, **11**, p. 92.

arsénieux et arsénique une solution bouillante de nitrate d'argent ammoniacal. L'acide arsénieux seul le réduit d'après l'équation :

$$As^2O^3 + 2Ag^2O = As^2O^5 + 4Ag.$$

L'argent métallique est recueilli, lavé, dissous dans l'acide azotique et enfin dosé à l'état de chlorure. En dosant l'acide arsénique total dans la liqueur, d'où l'argent a été séparé, on connaît par différence la quantité de cet acide présente dans le liquide à analyser.

(1) MAYER, *Journ. für prakt. Chem.*, **22**, p. 103.

TABLE DES MATIÈRES

TROISIÈME PARTIE

Toxicologie de l'arsenio, 227-329.

QUATRIÈME PARTIE

Recherche analytique de l'arsenic, 331-361.

6-11-03. — Tours, Imp. E. Arrault et Cie.

Documents manquants (pages, cahiers...)
NF Z 43-120-13

www.ingramcontent.com/pod-product-compliance
Ingram Content Group UK Ltd.
Pitfield, Milton Keynes, MK11 3LW, UK
UKHW022055120726
13694UKWH00001B/161